"十四五"职业教育国家规划教材

职业教育**数字媒体应用**人才培养系列教材

U0685830

Illustrator CS6

实例教程

·第6版·全彩微课版·

湛邵斌◎主编　李晓堂◎副主编

人民邮电出版社

北　京

图书在版编目（CIP）数据

Illustrator CS6 实例教程：全彩微课版 / 湛邵斌
主编. -- 6 版. -- 北京：人民邮电出版社，2025.
（职业教育数字媒体应用人才培养系列教材）. -- ISBN
978-7-115-65811-1

Ⅰ．TP391.412

中国国家版本馆 CIP 数据核字第 2024DV3380 号

内 容 提 要

　　本书全面、系统地介绍 Illustrator CS6 的基本操作方法和矢量图形的制作技巧，包括初识 Illustrator CS6、图形的绘制与编辑、路径的绘制与编辑、图像对象的组织、颜色填充与描边、文本的编辑、图表的编辑、图层和蒙版的使用、使用混合与封套效果、效果的使用、综合设计实训等内容。

　　本书内容的讲解均以课堂案例为主线，通过软件功能解析，帮助学生快速熟悉软件功能；课堂练习和课后习题可以帮助学生拓展设计思路，提高软件使用技巧；综合设计实训可以培养学生的商业设计理念，使其顺利达到实战水平。

　　本书适合作为高等职业院校数字媒体类专业 Illustrator 课程的教材，也可作为 Illustrator 初学者的参考用书。

◆ 主　　编　湛邵斌
　　副 主 编　李晓堂
　　责任编辑　王亚娜
　　责任印制　王　郁　焦志炜

◆ 人民邮电出版社出版发行　　北京市丰台区成寿寺路 11 号
　　邮编　100164　电子邮件　315@ptpress.com.cn
　　网址　https://www.ptpress.com.cn
　　天津市银博印刷集团有限公司印刷

◆ 开本：787×1092　1/16
　　印张：15　　　　　　　　　　　　2025 年 3 月第 6 版
　　字数：417 千字　　　　　　　　　2025 年 3 月天津第 1 次印刷

定价：79.80 元

读者服务热线：(010) 81055256　印装质量热线：(010) 81055316
反盗版热线：(010) 81055315

前　言

Illustrator 是由 Adobe 公司开发的矢量图形处理和编辑软件。它功能强大、易学易用，深受图形图像处理爱好者和平面设计人员的喜爱。目前，我国很多高等职业院校的数字媒体类专业都将 Illustrator 列为一门重要的专业课程。为了帮助教师全面、系统地讲授这门课程，使学生能够熟练地使用 Illustrator 来进行设计创意，我们几位长期在高职院校从事 Illustrator 教学的教师共同编写了本书。

本书全面贯彻党的二十大精神，以社会主义核心价值观为引领，传承中华优秀传统文化，坚定文化自信。为使内容更好体现时代性、把握规律性、富于创造性，我们对本书的编写体系做了精心的设计，以案例贯穿全书，按照"课堂案例—软件功能解析—课堂练习—课后习题"的顺序进行编排。在内容选取方面，我们力求细致全面、重点突出；在文字叙述方面，我们注意言简意赅、通俗易懂；在案例设计方面，我们强调案例的针对性和实用性。

本书提供书中所有案例的素材及效果文件。另外，为方便教师教学，本书配备了 PPT 课件、教学大纲、配套教案等丰富的教学资源，任课教师可登录人邮教育社区（www.ryjiaoyu.com）免费下载使用。本书的参考学时为 64 学时，其中实训环节为 22 学时，各章的参考学时参见下面的学时分配表。

章	内　容	学时分配	
		讲授	实训
第 1 章	初识 Illustrator CS6	2	—
第 2 章	图形的绘制与编辑	6	2
第 3 章	路径的绘制与编辑	4	2
第 4 章	图像对象的组织	2	2
第 5 章	颜色填充与描边	6	2
第 6 章	文本的编辑	4	2
第 7 章	图表的编辑	2	2
第 8 章	图层和蒙版的使用	4	2
第 9 章	使用混合与封套效果	2	2
第 10 章	效果的使用	4	2
第 11 章	综合设计实训	6	4
学时总计		42	22

由于编者水平有限，书中难免存在不足之处，敬请广大读者批评指正。

编者
2024 年 11 月

本书教学辅助资源

素材类型	数量	素材类型	数量
教学大纲	1 套	PPT 课件	11 章
配套教案	1 份	微课视频	56 个

微课视频列表

章	微课视频	章	微课视频
第 2 章 图形的绘制 与编辑	绘制奖杯图标	第 7 章 图表的编辑	制作微度假旅游年龄分布图表
	绘制麦田插画		制作获得运动指导方式图表
	绘制祁州漏芦花卉插图	第 8 章 图层和蒙版的 使用	制作脐橙线下海报
	绘制校车插图		制作自驾游海报
	绘制动物挂牌		制作时尚杂志封面
第 3 章 路径的绘制 与编辑	绘制网页 Banner 卡通文具		制作礼券
	绘制播放图标	第 9 章 使用混合与封套 效果	制作艺术设计展海报
	绘制可口冰淇淋插图		制作音乐节海报
	绘制标靶图标		制作火焰贴纸
第 4 章 图像对象的 组织	制作美食宣传海报		制作促销海报
	制作文化传媒运营海报	第 10 章 效果的使用	制作矛盾空间效果 Logo
	制作家居画册内页		制作国画展览海报
	制作钢琴演奏海报		制作儿童鞋详情页主图
第 5 章 颜色填充与 描边	绘制风景插画		制作饮品招贴
	绘制金刚区话筒图标	第 11 章 综合设计实训	制作家居宣传单三折页
	绘制科技航天插画		制作阅读平台推广海报
	制作金融理财 App 弹窗		制作化妆美容图书封面
	制作化妆品 Banner		制作苏打饼干包装
第 6 章 文本的编辑	制作电商广告		制作洗衣机网页 Banner 广告
	制作陶艺展览海报		制作餐饮类 App 引导页 1
	制作快乐家园标志		设计家居画册封面
	制作夏装促销海报		设计餐饮类 App 引导页 2
第 7 章 图表的编辑	制作餐饮行业收入规模图表		设计食品宣传单
	制作新汉服消费统计图表		设计手机海报

目 录

目 录

目　录

扩展知识扫码阅读

设计基础

✔认识形体 　　✔透视原理

✔认识设计 　　✔认识构成

✔形式美法则 　　✔点线面

✔基本型与骨骼 　　✔认识色彩

✔认识图案 　　✔图形创意

✔版式设计 　　✔字体设计

设计应用

✔创意绘画 　　✔图标设计

✔装饰设计 　　✔VI设计

✔UI设计 　　✔UI动效设计

✔标志设计 　　✔包装设计

✔广告设计 　　✔文创设计

✔网页设计 　　✔H5页面设计

✔电商设计 　　✔MG动画设计

✔网店美工设计 　　✔新媒体美工设计

01

第1章
初识 Illustrator CS6

本章介绍

　　本章主要介绍 Illustrator CS6 的工作界面，以及矢量图和位图的概念；此外，还介绍文件的基本操作和图像的显示效果。通过本章的学习，学生可以掌握 Illustrator CS6 的基本功能，为进一步学习好 Illustrator CS6 打下坚实的基础。

学习目标

✓ 熟悉 Illustrator CS6 的工作界面。
✓ 了解矢量图和位图的区别。

技能目标

✓ 熟练掌握文件的新建、打开、保存和关闭方法。
✓ 熟练掌握图像显示效果的设置方法。
✓ 熟练掌握标尺、参考线和网格的应用。

素养目标

✳ 培养学生的自学能力。
✳ 提高学生的计算机操作水平。

1.1　Illustrator CS6 的工作界面

Illustrator CS6 的工作界面主要由标题栏、菜单栏、工具箱、工具属性栏、控制面板、页面区域、滚动条和状态栏等部分组成，如图 1-1 所示。

图 1-1

标题栏：标题栏左侧是当前运行程序的名称，右侧是控制窗口的按钮。

菜单栏：包括 Illustrator CS6 中所有的操作命令，主要包括 9 个主菜单，每一个菜单中又包括各自的子菜单，通过选择这些命令可以完成基本操作。

工具箱：包括 Illustrator CS6 中所有的工具，大部分工具还有其展开式工具栏，其中包括与该工具功能相似的工具，可以更方便、快捷地进行绘图与编辑。

工具属性栏：当选中工具箱中的一个工具后，会在 Illustrator CS6 的工作界面中出现该工具的属性栏。

控制面板：使用控制面板可以快速调出许多用于设置数值和调节功能的对话框，它是 Illustrator CS6 中最重要的组件之一。控制面板是可以折叠的，可根据需要分离或组合，非常灵活。

页面区域：指在工作界面的中间以黑色实线表示的矩形区域，这个区域的大小就是用户设置的页面大小。

滚动条：当屏幕内不能完全显示出整个文档的时候，可以通过对滚动条的拖曳来实现对整个文档的全部浏览。

状态栏：显示当前文档视图的显示比例，以及当前正在使用的工具、时间和日期等信息。

1.1.1　菜单栏及其快捷方式

熟练使用菜单栏能够快速、有效地绘制和编辑图像，达到事半功倍的效果，下面详细介绍菜单栏。

Illustrator CS6 中的菜单栏包含 "文件""编辑""对象""文字""选择""效果""视图""窗口""帮助" 9 个菜单，如图 1-2 所示。每个菜单里又包含相应的子菜单。

图 1-2

每个下拉菜单的左边是命令的名称，在经常使用的命令右边是该命令的快捷键，要执行该命令，可以直接按下键盘上的快捷键，这样可以提高操作速度。例如，"选择 > 全部"命令的组合键为 Ctrl+A。

有些命令的右边有一个黑色的三角形"▶"，表示该命令还有相应的子菜单，单击三角形▶，即可弹出其子菜单。有些命令的后面有省略号"…"，表示单击该命令可以弹出相应对话框，在对话框中可进行更详尽的设置。有些命令呈灰色，表示该命令在当前状态下为不可用，需要选中相应的对象或在进行了合适的设置时，该命令才会变为黑色，呈可用状态。

1.1.2　工具箱

Illustrator CS6 的工具箱内包括了大量具有强大功能的工具，这些工具可以使用户在绘制和编辑图像的过程中制作出更加精彩的效果。工具箱如图 1-3 所示。

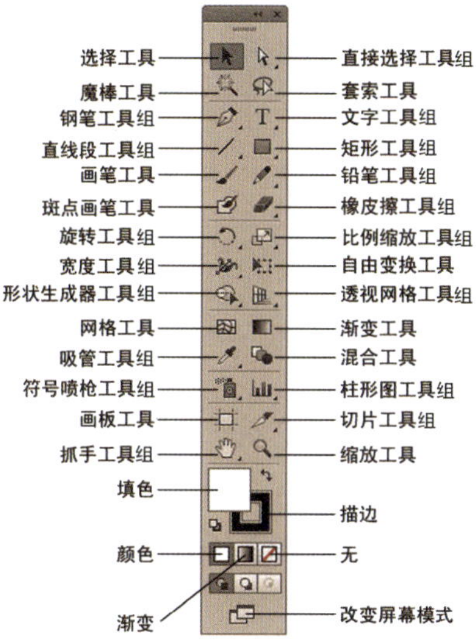

图 1-3

工具箱中部分工具按钮的右下角带有一个黑色三角形，表示该工具还有展开工具组，单击该工具并按住鼠标左键不放，即可弹出展开工具组。例如，单击文字工具T并按住鼠标左键不放，将展开文字工具组，如图 1-4 所示。单击文字工具组右边的黑色三角形，如图 1-5 所示，文字工具组就从工具箱中分离出来，成为一个相对独立的工具栏了，如图 1-6 所示。

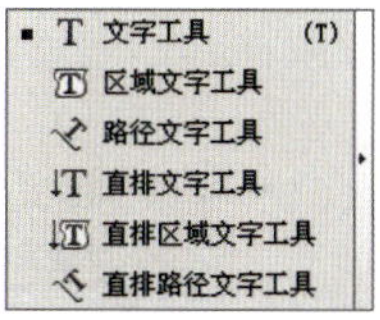

图 1-4 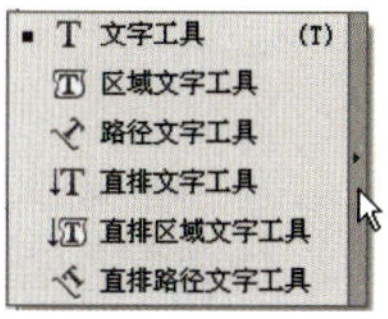　　　　　　　　　图 1-5 　　　　　　　　　图 1-6

下面介绍经常使用的展开式工具组。

直接选择工具组：包括 2 个工具，即直接选择工具和编组选择工具，如图 1-7 所示。

钢笔工具组：包括 4 个工具，即钢笔工具、添加锚点工具、删除锚点工具、转换锚点工具，如图 1-8 所示。

文字工具组：包括 6 个工具，即文字工具、区域文字工具、路径文字工具、直排文字工具、直排区域文字工具、直排路径文字工具，如图 1-9 所示。

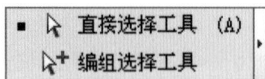

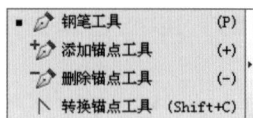

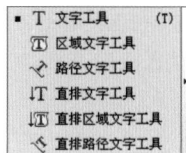

图 1-7　　　　　　　　　　图 1-8　　　　　　　　　　图 1-9

直线段工具组：包括 5 个工具，即直线段工具、弧形工具、螺旋线工具、矩形网格工具、极坐标网格工具，如图 1-10 所示。

矩形工具组：包括 6 个工具，即矩形工具、圆角矩形工具、椭圆工具、多边形工具、星形工具、光晕工具，如图 1-11 所示。

铅笔工具组：包括 3 个工具，即铅笔工具、平滑工具、路径橡皮擦工具，如图 1-12 所示。

橡皮擦工具组：包括 3 个工具，即橡皮擦工具、剪刀工具、刻刀，如图 1-13 所示。

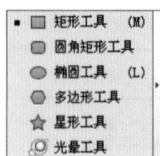

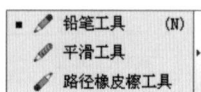

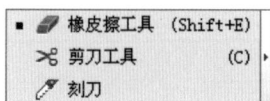

图 1-10　　　　　　图 1-11　　　　　　图 1-12　　　　　　图 1-13

旋转工具组：包括 2 个工具，即旋转工具、镜像工具，如图 1-14 所示。

比例缩放工具组：包括 3 个工具，即比例缩放工具、倾斜工具、整形工具，如图 1-15 所示。

宽度工具组：包括 8 个工具，即宽度工具、变形工具、旋转扭曲工具、缩拢工具、膨胀工具、扇贝工具、晶格化工具、皱褶工具，如图 1-16 所示。

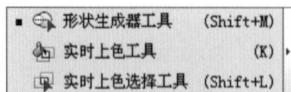

图 1-14　　　　　　　图 1-15　　　　　　　图 1-16

形状生成器工具组：包括 3 个工具，即形状生成器工具、实时上色工具、实时上色选择工具，如图 1-17 所示。

透视网格工具组：包括 2 个工具，即透视网格工具、透视选区工具，如图 1-18 所示。

吸管工具组：包括 2 个工具，即吸管工具、度量工具，如图 1-19 所示。

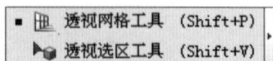

图 1-17　　　　　　　图 1-18　　　　　　　图 1-19

符号喷枪工具组：包括 8 个工具，即符号喷枪工具、符号移位器工具、符号紧缩器工具、符号缩放器工具、符号旋转器工具、符号着色器工具、符号滤色器工具、符号样式器工具，如图 1-20 所示。

柱形图工具组：包括 9 个工具，即柱形图工具、堆积柱形图工具、条形图工具、堆积条形图工具、折线图工具、面积图工具、散点图工具、饼图工具、雷达图工具，如图 1-21 所示。

切片工具组：包括 2 个工具，即切片工具、切片选择工具，如图 1-22 所示。

抓手工具组：包括 2 个工具，即抓手工具和打印拼贴工具，如图 1-23 所示。

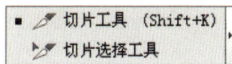

图 1-20　　　　　　图 1-21　　　　　　图 1-22　　　　　　图 1-23

1.1.3　工具属性栏

Illustrator CS6 的工具属性栏可以快捷应用与所选对象相关的选项，它根据所选工具和对象的不同来显示不同的选项，包括画笔、描边、样式等多个控制面板的功能。选择路径对象的锚点后，工具属性栏如图 1-24 所示。选择"文字"工具 T 后，工具属性栏如图 1-25 所示。

图 1-24

图 1-25

1.1.4　控制面板

Illustrator CS6 的控制面板位于工作界面的右侧，它包括了许多实用、快捷的工具和命令。随着 Illustrator CS6 功能的不断增强，控制面板也不断改进得更加合理，为用户绘制和编辑图像带来了更大的方便。

控制面板以组的形式出现，图 1-26 所示是其中的一组控制面板。用鼠标选中并按住"色板"面板的标题不放，如图 1-27 所示，向页面中拖曳，如图 1-28 所示，拖曳到控制面板组外时，释放鼠标左键，将形成独立的控制面板，如图 1-29 所示。

图 1-26　　　　　　　　　　　　　　图 1-27

图 1-28　　　　　　　　　　　　　　图 1-29

单击控制面板右上角的折叠为图标按钮 ◀◀ 和展开按钮 ▶▶ 来折叠或展开控制面板，效果如图 1-30 所示。控制面板右下角的 ▦ 图标用于放大或缩小控制面板，可以单击 ▦ 图标，并按住鼠标左键不放，拖曳放大或缩小控制面板。

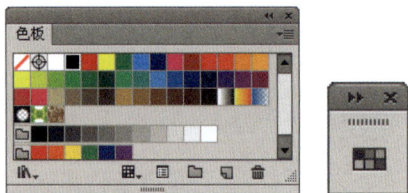

图 1-30

绘制图形图像时，经常需要选择不同的选项和数值，可以通过控制面板直接进行操作。选择"窗口"菜单中的各个命令可以显示或隐藏控制面板。这样可省去反复选择命令或关闭窗口的麻烦。控制面板为设置数值和修改命令提供了一个方便、快捷的平台，使软件的交互性更强。

1.1.5 状态栏

状态栏在工作界面的最下面，包括 3 个部分。左边的百分比表示的是当前文档的显示比例。中间的弹出式菜单可显示当前使用的工具，当前的日期、时间，文件操作的还原次数及文档配置文件。右边是滚动条，当绘制的图像过大不能完全显示时，可以通过拖曳滚动条浏览整个图像，如图 1-31 所示。

| 100% ▼ |◄ ◄ 1 ▼ ► ►| 直接选择 ◄► ◄ ►

图 1-31

1.2 矢量图和位图

在计算机应用系统中，大致会应用两种图像，即位图图像与矢量图像。在 Illustrator CS6 中，不但可以制作出各式各样的矢量图像，还可以导入位图图像进行编辑。

位图图像也叫点阵图像，如图 1-32 所示，它是由许多单独的点组成的，这些点又称为像素点，每个像素点都有特定的位置和颜色值，位图图像的显示效果与像素点是紧密联系在一起的，不同排列和着色的像素点在一起组成了一幅色彩丰富的图像。像素点越多，图像的分辨率越高，相应地，图像的文件量也会随之增大。

Illustrator CS6 可以对位图进行编辑，除了可以使用变形工具对位图进行变形处理，还可以通过复制工具，在画面上复制出相同的位图，制作更完美的作品。位图图像的优点是制作的图像色彩丰富；缺点是文件量太大，而且在放大图像时会失真，图像边缘会出现锯齿，模糊不清。

矢量图像也叫向量图像，如图 1-33 所示，它是一种基于数学方法的绘图方式。矢量图像中的各种图形元素称为对象，每一个对象都是独立的个体，都具有大小、颜色、形状、轮廓等特性。在移动和改变它们的属性时，可以保持对象原有的清晰度和弯曲度。矢量图形是由一条条的直线或曲线构成的，在填充颜色时，会按照指定的颜色沿曲线的轮廓边缘进行着色。

图 1-32

图 1-33

矢量图像的优点是文件较小，其显示效果与分辨率无关，因此缩放图形时，对象会保持原有的清晰度及弯曲度，颜色和外观形状也都不会发生任何偏差和变形，不会产生失真的现象。不足之处是矢量图像不宜用来制作色调丰富的图像，绘制出来的图形无法像位图那样精确地描绘各种绚丽的景象。

1.3　文件的基本操作

在开始设计和制作平面设计作品前，需要掌握一些基础的文件操作方法。下面将介绍新建、打开、保存和关闭文件的基本方法。

1.3.1　新建文件

选择"文件 > 新建"命令（组合键为 Ctrl+N），弹出"新建文档"对话框，如图 1-34 所示。设置相应的选项后，单击"确定"按钮，即可建立一个新的文档。

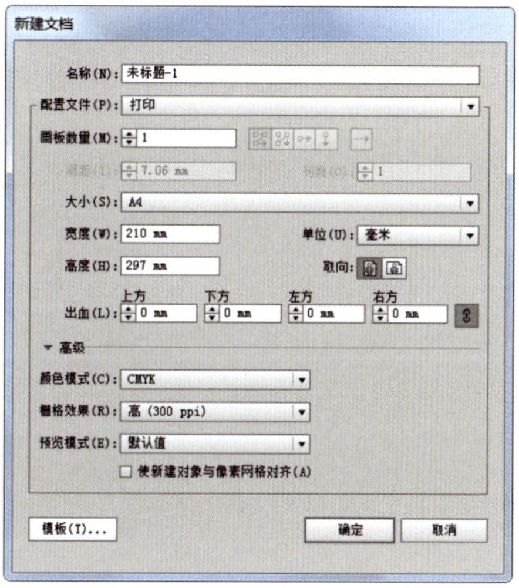

"名称"选项：可以在选项中输入新建文件的名称，默认状态下为"未标题 -1"。

"配置文件"选项：主要是基于所需的输出文件来选择新的文档配置以启动新文档。其中包括"打印""Web""设备""视频和胶片""基本 RGB"和"Flash Builder"，每种配置都包含画板数量、大小、单位、取向、出血、颜色模式及分辨率的预设值。

"画板数量"选项：画板表示可以包含可打印图稿的区域。可以设置画板的数量及排列方式，每个文档可以有 1 ~ 100 个画板，默认状态下为 1 个画板。

"间距"和"列数"选项：用于设置多个画板之间的间距和列数。

图 1-34

"大小"选项：可以在下拉列表中选择系统预先设置的文件尺寸，也可以在右边的"宽度"和"高度"选项中自定义文件尺寸。

"宽度"和"高度"选项：用于设置文件宽度和高度的数值。

"单位"选项：用于设置文件所采用的单位，默认状态下为"毫米"。

"取向"选项：用于设置新建页面竖向或横向排列。

"出血"选项：用于设置文档中上、下、左、右四方的出血标志的位置。可以设置的最大出血值为 72 点，最小出血值为 0 点。

"颜色模式"选项：用于设置新建文件的颜色模式。

"栅格效果"选项：用于设置最终图像的分辨率。

"预览模式"选项：用于设置图片的预览模式，可以选择默认值、像素或叠印预览模式。

1.3.2　打开文件

选择"文件 > 打开"命令（组合键为 Ctrl+O），弹出"打开"对话框，如图 1-35 所示。在"查找范围"选项框中选择要打开的文件，单击"打开"按钮，即可打开选择的文件。

图 1-35

1.3.3　保存文件

当用户第一次保存文件时，选择"文件 > 存储"命令（组合键为 Ctrl+ S），弹出"存储为"对话框，如图 1-36 所示，在对话框中输入要保存的文件名称，设置保存文件的路径、类型。设置完成后，单击"保存"按钮，即可保存文件。

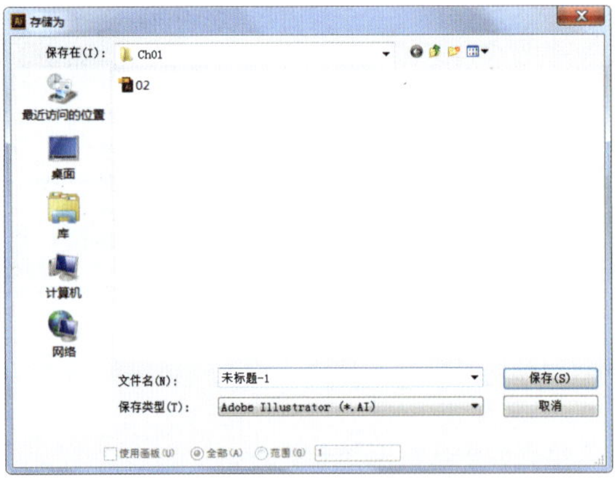

图 1-36

当用户对图形文件进行了各种编辑操作并保存后，再选择"存储"命令时，将不弹出"存储为"对话框，计算机会直接保存最终确认的结果，并覆盖原文件。因此，在未确定要放弃原始文件之前，应慎用此命令。

若既要保存修改过的文件，又不想放弃原文件，则可以用"存储为"命令。选择"文件 > 存储为"命令（组合键为 Shift+Ctrl+S），弹出"存储为"对话框，在这个对话框中，可以为修改过的文件重新命名，并设置文件的路径和类型。设置完成后，单击"保存"按钮，原文件依旧保留不变，而修改过的文件被另存为一个新的文件。

1.3.4　关闭文件

选择"文件 > 关闭"命令（组合键为 Ctrl+W），如图 1-37 所示，可将当前文件关闭。"关闭"命令只有当有文件被打开时才呈现为可用状态。

也可单击绘图窗口右上角的⊠按钮来关闭文件，若当前文件被修改过或是新建的文件，则在关闭文件的时候系统会弹出一个提示框，如图 1-38 所示。单击"是"按钮即可先保存再关闭文件，单击"否"按钮即不保存文件的更改而直接关闭文件,单击"取消"按钮即取消关闭文件的操作。

图 1-37

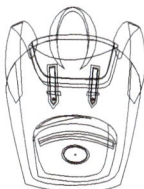

图 1-38

1.4 图像的显示效果

在使用 Illustrator CS6 绘制和编辑图形图像的过程中,用户可以根据需要随时调整图形图像的显示模式和显示比例,以便对所绘制和编辑的图形图像进行观察和操作。

1.4.1 选择视图模式

Illustrator CS6 包括 4 种视图模式,即"预览""轮廓""叠印预览"和"像素预览",绘制图像的时候,可根据不同的需要选择不同的视图模式。

"预览"模式是系统默认的模式,图像显示效果如图 1-39 所示。

"轮廓"模式隐藏了图像的颜色信息,只用线框轮廓来表现图像。这样在绘制图像时有很高的灵活性,可以根据需要,单独查看轮廓线,大大地节省了图像运算的速度,提高了工作效率。"轮廓"模式的图像显示效果如图 1-40 所示。如果当前图像为其他模式,选择"视图 > 轮廓"命令(组合键为 Ctrl+Y),将切换到"轮廓"模式,再选择"视图 > 预览"命令(组合键为 Ctrl+Y),将切换到"预览"模式。

"叠印预览"模式可以显示出接近油墨混合的效果,如图 1-41 所示。如果当前图像为其他模式,选择"视图 > 叠印预览"命令(组合键为 Alt+Shift+Ctrl+Y),将切换到"叠印预览"模式。

"像素预览"模式可以将绘制的矢量图转换为位图显示。这样可以有效控制图像的精确度和尺寸等。转换后的图像在放大时会看见排列在一起的像素点,如图 1-42 所示。如果当前图像为其他模式,选择"视图 > 像素预览"命令(组合键为 Alt+Ctrl+Y),将切换到"像素预览"模式。

图 1-39   图 1-40   图 1-41   图 1-42

1.4.2 适合窗口大小显示图像和显示图像的实际大小

1. 适合窗口大小显示图像

绘制图像时,可以选择"面板适合窗口大小"命令来显示图像,这时图像就会最大限度地显示在工作界面中并保持其完整性。

选择"视图 > 面板适合窗口大小"命令(组合键为 Ctrl+0),图像显示的效果如图 1-43 所示。也可以双击"抓手"工具,将图像调整为适合窗口大小显示。

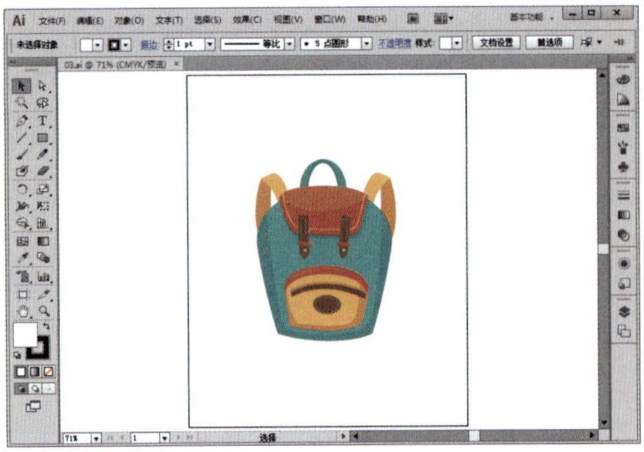

图1-43

2．显示图像的实际大小

选择"实际大小"命令可以将图像按100%的效果显示，在此状态下可以对文件进行精确的编辑。选择"视图 > 实际大小"命令（组合键为 Ctrl+1），图像的显示效果如图 1-44 所示。

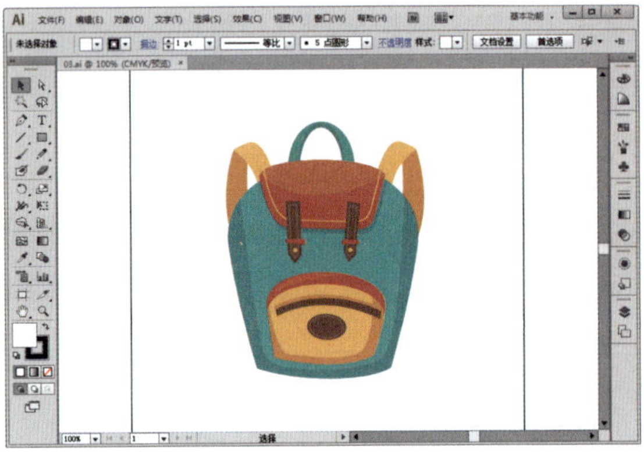

图1-44

1.4.3 放大显示图像

选择"视图 > 放大"命令（组合键为 Ctrl++），每选择一次"放大"命令，页面内的图像就会被放大一级。例如，图像以100%的比例显示在屏幕上，选择"放大"命令一次，则图像比例变成150%，再选择一次，则图像比例变成200%，放大后的效果如图 1-45 所示。

也可使用"缩放"工具放大显示图像。选择"缩放"工具，在页面中鼠标指针会自动变为放大镜，每单击一次鼠标左键，图像就会放大一级。例如，图像以100%的比例显示在屏幕上，单击鼠标一次，则图像比例变成150%，放大的效果如图 1-46 所示。

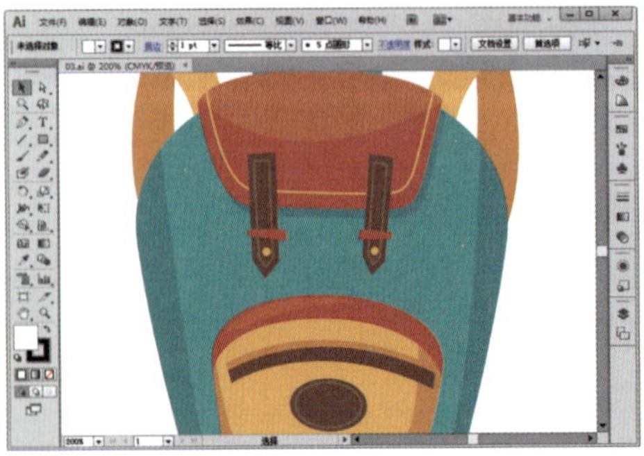

图1-45

图1-46

若对图像的局部区域放大，先选择"缩放"工具，然后把"缩放"工具定位在要放大的区域外，按住鼠标左键并拖曳鼠标，使鼠标画出的矩形框圈选所需的区域，如图 1-47 所示；然后释放鼠标左键，这个区域就会放大显示并填满图像窗口，如图 1-48 所示。

图 1-47

图 1-48

知识链接

如果当前正在使用其他工具，需要切换到"缩放"工具，按住 Ctrl+Spacebar（空格）组合键即可。

使用状态栏也可放大显示图像。在状态栏中的百分比数值框 100% 中直接输入需要放大的百分比数值，按 Enter 键即可执行放大操作。

还可使用"导航器"控制面板放大显示图像。单击面板右下角的"放大"按钮，可逐级地放大图像。拖曳三角形滑块可以将图像自由放大。在左下角百分比数值框中直接输入数值后，按 Enter 键也可以将图像放大，如图 1-49 所示。

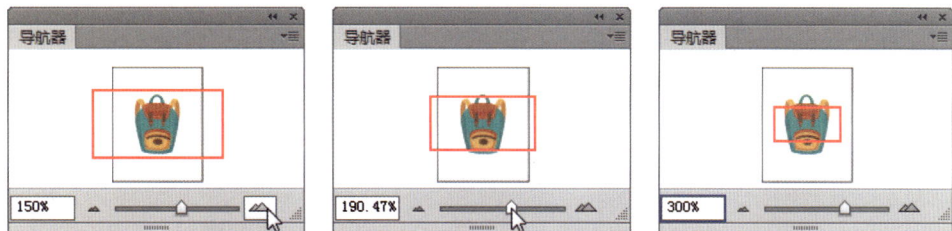

图 1-49

1.4.4　缩小显示图像

选择"视图 > 缩小"命令，每选择一次"缩小"命令，页面内的图像就会被缩小一级（或连续按 Ctrl+- 组合键），效果如图 1-50 所示。

图 1-50

也可使用“缩小”工具缩小显示图像。选择“缩放”工具，在页面中鼠标指针会自动变为放大镜图标，按住 Alt 键，则屏幕上的图标变为“缩小”工具图标。按住 Alt 键不放，单击图像一次，图像就会缩小显示一级。

知识链接

在使用其他工具时，若要切换到“缩小”工具，可以按 Alt+Ctrl+Spacebar 组合键。

也可使用状态栏命令缩小显示图像。在状态栏中的百分比数值框100%中直接输入需要缩小的百分比数值，按 Enter 键即可执行缩小操作。

还可使用“导航器”控制面板缩小显示图像。单击面板左下角较小的三角图标，可逐级地缩小图像，拖曳三角形滑块可以将图像缩小。在左下角百分比数值框中直接输入数值后，按 Enter 键也可以将图像缩小。

1.4.5 全屏显示图像

全屏显示图像，可以使用户更好地观察图像的完整效果。全屏显示图像有以下几种方法。

单击工具箱下方的屏幕模式转换按钮，可以在 3 种模式之间相互转换，即正常屏幕模式、带有菜单栏的全屏模式和全屏模式。按 F 键也可切换屏幕显示模式。

正常屏幕模式：如图 1-51 所示，这种屏幕显示模式包括菜单栏、工具箱、工具属性栏、控制面板、状态栏和打开文件的标题栏。

带有菜单栏的全屏模式：如图 1-52 所示，这种屏幕显示模式包括菜单栏、工具箱、工具属性栏和控制面板。

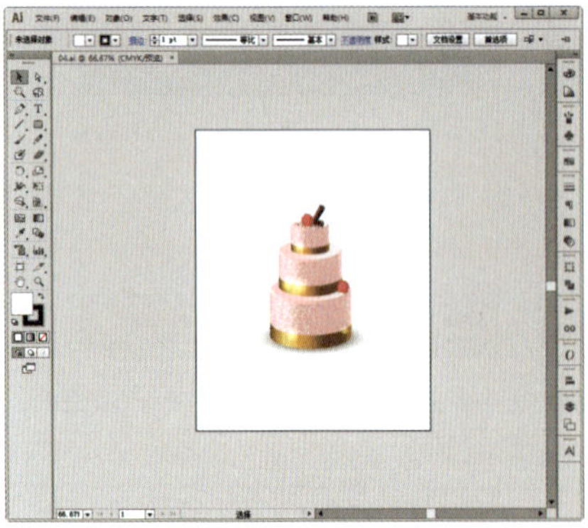

图 1-51

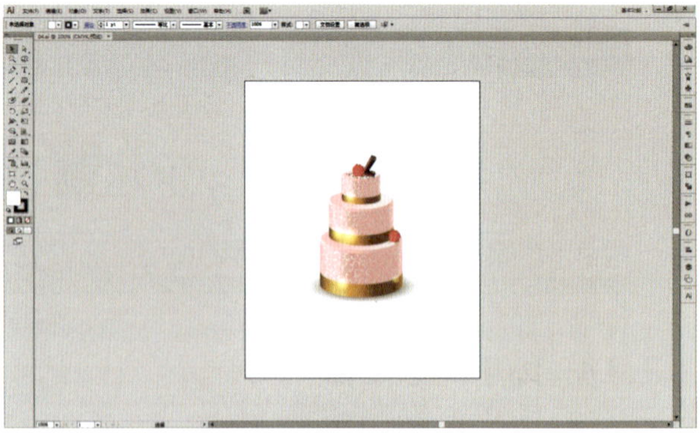

图 1-52

全屏模式：如图 1-53 所示，这种屏幕显示模式只显示页面。按 Tab 键，可以调出菜单栏、工具箱、工具属性栏和控制面板，效果如图 1-54 所示。

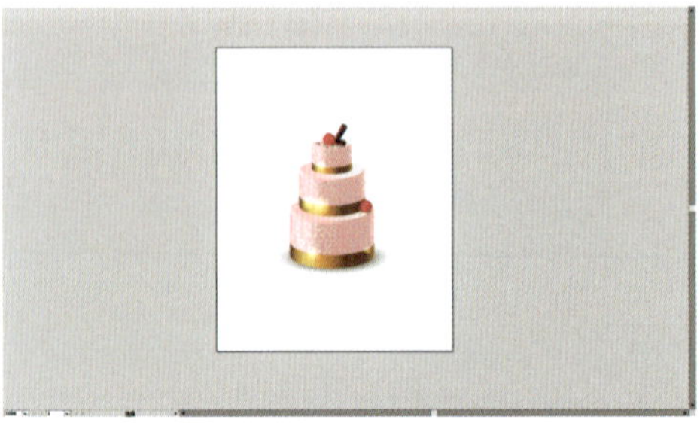

图 1-53

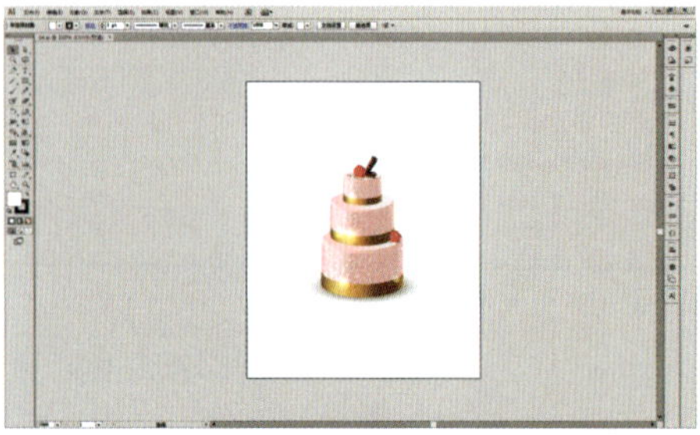

图 1-54

1.4.6 图像窗口显示

当用户打开多个文件时，屏幕中会出现多个图像文件窗口，这就需要对窗口进行布置和摆放。

同时打开多幅图像，效果如图 1-55 所示。选择"窗口 > 排列 > 全部在窗口中浮动"命令，图像都浮动排列在界面中，如图 1-56 所示。此时，可对图像进行层叠、平铺的操作。选择"合并所有窗口"命令，可将所有图像再次合并到选项卡中。

图 1-55 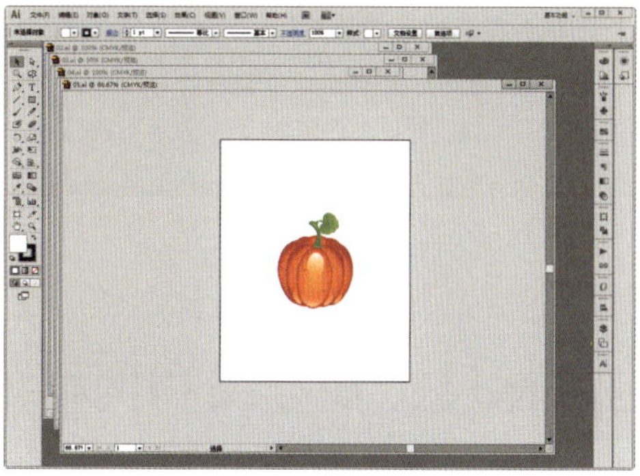   图 1-56

选择"窗口 > 排列 > 平铺"命令，图像的排列效果如图 1-57 所示。选择"窗口 > 排列 > 层叠"命令，图像的排列效果如图 1-58 所示。

图 1-57    图 1-58

1.4.7 观察放大图像

选择"缩放"工具，当页面中鼠标指针变为放大镜时，放大图像，图像周围会出现滚动条。选择"抓手"工具，当图像中鼠标指针变为手形时，按住鼠标左键在放大的图像中拖曳鼠标指针，可以观察图像的每个部分，如图 1-59 所示。还可直接用鼠标拖曳图像周围的垂直和水平滚动条，以观察图像的每个部分，效果如图 1-60 所示。

> **知识链接**
>
> 如果正在使用其他的工具进行操作，按住 Spacebar 键，可以将该工具转换为"抓手"工具。

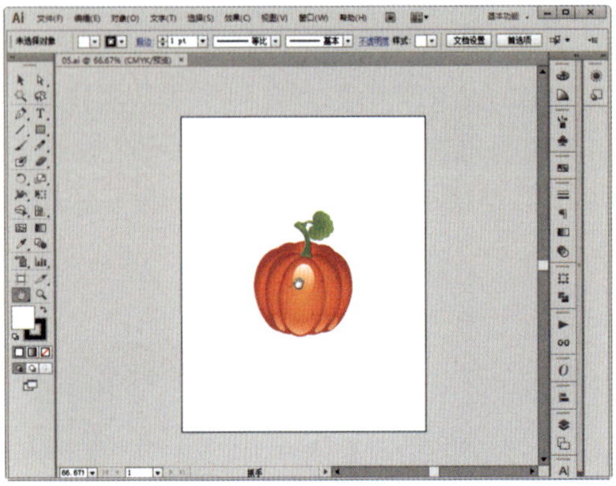

图 1-59

图 1-60

1.5 标尺、参考线和网格的使用

Illustrator CS6 提供了标尺、参考线和网格等工具，用户使用这些工具可以对所绘制和编辑的图形图像进行精确定位，还可测量图形图像的准确尺寸。

1.5.1 标尺

选择"视图 > 标尺 > 显示标尺"命令（组合键为 Ctrl+R），显示出标尺，效果如图 1-61 所示。如果要将标尺隐藏，可以选择"视图 > 标尺 > 隐藏标尺"命令（组合键为 Ctrl+R）。

如果需要设置标尺的显示单位，则选择"编辑 > 首选项 > 单位"命令，弹出"首选项"对话框，如图 1-62 所示，可以在"常规"选项的下拉列表中设置标尺的显示单位。

如果仅需要对当前文件设置标尺的显示单位，选择"文件 > 文档设置"命令，弹出"文档设置"对话框，如图 1-63 所示，可以在"单位"选项的下拉列表中设置标尺的显示单位。用这种方法设置的标尺单位对以后新建立的文件标尺单位不起作用。

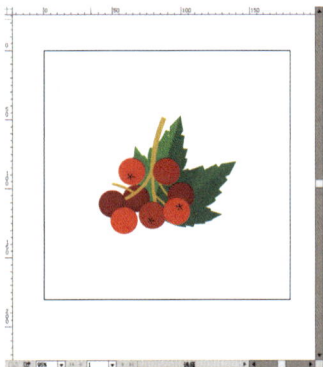

图 1-61

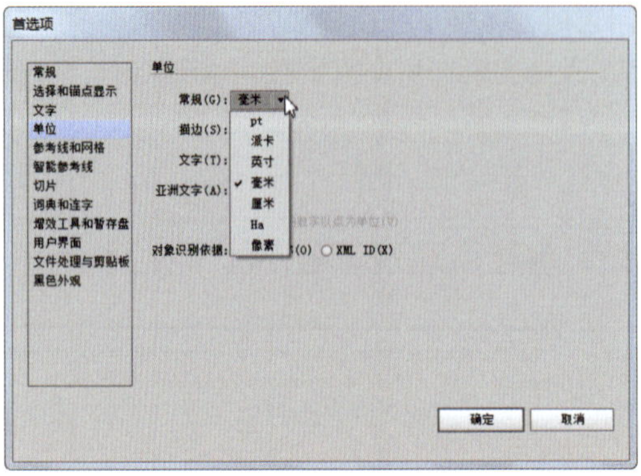

图 1-62

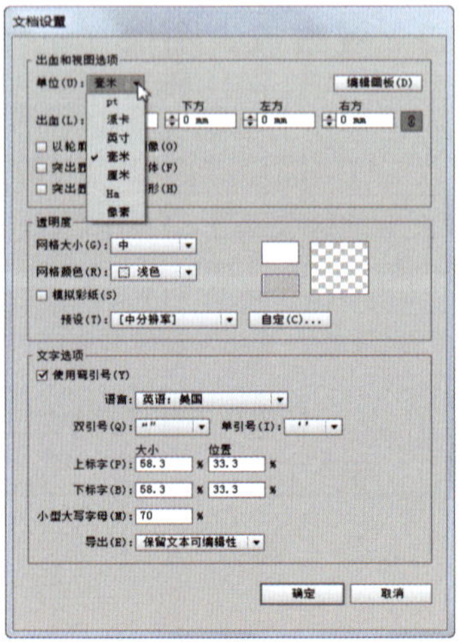

图 1-63

在系统默认的状态下，标尺的坐标原点在工作页面的左下角，如果想要更改坐标原点的位置，单击水平标尺与垂直标尺的交点并将其拖曳到页面中，释放鼠标，即可将坐标原点设置在此处。如果想要恢复标尺原点的默认位置，双击水平标尺与垂直标尺的交点即可。

1.5.2 参考线

如果想要添加参考线，可以用鼠标在水平或垂直标尺上向页面中拖曳参考线，还可根据需要将图形或路径转换为参考线。选中要转换的路径，如图 1-64 所示，选择"视图 > 参考线 > 建立参考线"命令，将选中的路径转换为参考线，如图 1-65 所示。选择"视图 > 参考线 > 释放参考线"命令，可以将选中的参考线转换为路径。

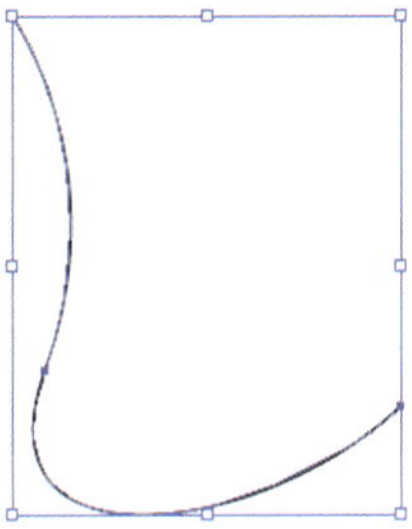

图 1-64    图 1-65

选择"视图 > 参考线 > 锁定参考线"命令，可以锁定参考线。选择"视图 > 参考线 > 隐藏参考线"命令，可以隐藏参考线。选择"视图 > 参考线 > 清除参考线"命令，可以清除参考线。

选择"视图 > 智能参考线"命令，可以显示智能参考线。当图形移动或旋转到一定角度时，智能参考线就会高亮显示并给出提示信息。

1.5.3 网格

选择"视图 > 显示网格"命令即可显示出网格，如图 1-66 所示。选择"视图 > 隐藏网格"命令，则将网格隐藏。如果需要设置网格的颜色、样式、间隔等属性，选择"编辑 > 首选项 > 参考线和网格"命令，弹出"首选项"对话框，如图 1-67 所示。

图 1-66 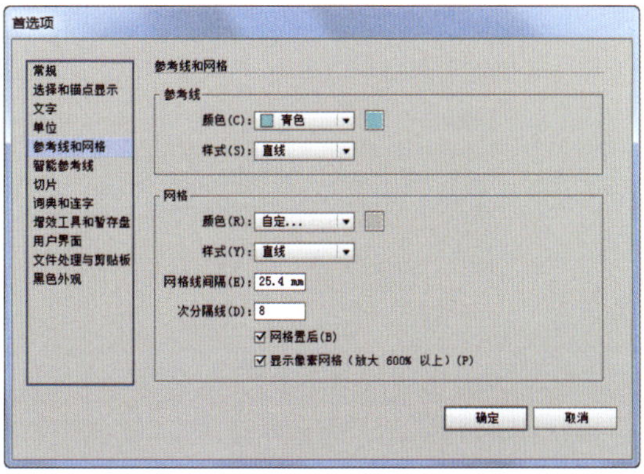   图 1-67

"颜色"选项：用于设置网格的颜色。

"样式"选项：用于设置网格的样式，包括线和点。

"网格线间隔"选项：用于设置网格线的间距。

"次分隔线"选项：用于细分网格线的数目。

"网格置后"复选框：用于设置网格线显示在图形的上方或下方。

"显示像素网格（放大 600% 以上）"复选框：用于在"像素预览"模式下，当图形放大到 600% 以上时，查看像素网格。

1.6　软件安装与卸载

1.6.1　安装

（1）打开软件包，运行"Set-up"程序，弹出"初始化安装程序"对话框，开始安装文件。

（2）在弹出的"欢迎"界面中单击"试用"按钮，弹出"软件许可协议"对话框。

（3）单击"接受"按钮，弹出"选项"对话框，选择安装"选项""语言"和"位置"。

（4）单击"安装"按钮，进入"安装"界面，安装完成后，弹出"安装完成"界面，单击"关闭"按钮，关闭界面。

1.6.2　卸载

在控制面板中双击"程序和功能"选项，打开"卸载和更改程序"文件夹，选择"Adobe Illustrator CS6"，单击上方的"卸载"按钮，弹出"卸载选项"对话框，勾选"删除首选项"复选框，单击"卸载"按钮，进入"卸载"界面，即可完成卸载。

02

第 2 章
图形的绘制与编辑

本章介绍

　　本章主要介绍 Illustrator CS6 中基本图形工具的使用方法，还介绍 Illustrator CS6 的手绘图形工具及其修饰方法，并详细讲解对象的编辑方法。通过本章的学习，学生可以掌握 Illustrator CS6 的基本绘图方法和编辑对象的方法。

学习目标

- 掌握线条和网格的绘制方法。
- 熟练掌握基本图形的绘制方法。
- 掌握手绘工具的使用方法。
- 熟练掌握对象的编辑技巧。

技能目标

- 掌握奖杯图标的绘制方法。
- 掌握麦田插画的绘制方法。
- 掌握祁州漏芦花卉插图的绘制方法。

素养目标

- ✳ 培养学生对图形绘制的兴趣。
- ✳ 培养学生夯实基本功的学习习惯。

2.1　绘制线条和网格

在平面设计中，直线和弧线是经常使用的线型。使用"直线段"工具 ✐ 和"弧形"工具 ⌒ 可以创建任意的直线和弧线。对这些基本图形进行编辑和变形，就可以得到更多复杂的图形对象。在设计制作时，用户还会应用到各种网格，如矩形网格和极坐标网格。下面将详细介绍这些工具的使用方法。

2.1.1　绘制直线

1. 拖曳鼠标指针绘制直线

选择"直线段"工具 ✐，在页面中需要的位置单击并按住鼠标左键不放，拖曳鼠标指针到需要的位置，释放鼠标左键，绘制出一条任意角度的斜线，效果如图 2-1 所示。

选择"直线段"工具 ✐，按住 Shift 键，在页面中需要的位置单击并按住鼠标左键不放，拖曳鼠标指针到需要的位置，释放鼠标左键，绘制出水平、垂直或 45° 角及其倍数的直线，效果如图 2-2 所示。

选择"直线段"工具 ✐，按住 Alt 键，在页面中需要的位置单击并按住鼠标左键不放，拖曳鼠标指针到需要的位置，释放鼠标左键，绘制出以鼠标单击点为中心的直线（由单击点向两边扩展）。

选择"直线段"工具 ✐，按住 ~ 键，在页面中需要的位置单击并按住鼠标左键不放，拖曳鼠标指针到需要的位置，释放鼠标左键，绘制出多条直线（系统自动设置），效果如图 2-3 所示。

图 2-1	图 2-2	图 2-3

2. 精确绘制直线

选择"直线段"工具 ✐，在页面中需要的位置单击，或双击"直线段"工具 ✐，都将弹出"直线段工具选项"对话框，如图 2-4 所示。在对话框中，"长度"选项用于设置线段的长度，"角度"选项用于设置线段的倾斜度，勾选"线段填色"复选框可以填充直线组成的图形。设置完成后，单击"确定"按钮，得到图 2-5 所示的线段。

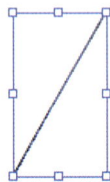

图 2-4　　　　　　　　　　　　　　　图 2-5

2.1.2　绘制弧线

1. 拖曳鼠标指针绘制弧线

选择"弧形"工具 ⌒，在页面中需要的位置单击并按住鼠标左键不放，拖曳鼠标指针到需要的位置，释放鼠标左键，绘制出一段弧线，效果如图 2-6 所示。

选择"弧形"工具 ⟋，按住 Shift 键，在页面中需要的位置单击并按住鼠标左键不放，拖曳鼠标指针到需要的位置，释放鼠标左键，绘制出在水平和垂直方向上长度相等的弧线，效果如图 2-7 所示。

选择"弧形"工具 ⟋，按住 ~ 键，在页面中需要的位置单击并按住鼠标左键不放，拖曳鼠标指针到需要的位置，释放鼠标左键，绘制出多条弧线，效果如图 2-8 所示。

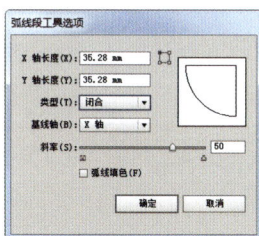

图 2-6   图 2-7   图 2-8

2. 精确绘制弧线

选择"弧形"工具 ⟋，在页面中需要的位置单击，或双击"弧形"工具 ⟋，都将弹出"弧线段工具选项"对话框，如图 2-9 所示。在对话框中，"X 轴长度"选项用于设置弧线水平方向的长度，"Y 轴长度"选项用于设置弧线垂直方向的长度，"类型"选项用于设置弧线类型，"基线轴"选项用于选择坐标轴，勾选"弧线填色"复选框可以填充弧线。设置完成后，单击"确定"按钮，得到图 2-10 所示的弧形。输入不同的数值，将会得到不同的线段，效果如图 2-11 所示。

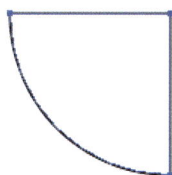

图 2-9   图 2-10   图 2-11

2.1.3 绘制螺旋线

1. 拖曳鼠标指针绘制螺旋线

选择"螺旋线"工具 ◎，在页面中需要的位置单击并按住鼠标左键不放，拖曳鼠标指针到需要的位置，释放鼠标左键，绘制出螺旋线，如图 2-12 所示。

选择"螺旋线"工具 ◎，按住 Shift 键，在页面中需要的位置单击并按住鼠标左键不放，拖曳鼠标指针到需要的位置，释放鼠标左键，绘制出螺旋线，绘制的螺旋线转动的角度将是强制角度（默认设置是 45°）的整倍数。

选择"螺旋线"工具 ◎，按住 ~ 键，在页面中需要的位置单击并按住鼠标左键不放，拖曳鼠标指针到需要的位置，释放鼠标左键，绘制出多条螺旋线，效果如图 2-13 所示。

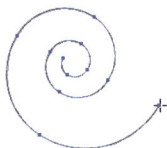 

图 2-12   图 2-13

2．精确绘制螺旋线

选择"螺旋线"工具，在页面中需要的位置单击，弹出"螺旋线"对话框，如图 2-14 所示。在对话框中，"半径"选项用于设置螺旋线的半径，螺旋线的半径指的是从螺旋线的中心点到螺旋线终点之间的距离；"衰减"选项用于设置螺旋线每一螺旋相对于上一螺旋应减少的量（以百分比表示）；"段数"选项用于设置螺旋线的螺旋段数；"样式"选项用来设置螺旋线的旋转方向。设置完成后，单击"确定"按钮，得到图 2-15 所示的螺旋线。

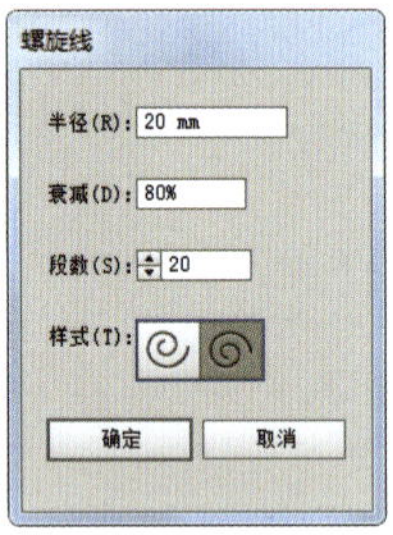

图 2-14 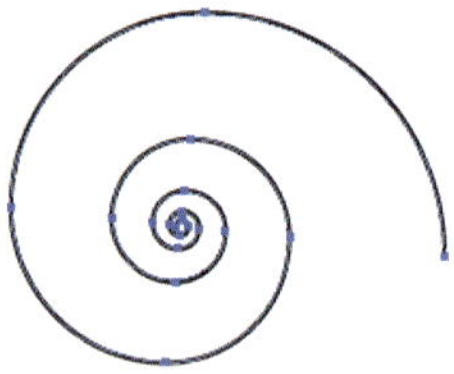　　　　　　　　图 2-15

2.1.4　绘制矩形网格

1．拖曳鼠标指针绘制矩形网格

选择"矩形网格"工具，在页面中需要的位置单击并按住鼠标左键不放，拖曳鼠标指针到需要的位置，释放鼠标左键，绘制出一个矩形网格，效果如图 2-16 所示。

选择"矩形网格"工具，按住 Shift 键，在页面中需要的位置单击并按住鼠标左键不放，拖曳鼠标指针到需要的位置，释放鼠标左键，绘制出一个正方形网格，效果如图 2-17 所示。

选择"矩形网格"工具，按住 ~ 键，在页面中需要的位置单击并按住鼠标左键不放，拖曳鼠标指针到需要的位置，释放鼠标左键，绘制出多个矩形网格，效果如图 2-18 所示。

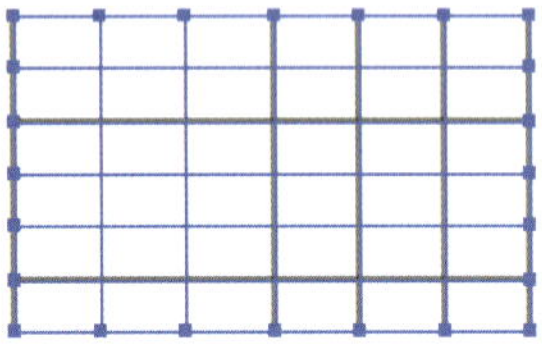

图 2-16 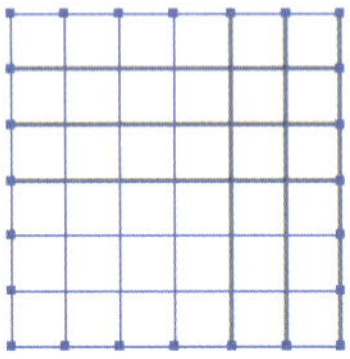　　　　　　　　图 2-17 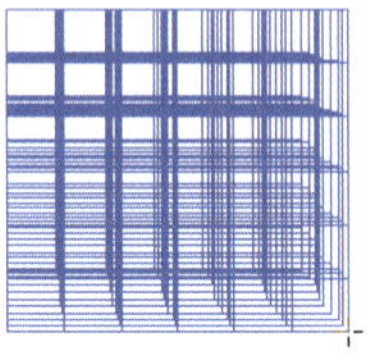　　　　　　　　图 2-18

知识链接　　选择"矩形网格"工具，在页面中需要的位置单击并按住鼠标左键不放，拖曳鼠标指针到需要的位置，再按住键盘中的↑或↓方向键，可以增减矩形网格的行数。如果按住键盘中的→或←方向键，则可以增减矩形网格的列数。此方法在"极坐标网格"工具、"多边形"工具、"星形"工具中同样适用。

2．精确绘制矩形网格

选择"矩形网格"工具，在页面中需要的位置单击，弹出"矩形网格工具选项"对话框，如图 2-19 所示。在对话框的"默认大小"选项组中，"宽度"选项用于设置矩形网格的宽度，"高度"选项用于设置矩形网格的高度；在"水平分隔线"选项组中，"数量"选项用于设置矩形网格中水平网格线的数量，"下、上方倾斜"选项用于设置水平网格的倾向；在"垂直分隔线"选项组中，"数量"

选项用于设置矩形网格中垂直网格线的数量，"左、右方倾斜"选项用于设置垂直网格的倾向。设置完成后，单击"确定"按钮，得到图 2-20 所示的矩形网格。

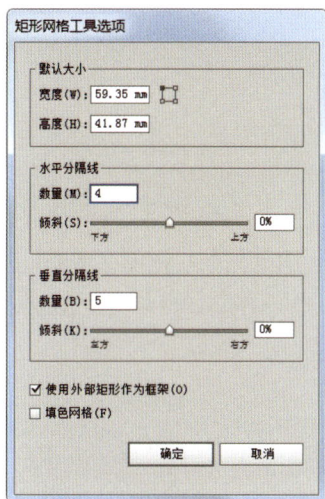

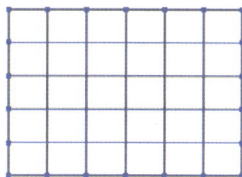

图 2-19   图 2-20

2.1.5   绘制极坐标网格

1. 拖曳鼠标指针绘制极坐标网格

选择"极坐标网格"工具，在页面中需要的位置单击并按住鼠标左键不放，拖曳鼠标指针到需要的位置，释放鼠标左键，绘制出一个极坐标网格，效果如图 2-21 所示。

选择"极坐标网格"工具，按住 Shift 键，在页面中需要的位置单击并按住鼠标左键不放，拖曳鼠标指针到需要的位置，释放鼠标左键，绘制出一个圆形极坐标网格，效果如图 2-22 所示。

选择"极坐标网格"工具，按住 ~ 键，在页面中需要的位置单击并按住鼠标左键不放，拖曳鼠标指针到需要的位置，释放鼠标左键，绘制出多个极坐标网格，效果如图 2-23 所示。

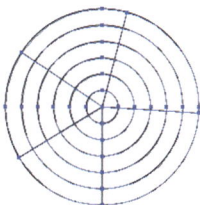

图 2-21   图 2-22   图 2-23

2. 精确绘制极坐标网格

选择"极坐标网格"工具，在页面中需要的位置单击，弹出"极坐标网格工具选项"对话框，如图 2-24 所示。在对话框中的"默认大小"选项组中，"宽度"选项用于设置极坐标网格图形的宽度，"高度"选项用于设置极坐标网格图形的高度；在"同心圆分隔线"选项组中，"数量"选项用于设置极坐标网格图形中同心圆分隔线的数量，"内、外倾斜"选项用于设置同心圆分隔线倾向于网格内侧或外侧的方式；在"径向分隔线"选项组中，"数量"选项用于设置极坐标网格图形中射线的数量，"下、上方倾斜"选项用于设置径向分隔线倾向于网格逆时针或顺时针的方式。设置完成后，单击"确定"按钮，得到图 2-25 所示的极坐标网格。

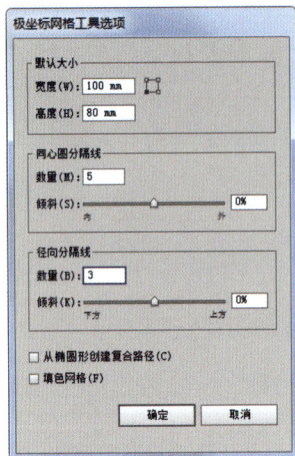

图 2-24   图 2-25

2.2 绘制基本图形

矩形和圆形是最简单、最基本，也是最重要的图形。在 Illustrator CS6 中，"矩形"工具、"圆角矩形"工具、"椭圆"工具的使用方法比较类似。通过使用这些工具，可以很方便地在绘图页面上拖曳鼠标指针绘制出各种形状。多边形和星形也是常用的基本图形，它们的绘制方法与绘制矩形和椭圆形的方法类似。除了使用拖曳鼠标指针的绘制方法外，还能够通过设置相应的对话框来精确绘制图形。

2.2.1 课堂案例——绘制奖杯图标

案例学习目标

学习使用基本图形工具绘制奖杯图标。

案例知识要点

使用"矩形"工具、"椭圆"工具、"圆角矩形"工具、"钢笔"工具、"镜像"工具和"星形"工具绘制奖杯杯体；使用"直接选择"工具调整矩形的锚点；使用"圆角矩形"工具、"矩形"工具、"直线段"工具、"描边"面板绘制奖杯底座。奖杯图标效果如图 2-26 所示。

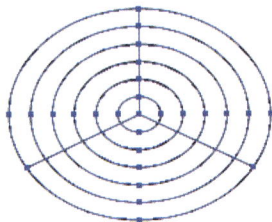

图 2-26

效果所在位置

Ch02\ 效果 \ 绘制奖杯图标 .ai。

1．绘制奖杯杯体

（1）按 Ctrl+N 组合键，新建一个文档。按 Ctrl+N 组合键，弹出"新建文档"对话框，设置文档的宽度和高度均为 128 px，取向为横向，颜色模式为 RGB，栅格效果为屏幕（72 ppi）。单击"确定"按钮，新建一个文档。

（2）选择"矩形"工具■，按住 Shift 键的同时，绘制一个与页面大小相等的正方形，设置填充色为浅蓝色（其 R、G、B 的值分别为 235、245、255），填充图形，并设置描边色为无，效果如图 2-27 所示。按 Ctrl+2 组合键，锁定所选对象。

（3）使用"矩形"工具■，在适当的位置绘制一个矩形，填充图形为白色，并设置描边色为黑色，效果如图 2-28 所示。

图 2-27   图 2-28

（4）选择"椭圆"工具●，在适当的位置绘制一个椭圆形，填充图形为白色，并设置描边色为黑色，效果如图 2-29 所示。选择"选择"工具▶，单击下方矩形将其同时选取。选择"窗口 > 路径查找器"命令，弹出"路径查找器"面板，如图 2-30 所示。单击"联集"按钮◻，生成新的对象，效果如图 2-31 所示。

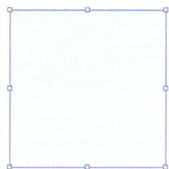

图 2-29   图 2-30   图 2-31

（5）选择"圆角矩形"工具■，在页面中单击鼠标左键，弹出"圆角矩形"对话框，选项的设置如图 2-32 所示，单击"确定"按钮，出现一个圆角矩形。选择"选择"工具▶，拖曳圆角矩形到适当的位置，效果如图 2-33 所示。

（6）选择"钢笔"工具✐，在适当的位置绘制路径，设置描边色为灰色（其 R、G、B 的值分别为 191、191、196），效果如图 2-34 所示。在属性栏中将"描边粗细"选项设为 4 pt，按 Enter 键确定操作，效果如图 2-35 所示。

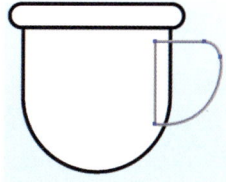
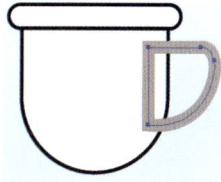

图 2-32   图 2-33   图 2-34   图 2-35

（7）保持图形的选取状态。选择"对象 > 路径 > 轮廓化描边"命令，创建对象的描边轮廓，设置描边色为黑色，效果如图 2-36 所示。连续按 Ctrl+ [组合键，将图形向后移至适当的位置，效果如图 2-37 所示。

（8）双击"镜像"工具，弹出"镜像"对话框，选项的设置如图 2-38 所示。单击"复制"按钮，镜像并复制图形。选择"选择"工具，按住 Shift 键的同时，水平向左拖曳复制的图形到适当的位置，效果如图 2-39 所示。

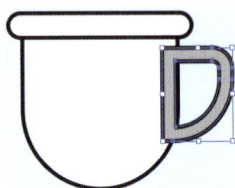

图 2-36　　　　　　　图 2-37　　　　　　　图 2-38　　　　　　　图 2-39

（9）选择"星形"工具，在页面中单击鼠标左键，弹出"星形"对话框，选项的设置如图 2-40 所示。单击"确定"按钮，出现一个五角星。选择"选择"工具，拖曳五角星到适当的位置，设置填充色为蓝色（其 R、G、B 的值分别为 0、79、255），填充图形，并设置描边色为黑色，效果如图 2-41 所示。

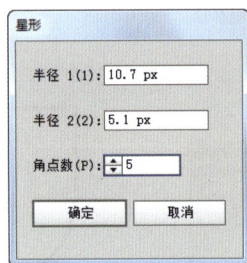

图 2-40　　　　　　　　　　　　　图 2-41

2. 绘制奖杯底座

（1）选择"矩形"工具，在适当的位置绘制一个矩形。填充图形为白色，并设置描边色为黑色，效果如图 2-42 所示。连续按 Ctrl+ [组合键，将图形向后移至适当的位置，效果如图 2-43 所示。

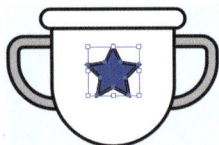

图 2-42　　　　　　　　　　　　　图 2-43

（2）选择"选择"工具，按住 Alt+Shift 组合键的同时，垂直向下拖曳矩形到适当的位置，复制矩形，效果如图 2-44 所示。选择"直接选择"工具，水平向左拖曳左下角锚点到适当的位置，如图 2-45 所示。用相同的方法调整右下角的锚点到适当的位置，效果如图 2-46 所示。

（3）选择"圆角矩形"工具，在页面中单击鼠标左键，弹出"圆角矩形"对话框，选项的设置如图 2-47 所示。单击"确定"按钮，出现一个圆角矩形。选择"选择"工具，拖曳圆角矩形到适当的位置，效果如图 2-48 所示。

图 2-44　　　　　　　　图 2-45　　　　　　　　图 2-46

图 2-47　　　　　　　　　　　　图 2-48

（4）选择"圆角矩形"工具，在适当的位置绘制一个圆角矩形。设置填充色为灰色（其 R、G、B 的值分别为 191、191、196），填充图形，并设置描边色为黑色，效果如图 2-49 所示。选择"矩形"工具，在适当的位置绘制一个矩形。设置填充色为灰色（其 R、G、B 的值分别为 191、191、196），填充图形，并设置描边色为黑色，效果如图 2-50 所示。选择"选择"工具，按住 Shift 键的同时，单击下方圆角矩形将其同时选取，在"路径查找器"面板中单击"联集"按钮，生成新的对象，效果如图 2-51 所示。

图 2-49　　　　　　　　图 2-50　　　　　　　　图 2-51

（5）使用"矩形"工具，在适当的位置绘制一个矩形。设置填充色为蓝色（其 R、G、B 的值分别为 0、79、255），填充图形，并设置描边色为黑色，效果如图 2-52 所示。

（6）选择"直线段"工具，按住 Shift 键的同时，在适当的位置绘制一条直线，设置描边色为白色，效果如图 2-53 所示。

（7）选择"窗口 > 描边"命令，弹出"描边"面板。单击"端点"选项中的"圆头端点"按钮，其他选项的设置如图 2-54 所示，效果如图 2-55 所示。

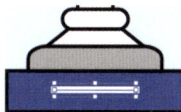

图 2-52　　　　　　图 2-53　　　　　　图 2-54　　　　　　图 2-55

（8）按 Ctrl+O 组合键，打开云盘中的"Ch02 > 素材 > 绘制奖杯图标 > 01"文件，按 Ctrl+A 组合键，全选图形。按 Ctrl+C 组合键，复制图形。选择正在编辑的页面，按 Ctrl+V 组合键，将其粘贴到页面中。选择"选择"工具，拖曳复制的图形到适当的位置，效果如图 2-56 所示。连续按 Ctrl+ [组合键，将图形向后移至适当的位置，效果如图 2-57 所示。

（9）奖杯图标绘制完成，效果如图 2-58 所示。将图标应用在手机中，会自动应用圆角遮罩图标，呈现出圆角效果，如图 2-59 所示。

图 2-56   图 2-57   图 2-58   图 2-59

2.2.2 绘制矩形和圆角矩形

1. 使用鼠标绘制矩形

选择"矩形"工具 ▣，在页面中需要的位置单击并按住鼠标左键不放，拖曳鼠标指针到需要的位置，释放鼠标左键，绘制出一个矩形，效果如图 2-60 所示。

选择"矩形"工具 ▣，按住 Shift 键，在页面中需要的位置单击并按住鼠标左键不放，拖曳鼠标指针到需要的位置，释放鼠标左键，绘制出一个正方形，效果如图 2-61 所示。

选择"矩形"工具 ▣，按住 ~ 键，在页面中需要的位置单击并按住鼠标左键不放，拖曳鼠标指针到需要的位置，释放鼠标左键，绘制出多个矩形，效果如图 2-62 所示。

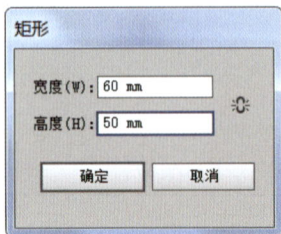

图 2-60   图 2-61   图 2-62

选择"矩形"工具 ▣，按住 Alt 键，在页面中需要的位置单击并按住鼠标左键不放，拖曳鼠标指针到需要的位置，释放鼠标左键，可以绘制出一个以鼠标单击点为中心的矩形。

选择"矩形"工具 ▣，按住 Alt+Shift 组合键，在页面中需要的位置单击并按住鼠标左键不放，拖曳鼠标指针到需要的位置，释放鼠标左键，可以绘制出一个以鼠标单击点为中心的正方形。

选择"矩形"工具 ▣，在页面中需要的位置单击并按住鼠标左键不放，拖曳鼠标指针到需要的位置，再按住 Spacebar 键，可以暂停绘制工作而在页面上任意移动未绘制完成的矩形，释放 Spacebar 键后可继续绘制矩形。

上述方法在"圆角矩形"工具 ▣、"椭圆"工具 ●、"多边形"工具 ▣、"星形"工具 ★ 中同样适用。

2. 精确绘制矩形

选择"矩形"工具 ▣，在页面中需要的位置单击，弹出"矩形"对话框，如图 2-63 所示。在对话框中，"宽度"选项用于设置矩形的宽度，"高度"选项用于设置矩形的高度。设置完成后，单击"确定"按钮，得到图 2-64 所示的矩形。

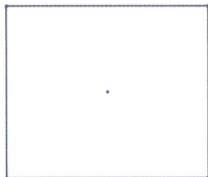

图 2-63   图 2-64

3．使用鼠标绘制圆角矩形

选择"圆角矩形"工具██，在页面中需要的位置单击并按住鼠标左键不放，拖曳鼠标指针到需要的位置，释放鼠标左键，绘制出一个圆角矩形，效果如图2-65所示。

选择"圆角矩形"工具██，按住Shift键，在页面中需要的位置单击并按住鼠标左键不放，拖曳鼠标指针到需要的位置，释放鼠标左键，可以绘制出一个宽度和高度相等的圆角矩形，效果如图2-66所示。

选择"圆角矩形"工具██，按住~键，在页面中需要的位置单击并按住鼠标左键不放，拖曳鼠标指针到需要的位置，释放鼠标左键，绘制出多个圆角矩形，效果如图2-67所示。

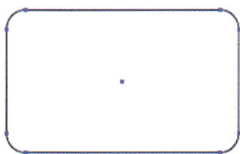 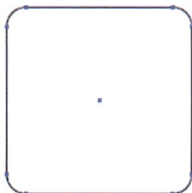 

图2-65　　　　　　　　图2-66　　　　　　　　图2-67

4．精确绘制圆角矩形

选择"圆角矩形"工具██，在页面中需要的位置单击，弹出"圆角矩形"对话框，如图2-68所示。在对话框中，"宽度"选项用于设置圆角矩形的宽度，"高度"选项用于设置圆角矩形的高度，"圆角半径"选项用于控制圆角矩形中圆角半径的长度。设置完成后，单击"确定"按钮，得到图2-69所示的圆角矩形。

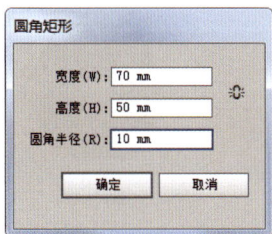 

图2-68　　　　　　　　　　　　　　　图2-69

2.2.3　绘制椭圆形和圆形

1．使用鼠标绘制椭圆形

选择"椭圆"工具██，在页面中需要的位置单击并按住鼠标左键不放，拖曳鼠标指针到需要的位置，释放鼠标左键，绘制出一个椭圆形，如图2-70所示。

选择"椭圆"工具██，按住Shift键，在页面中需要的位置单击并按住鼠标左键不放，拖曳鼠标指针到需要的位置，释放鼠标左键，绘制出一个圆形，效果如图2-71所示。

选择"椭圆"工具██，按住~键，在页面中需要的位置单击并按住鼠标左键不放，拖曳鼠标指针到需要的位置，释放鼠标左键，可以绘制多个椭圆形，效果如图2-72所示。

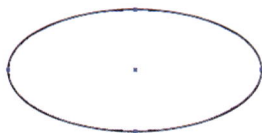

图2-70　　　　　　　　　　图2-71　　　　　　　　　图2-72

2. 精确绘制椭圆形

选择"椭圆"工具，在页面中需要的位置单击，弹出"椭圆"对话框，如图 2-73 所示。在对话框中，"宽度"选项用于设置椭圆形的宽度，"高度"选项用于设置椭圆形的高度。设置完成后，单击"确定"按钮，得到图 2-74 所示的椭圆形。

图 2-73   图 2-74

2.2.4　绘制多边形

1. 使用鼠标绘制多边形

选择"多边形"工具，在页面中需要的位置单击并按住鼠标左键不放，拖曳鼠标指针到需要的位置，释放鼠标左键，绘制出一个多边形，如图 2-75 所示。

选择"多边形"工具，按住 Shift 键，在页面中需要的位置单击并按住鼠标左键不放，拖曳鼠标指针到需要的位置，释放鼠标左键，绘制出一个正多边形，效果如图 2-76 所示。

选择"多边形"工具，按住 ~ 键，在页面中需要的位置单击并按住鼠标左键不放，拖曳鼠标指针到需要的位置，释放鼠标左键，绘制出多个多边形，效果如图 2-77 所示。

图 2-75   图 2-76   图 2-77

2. 精确绘制多边形

选择"多边形"工具，在页面中需要的位置单击，弹出"多边形"对话框，如图 2-78 所示。在对话框中，"半径"选项用于设置多边形的半径，半径指的是从多边形中心点到多边形顶点的距离；而中心点一般为多边形的重心；"边数"选项用于设置多边形的边数。设置完成后，单击"确定"按钮，得到图 2-79 所示的多边形。

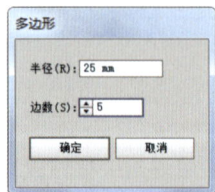

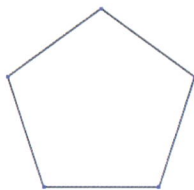

图 2-78   图 2-79

2.2.5　绘制星形

1. 使用鼠标绘制星形

选择"星形"工具，在页面中需要的位置单击并按住鼠标左键不放，拖曳鼠标指针到需要的位置，释放鼠标左键，绘制出一个星形，效果如图 2-80 所示。

　　选择"星形"工具★，按住 Shift 键，在页面中需要的位置单击并按住鼠标左键不放，拖曳鼠标指针到需要的位置，释放鼠标左键，绘制出一个正星形，效果如图 2-81 所示。

　　选择"星形"工具★，按住 ~ 键，在页面中需要的位置单击并按住鼠标左键不放，拖曳鼠标指针到需要的位置，释放鼠标左键，绘制出多个星形，效果如图 2-82 所示。

图 2-80　　　　　　　　　　图 2-81　　　　　　　　　　图 2-82

2．精确绘制星形

　　选择"星形"工具★，在页面中需要的位置单击，弹出"星形"对话框，如图 2-83 所示。在对话框中，"半径 1"选项用于设置从星形中心点到最外点的距离，"半径 2"选项用于设置从星形中心点到内凹点的距离，"角点数"选项用于设置星形中的角数量。设置完成后，单击"确定"按钮，得到图 2-84 所示的星形。

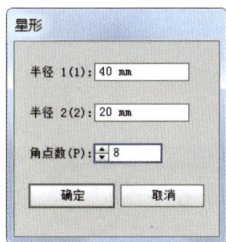

图 2-83　　　　　　　　　　　　　　　　图 2-84

2.2.6　绘制光晕形

　　可以应用"光晕"工具绘制出镜头光晕的效果，在绘制出的图形中包括一个明亮的发光点，以及光晕、光线和光环等对象，通过调节中心控制点和末端控制柄的位置，可以改变光线的方向。光晕形的组成部分如图 2-85 所示。

1．使用鼠标绘制光晕形

　　选择"光晕"工具◎，在页面中需要的位置单击并按住鼠标左键不放，拖曳鼠标指针到需要的位置，如图 2-86 所示。释放鼠标左键，然后在其他需要的

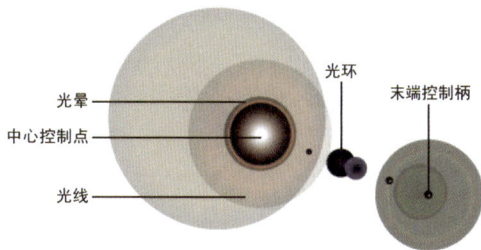

图 2-85

位置再次单击并拖曳鼠标，如图 2-87 所示。释放鼠标左键，绘制一个光晕形，如图 2-88 所示。取消选取后的光晕形如图 2-89 所示。

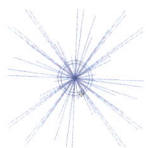 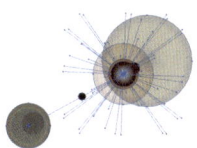 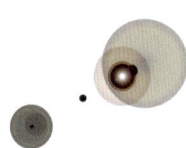

图 2-86　　　　　　　图 2-87　　　　　　　图 2-88　　　　　　　图 2-89

在光晕形保持不变时，不释放鼠标左键，按住 Shift 键后再次拖曳鼠标，中心控制点、光线和光晕随鼠标拖曳按比例缩放；按住 Ctrl 键后再次拖曳鼠标，中心控制点的大小保持不变，而光线和光晕随鼠标拖曳按比例缩放；同时按住键盘上的↑方向键，可以逐渐增加光线的数量；按住键盘上的↓方向键，则可以逐渐减少光线的数量。

下面介绍如何调节中心控制点和末端控制柄之间的距离，以及光环的数量。

在绘制出的光晕形保持不变时，如图 2-90 所示，将鼠标指针移动到末端控制柄上，当鼠标指针变成✛符号时，拖曳鼠标调整中心控制点和末端控制柄之间的距离，如图 2-91 所示。

在绘制出的光晕形保持不变时，如图 2-92 所示，将鼠标指针移动到末端控制柄上，当鼠标指针变成✛符号时拖曳鼠标，按住 Ctrl 键，可以单独更改终止位置光环的大小，如图 2-93 所示。

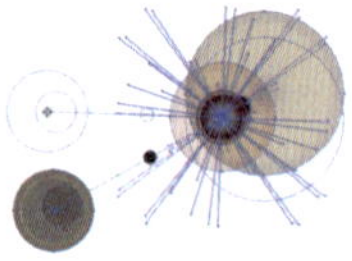

图 2-90 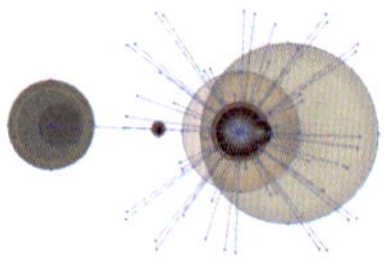　　　　　图 2-91 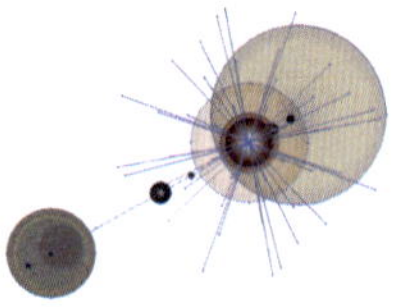　　　　　图 2-92 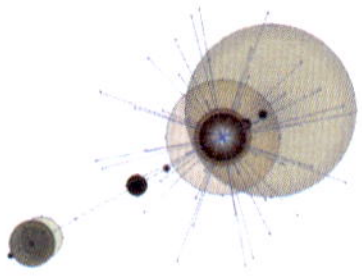　　　　　图 2-93

在绘制出的光晕形保持不变时，如图 2-94 所示，将鼠标指针移动到末端控制柄上，当鼠标指针变成✛符号时拖曳鼠标，按住 ~ 键，可以重新随机排列光环的位置，如图 2-95 所示。

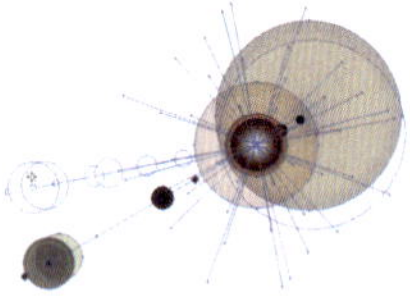

图 2-94 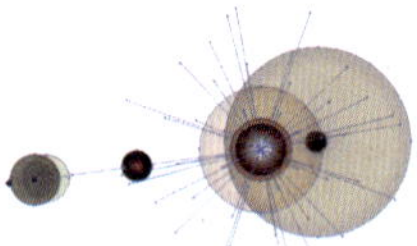　　　　　　　图 2-95

2．精确绘制光晕形

选择"光晕"工具，在页面中需要的位置单击，或双击"光晕"工具，弹出"光晕工具选项"对话框，如图 2-96 所示。

在对话框的"居中"选项组中，"直径"选项用于设置中心控制点直径的大小，"不透明度"选项用于设置中心控制点的不透明度比例，"亮度"选项用于设置中心控制点的亮度比例。在"光晕"选项组中，"增大"选项用于设置光晕围绕中心控制点的辐射程度，"模糊度"选项用于设置光晕在图形中的模糊程度。在"射线"选项组中，"数量"选项用于设置光线的数量，"最长"选项用于设置光线的长度，"模糊度"选项用于设置光线在图形中的模糊程度。在"环形"选项组中，"路径"选项用于设置光环所在路径的长度值，"数量"选项用于设置光环在图形中的数量，"最大"选项用于设置光环的大小比例，"方向"选项用于设置光环在图形中的旋转角度，还可以通过右边的角度控制按钮调节光环的角度。设置完成后，单击"确定"按钮，得到图 2-97 所示的光晕形。

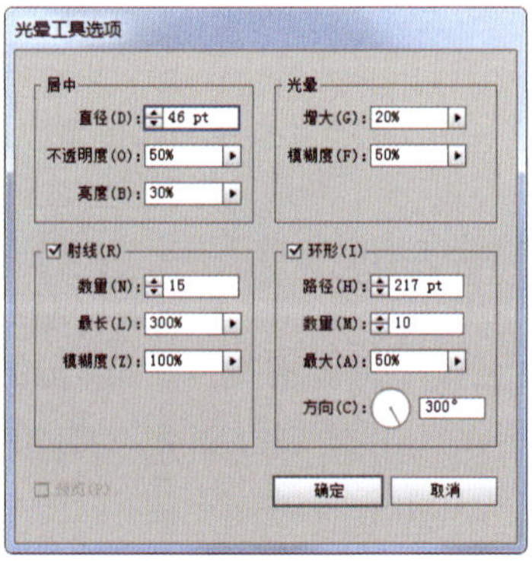

图 2-96

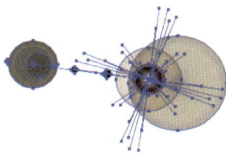

图 2-97

2.3 手绘图形

Illustrator CS6 提供了"铅笔"工具、"平滑"工具和"路径橡皮擦"工具,用户可以手动使用这些工具分别绘制图像、平滑路径,还可以擦除路径。Illustrator CS6 还提供了"画笔"工具,使用"画笔"工具可以绘制出种类繁多的图形效果。

2.3.1 课堂案例——绘制麦田插画

案例学习目标

学习使用"画笔"工具、"画笔"面板绘制麦田插画。

案例知识要点

使用"椭圆"工具、"直线段"工具、"锚点"工具、"变换"命令、"镜像"工具和"路径查找器"命令绘制麦穗图形;使用"画笔"面板、"画笔"工具新建和应用画笔。麦田插画效果如图 2-98 所示。

微课

绘制麦田插画

图 2-98

素材所在位置

Ch02\ 素材 \ 绘制麦田插画 \01。

效果所在位置

Ch02\ 效果 \ 绘制麦田插画 .ai。

(1)按 Ctrl+O 组合键,打开云盘中的"Ch02 > 素材 > 绘制麦田插画 > 01"文件,如图 2-99 所示。

(2)选择"直线段"工具 ,按住 Shift 键的同时,在页面外绘制一条竖线,设置描边色为草绿色(其 R、G、B 的值分别为 85、112、9)。在属性栏中将"描边粗细"选项设为 2.5 pt,按 Enter 键确定操作,效果如图 2-100 所示。选择"对象 > 路径 > 轮廓化描边"命令,创建对象的描边轮廓,如图 2-101 所示。

（3）选择"椭圆"工具 ◉，在页面中单击鼠标左键，弹出"椭圆"对话框，选项的设置如图 2-102 所示。单击"确定"按钮，出现一个椭圆形。选择"选择"工具 ▶，拖曳椭圆形到适当的位置，设置填充色为草绿色（其 R、G、B 的值分别为 85、112、9），填充图形，并设置描边色为无，效果如图 2-103 所示。

图 2-99　　　　图 2-100　　图 2-101　　　　图 2-102　　　　　图 2-103

（4）选择"锚点"工具 ⬐，将鼠标指针放置在椭圆形下方锚点处，如图 2-104 所示。单击鼠标左键，将锚点转换为尖角，如图 2-105 所示。用相同的方法单击椭圆形上方锚点，将锚点转换为尖角，如图 2-106 所示。

（5）选择"选择"工具 ▶，按 Ctrl+C 组合键，复制图形，按 Ctrl+F 组合键，将复制的图形粘贴在前面。选择"窗口 > 变换"命令，弹出"变换"面板，将"旋转"选项设为 45°，如图 2-107 所示。按 Enter 键确定操作，效果如图 2-108 所示。拖曳旋转后的图形到适当的位置，效果如图 2-109 所示。

图 2-104　　图 2-105　　图 2-106　　　　图 2-107　　　　　图 2-108　　图 2-109

（6）选择"效果 > 扭曲和变换 > 变换"命令，在弹出的对话框中进行设置，如图 2-110 所示。单击"确定"按钮，效果如图 2-111 所示。选择"对象 > 扩展外观"命令，扩展对象外观，效果如图 2-112 所示。

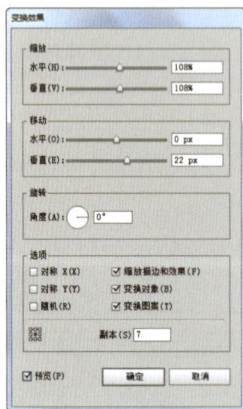

图 2-110　　　　　　　　　图 2-111　　　　　　图 2-112

（7）选择"镜像"工具 ⬚，按住 Alt 键的同时，在下方适当的位置单击，如图 2-113 所示，同时弹出"镜像"对话框，选项的设置如图 2-114 所示。单击"复制"按钮，镜像并复制图形，效果如图 2-115 所示。

图 2-113   图 2-114   图 2-115

（8）选择"选择"工具 ，用框选的方法将所绘制的图形同时选取，如图 2-116 所示。选择"窗口 > 路径查找器"命令，弹出"路径查找器"面板，单击"联集"按钮 ，如图 2-117 所示。生成新的对象，效果如图 2-118 所示。

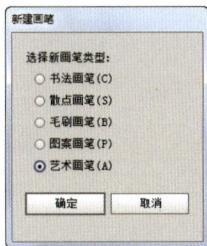

图 2-116   图 2-117   图 2-118

（9）选择"窗口 > 画笔"命令，弹出"画笔"面板，如图 2-119 所示。单击"画笔"面板下方的"新建画笔"按钮 ，弹出"新建画笔"对话框，选中"艺术画笔"单选项，如图 2-120 所示。单击"确定"按钮，弹出"艺术画笔选项"对话框，选项的设置如图 2-121 所示。单击"确定"按钮，选取的麦穗被定义为画笔，如图 2-122 所示。

图 2-119   图 2-120   图 2-121   图 2-122

（10）在"画笔"面板中选择设置的新画笔，如图 2-123 所示。在工具箱中设置描边色为草绿色（其 R、G、B 的值分别为 85、112、9），选择"画笔"工具 ，在页面中分别拖曳鼠标绘制麦穗图形，效果如图 2-124 所示。

（11）选择"选择"工具 ，选取左侧的麦穗图形，设置描边色为黄绿色（其 R、G、B 的值分别为 243、223、72），填充描边，效果如图 2-125 所示。选取右侧的麦穗图形，设置描边色为柳绿色（其 R、G、B 的值分别为 185、194、0），填充描边，效果如图 2-126 所示。

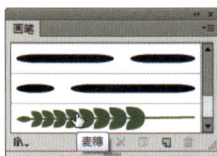

图 2-123   图 2-124   图 2-125   图 2-126

（12）使用"选择"工具 ，按住 Shift 键的同时，依次单击将所绘制的麦穗图形同时选取。按 Ctrl+G 组合键，将其编组，连续按 Ctrl+ [组合键，将麦穗图形向后移至适当的位置，效果如图 2-127 所示。用同样的方法绘制其他麦穗，麦田插画绘制完成，效果如图 2-128 所示。

图 2-127   图 2-128

2.3.2 使用"铅笔"工具

使用"铅笔"工具 可以随意绘制出自由的曲线路径，在绘制过程中 Illustrator CS6 会自动依据鼠标指针的轨迹来设定节点而生成路径。"铅笔"工具既可以用来绘制闭合路径，又可以用来绘制开放路径，还可以将已经存在的曲线的节点作为起点，延伸绘制出新的曲线，从而达到修改曲线的目的。

选择"铅笔"工具 ，在页面中需要的位置单击并按住鼠标左键不放，拖曳鼠标指针到需要的位置，可以绘制一条路径，如图 2-129 所示。释放鼠标左键，绘制出的效果如图 2-130 所示。

选择"铅笔"工具 ，在页面中需要的位置单击并按住鼠标左键不放，拖曳鼠标指针到需要的位置，按住 Alt 键，如图 2-131 所示，释放鼠标左键，可以绘制一条闭合的曲线，如图 2-132 所示。

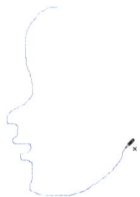

图 2-129   图 2-130   图 2-131   图 2-132

绘制一个闭合的图形并选中这个图形，再选择"铅笔"工具 ，在闭合图形上的两个节点之间拖曳鼠标指针，如图 2-133 所示，可以修改图形的形状。释放鼠标左键，得到的图形效果如图 2-134 所示。

双击"铅笔"工具 ，弹出"铅笔工具选项"对话框，如图 2-135 所示。在对话框的"容差"选项组中，"保真度"选项用于调节绘制曲线上点的精确度，"平滑度"选项用于调节绘制曲线的平滑度。在"选项"选项组中，勾选"填充新铅笔描边"复选框，如果当前设置了填充颜色，绘制出的路径将使用该颜色；勾选"保持选定"复选框，绘制出的曲线将处于被选取状态；勾选"编辑所选路径"复选框，可以使用"铅笔"工具对选中的路径进行编辑；"范围"选项用于调节编辑路径需要的最小距离。

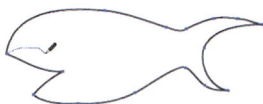

图 2-133

图 2-134

图 2-135

2.3.3 使用"平滑"工具

使用"平滑"工具 ✐ 可以将尖锐的曲线变得较为光滑。

绘制曲线并选中绘制的曲线,选择"平滑"工具 ✐,将鼠标指针移到需要平滑的路径旁,按住鼠标左键不放并在路径上拖曳鼠标指针,如图 2-136 所示,路径平滑后的效果如图 2-137 所示。

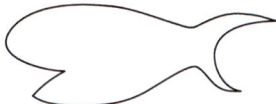

图 2-136

图 2-137

双击"平滑"工具 ✐,弹出"平滑工具选项"对话框,如图 2-138 所示。在对话框中,"保真度"选项用于调节处理曲线上点的精确度,"平滑度"选项用于调节处理曲线的平滑度。

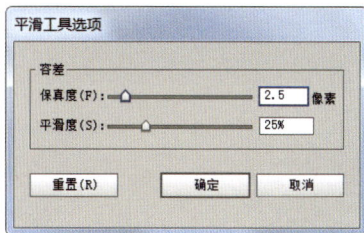

图 2-138

2.3.4 使用"路径橡皮擦"工具

使用"路径橡皮擦"工具 ✐ 可以擦除已有路径的全部或者一部分,但是"路径橡皮擦"工具 ✐ 不能应用于文本对象和包含有渐变网格的对象。

选中想要擦除的路径,选择"路径橡皮擦"工具 ✐,将鼠标指针移到需要清除的路径旁,按住鼠标左键不放并在路径上拖曳鼠标指针,如图 2-139 所示,擦除路径后的效果如图 2-140 所示。

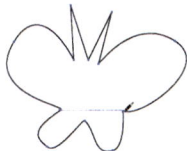

图 2-139

图 2-140

2.3.5 使用"画笔"工具

"画笔"工具可以用来绘制样式繁多的精美线条和图形，还可以通过调节不同的刷头以达到不同的绘制效果。利用不同的画笔样式可以绘制出风格迥异的图像。

选择"画笔"工具 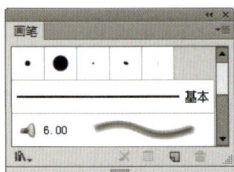，选择"窗口 > 画笔"命令，弹出"画笔"面板，如图 2-141 所示。在面板中选择任意一种画笔样式，在页面中需要的位置单击并按住鼠标左键不放，向右拖曳鼠标进行线条的绘制，释放鼠标左键，线条绘制完成，如图 2-142 所示。

图 2-141 　　　　　　　　　　　　　　图 2-142

选取绘制的线条，如图 2-143 所示。选择"窗口 > 描边"命令，弹出"描边"面板，在面板中的"粗细"选项中选择或设置需要的描边大小，如图 2-144 所示，线条的效果如图 2-145 所示。

双击"画笔"工具 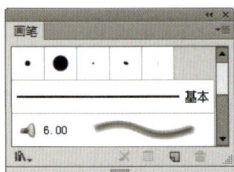，弹出"画笔工具选项"对话框，如图 2-146 所示。在对话框的"容差"选项组中，"保真度"选项用于调节绘制曲线上点的精确度，"平滑度"选项用于调节绘制曲线的平滑度。在"选项"选项组中，勾选"填充新画笔描边"复选框，则每次使用画笔工具绘制图形时，系统都会自动以默认颜色来填充对象的笔画；勾选"保持选定"复选框，绘制的曲线处于被选取状态；勾选"编辑所选路径"复选框，可以对选中的路径进行编辑。

图 2-143 　　　　图 2-144 　　　　图 2-145 　　　　图 2-146

2.3.6 使用"画笔"面板

选择"窗口 > 画笔"命令，弹出"画笔"面板。下面进行详细讲解。

1. 画笔类型

Illustrator CS6 包括 5 种类型的画笔，即书法画笔、散点画笔、图案画笔、艺术画笔、毛刷画笔。

（1）散点画笔

单击"画笔"面板右上角的 图标，将弹出其下拉菜单，在系统默认状态下"显示散点画笔"命令为灰色，选择"打开画笔库"命令，弹出子菜单，如图 2-147 所示。在弹出的菜单中选择任意一种散点画笔，弹出相应的面板，如图 2-148 所示。在面板中单击画笔，画笔就被加载到"画笔"面板中，如图 2-149 所示。选择任意一种散点画笔，再选择"画笔"工具，在页面上连续单击或拖曳鼠标，就可以绘制出需要的图像，效果如图 2-150 所示。

图 2-147

图 2-148

（2）书法画笔

在系统默认状态下，书法画笔为显示状态，"画笔"面板的第一排为书法画笔，如图 2-151 所示。选择任意一种书法画笔，选择"画笔"工具，在页面中需要的位置单击并按住鼠标左键不放，拖曳鼠标进行线条的绘制，释放鼠标左键，线条绘制完成，效果如图 2-152 所示。

图 2-149

图 2-150

图 2-151

图 2-152

（3）图案画笔

单击"画笔"面板右上角的图标，将弹出其下拉菜单，在系统默认状态下"显示图案画笔"命令为灰色，选择"打开画笔库"命令，在弹出的菜单中选择任意一种图案画笔，弹出相应的面板，如图 2-153 所示。在面板中单击画笔，画笔即被加载到"画笔"面板中，如图 2-154 所示。选择任意一种图案画笔，再选择"画笔"工具，在页面上连续单击或拖曳鼠标，就可以绘制出需要的图像，效果如图 2-155 所示。

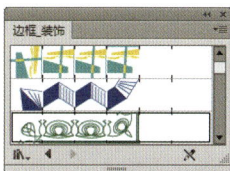

图 2-153

图 2-154

图 2-155

（4）艺术画笔

在系统默认状态下，艺术画笔为显示状态，"画笔"面板的第二排以下为艺术画笔，如图 2-156 所示。选择任意一种艺术画笔，选择"画笔"工具，在页面中需要的位置单击并按住鼠标左键不放，拖曳鼠标进行线条的绘制，释放鼠标左键，线条绘制完成，效果如图 2-157 所示。

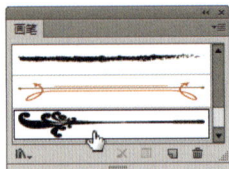

图 2-156

图 2-157

（5）毛刷画笔

毛刷画笔的用法与其他 4 种类似。

2. 更改画笔类型

选中想要更改画笔类型的图像，如图 2-158 所示，在"画笔"面板中单击需要的画笔样式，如图 2-159 所示，更改画笔后的图像效果如图 2-160 所示。

图 2-158   图 2-159   图 2-160

3. "画笔"面板的按钮

"画笔"面板下面有 4 个按钮，从左到右依次是"移去画笔描边"按钮 ✕|、"所选对象的选项"按钮 ▣|、"新建画笔"按钮 ▣|、"删除画笔"按钮 🗑|。

"移去画笔描边"按钮 ✕|：用于将当前被选中的图形上的描边删除，而留下原始路径。

"所选对象的选项"按钮 ▣|：用于打开应用到被选中图形上的画笔选项对话框，在对话框中可以编辑画笔。

"新建画笔"按钮 ▣|：用于创建新的画笔。

"删除画笔"按钮 🗑|：用于删除选定的画笔样式。

4. "画笔"面板的下拉菜单

单击"画笔"面板右上角的 ▼≡ 图标，弹出其下拉菜单，如图 2-161 所示。

"新建画笔"命令、"删除画笔"命令、"移去画笔描边"命令和"所选对象的选项"命令与相应的按钮功能是一样的。"复制画笔"命令用于复制选定的画笔。"选择所有未使用的画笔"命令用于选中当前文档中还没有使用过的所有画笔。"列表视图"命令用于将所有的画笔类型以列表的方式按照名称顺序排列，在显示小图标的同时还可以显示画笔的种类，如图 2-162 所示。"画笔选项"命令用于打开相关的选项对话框对画笔进行编辑。

图 2-161   图 2-162

5. 编辑画笔

Illustrator CS6 提供了对画笔编辑的功能，例如，改变画笔的外观、大小、颜色、角度，以及箭头方向等。对于不同的画笔类型，编辑的参数也有所不同。

选中"画笔"面板中需要编辑的画笔，如图 2-163 所示。单击面板右上角的 图标，在弹出的菜单中选择"画笔选项"命令，弹出"散点画笔选项"对话框，如图 2-164 所示。在对话框中，"名称"选项用于设定画笔的名称；"大小"选项用于设定画笔图案与原图案之间比例大小的范围；"间距"选项用于设定使用"画笔"工具 绘图时，沿路径分布的图案之间的距离；"分布"选项用于设定路径两侧分布的图案之间的距离；"旋转"选项用于设定各个画笔图案的旋转角度；"旋转相对于"选项用于设定画笔图案是相对于"页面"还是相对于"路径"来旋转；"着色"选项组中的"方法"选项用于设置着色的方法；"主色"选项后的"吸管"工具用于选择颜色，其后的色块即是所选择的颜色；单击"提示"按钮 ，弹出"着色提示"对话框，如图 2-165 所示。设置完成后，单击"确定"按钮，即可完成画笔的编辑。

| 图 2-163 | 图 2-164 | 图 2-165 |

6. 自定义画笔

Illustrator CS6 除了利用系统预设的画笔类型和编辑已有的画笔外，还可以使用自定义的画笔。不同类型的画笔，定义的方法类似。如果新建散点画笔，那么作为散点画笔的图形对象中就不能包含有图案、渐变填充等属性。如果新建书法画笔和艺术画笔，就不需要事先制作好图案，只要在其相应的画笔选项对话框中进行设定就可以了。

选中想要制作成为画笔的对象，如图 2-166 所示。单击"画笔"面板下面的"新建画笔"按钮 ，或选择面板右上角的 按钮，在弹出的菜单中选择"新建画笔"命令，弹出"新建画笔"对话框，选择"散点画笔"单选项，如图 2-167 所示。

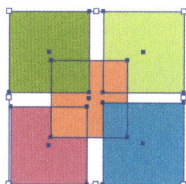

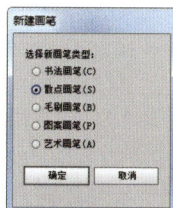

| 图 2-166 | 图 2-167 |

单击"确定"按钮，弹出"散点画笔选项"对话框，如图 2-168 所示。单击"确定"按钮，制作的画笔将自动添加到"画笔"面板中，如图 2-169 所示。使用新定义的画笔可以在绘图页面上绘制图形，如图 2-170 所示。

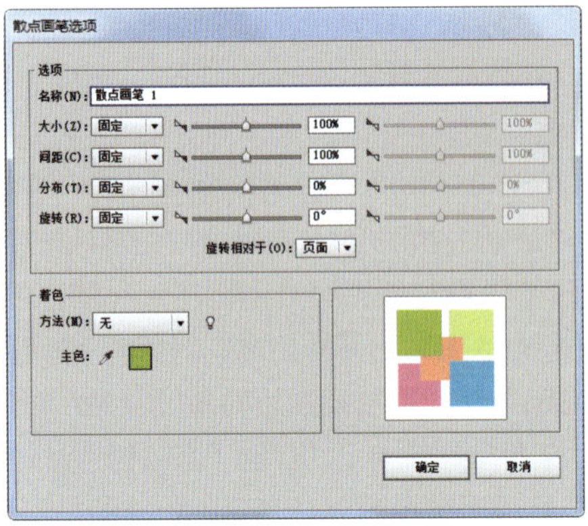

图 2-168

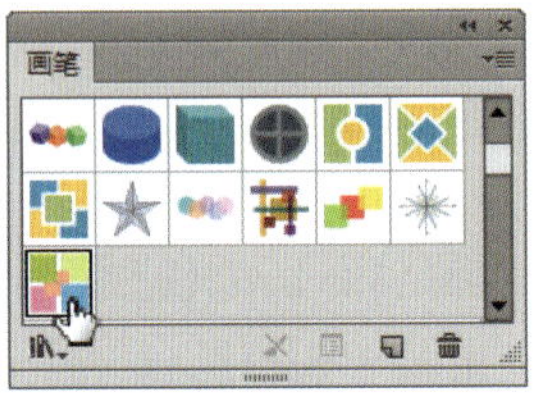

图 2-169

图 2-170

2.3.7 使用画笔库

  Illustrator CS6 不但提供功能强大的"画笔"工具，还提供多种画笔库，其中包含箭头、艺术效果、装饰、边框、默认画笔等，这些画笔可以任意调用。

  选择"窗口 > 画笔库"命令，在弹出的菜单中显示一系列的画笔库命令。分别选择各个命令，可以弹出一系列的"画笔"面板，如图 2-171 所示。Illustrator CS6 还允许调用其他画笔库。选择"窗口 > 画笔库 > 其他库"命令，弹出"选择要打开的库"对话框，如图 2-172 所示，可以选择其他合适的库。

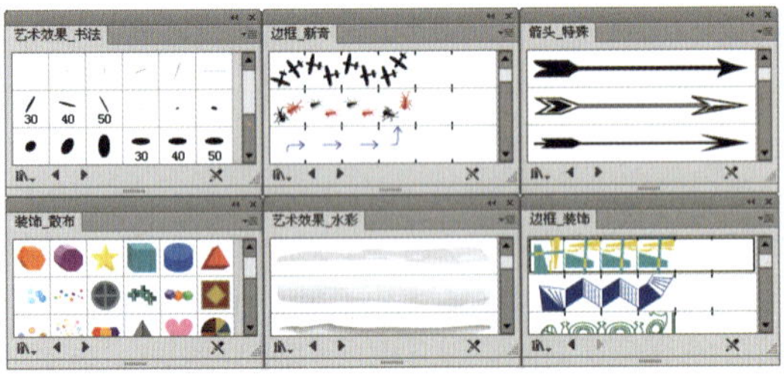

图 2-171

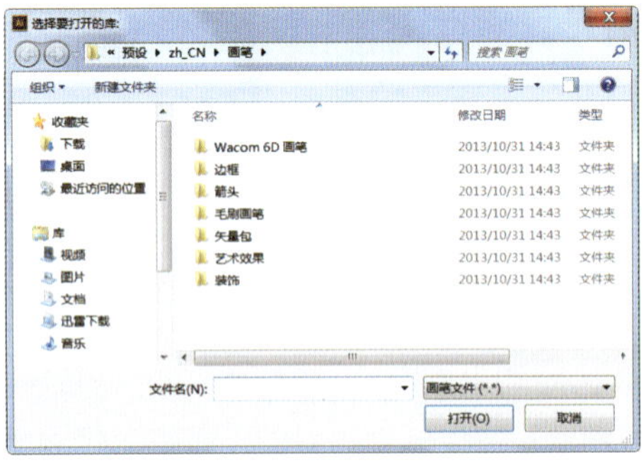

图 2-172

2.4 对象的编辑

  Illustrator CS6 提供了强大的对象编辑功能，这一节中将介绍编辑对象，其中包括对象的多种选取方式，对象的比例缩放、移动、镜像、旋转、倾斜、扭曲变形、复制、删除，以及使用"路径查找器"面板编辑对象等。

2.4.1 课堂案例——绘制祁州漏芦花卉插图

案例学习目标

  学习使用绘图工具、"比例缩放"工具、"旋转"工具和"镜像"工具绘制祁州漏芦花卉插图。

🔒 案例知识要点

使用"椭圆"工具、"比例缩放"工具、"变换"面板和"描边"面板绘制花托；使用"直线段"工具、"椭圆"工具、"旋转"工具和"镜像"工具绘制花蕊；使用"直线段"工具、"矩形"工具、"删除锚点"工具、"镜像"工具绘制茎叶。祁州漏芦花卉效果如图 2-173 所示。

微课

绘制祁州漏芦
花卉插图

图 2-173

📍 效果所在位置

Ch02\ 效果 \ 绘制祁州漏芦花卉插图 .ai。

（1）按 Ctrl+N 组合键，弹出"新建文档"对话框，设置文档的宽度为 300 px，高度为 400 px，取向为纵向，颜色模式为 RGB，栅格效果为屏幕（72 ppi）。单击"确定"按钮，新建一个文档。

（2）选择"矩形"工具 ▣，绘制一个与页面大小相等的矩形，设置填充色为浅绿色（其 R、G、B 的值分别为 242、249、244），填充图形，并设置描边色为无，效果如图 2-174 所示。按 Ctrl+2 组合键，锁定所选对象。

（3）选择"椭圆"工具 ◉，按住 Shift 键的同时，在适当的位置绘制一个圆形，设置填充色为洋红色（其 R、G、B 的值分别为 255、108、126），填充图形，并设置描边色为无，效果如图 2-175 所示。

（4）双击"比例缩放"工具 ▣，弹出"比例缩放"对话框，选项的设置如图 2-176 所示。单击"复制"按钮，缩放并复制圆形，效果如图 2-177 所示。

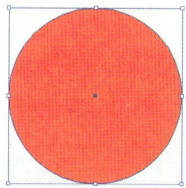

| 图 2-174 | 图 2-175 | 图 2-176 | 图 2-177 |

（5）保持图形的选取状态。设置描边色为土黄色（其 R、G、B 的值分别为 255、209、119），填充描边效果如图 2-178 所示。选择"窗口 > 描边"命令，弹出"描边"面板，单击"对齐描边"选项中的"使描边外侧对齐"按钮 ▣，其他选项的设置如图 2-179 所示。按 Enter 键，效果如图 2-180 所示。

（6）选择"直接选择"工具 ▷，选中下方洋红色圆形上面的锚点，效果如图 2-181 所示。按

Delete 键删除锚点，效果如图 2-182 所示。

图 2-178   图 2-179   图 2-180

（7）选择"直线段"工具 ✏，按住 Shift 键的同时，在适当的位置绘制一条直线，设置描边色为深蓝色（其 R、G、B 的值分别为 0、175、175），填充描边。在属性栏中将"描边粗细"选项设为 3 pt。按 Enter 键确定操作，效果如图 2-183 所示。

（8）选择"椭圆"工具 ⬭，按住 Shift 键的同时，在适当的位置绘制一个圆形，设置填充色为浅蓝色（其 R、G、B 的值分别为 71、212、208），填充图形，并设置描边色为无，效果如图 2-184 所示。

图 2-181   图 2-182   图 2-183   图 2-184

（9）选择"选择"工具 ▶，按住 Shift 键的同时，单击下方直线段将其同时选取，按 Ctrl+G 组合键，编组图形，如图 2-185 所示。选择"旋转"工具 ↻，按住 Alt 键的同时，在直线段末端单击，如图 2-186 所示，同时弹出"旋转"对话框，选项的设置如图 2-187 所示。单击"复制"按钮，旋转并复制图形，效果如图 2-188 所示。

图 2-185   图 2-186   图 2-187   图 2-188

（10）连续按 Ctrl+D 组合键，复制出多个编组图形，效果如图 2-189 所示。选择"选择"工具 ▶，按住 Shift 键的同时，依次单击需要的图形将其同时选取，如图 2-190 所示。

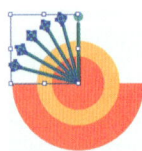

图 2-189   图 2-190

（11）选择"镜像"工具 ◿，按住 Alt 键的同时，在直线段末端单击，如图 2-191 所示，同时弹出"镜像"对话框，选项的设置如图 2-192 所示。单击"复制"按钮，镜像并复制图形，效果如

图 2-193 所示。

图 2-191 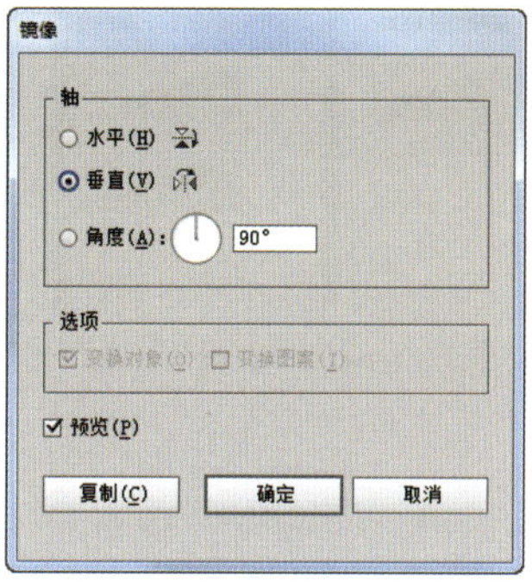　　　　　　　　图 2-192 　　　　　　　　图 2-193

（12）选择"选择"工具，按住 Shift 键的同时，依次单击需要的图形将其同时选取，如图 2-194 所示。按 Ctrl+ [组合键，将图形后移一层，效果如图 2-195 所示。

图 2-194 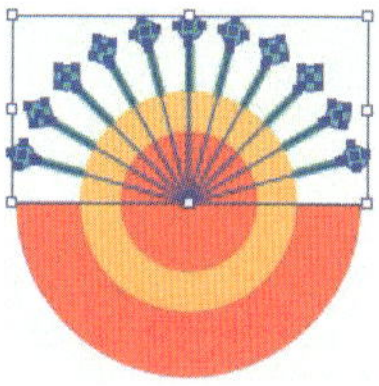　　　　　　　　　　　　　图 2-195

（13）选择"直线段"工具，按住 Shift 键的同时，在适当的位置绘制一条竖线，设置描边色为绿色（其 R、G、B 的值分别为 48、172、106），填充描边，效果如图 2-196 所示。在属性栏中将"描边粗细"选项设为 5 pt。按 Enter 键确定操作，效果如图 2-197 所示。连续按 Ctrl+ [组合键，将竖线向后移至适当的位置，效果如图 2-198 所示。

图 2-196 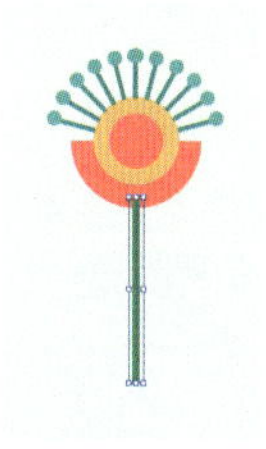　　　　　　　图 2-197 　　　　　　　图 2-198

（14）使用"矩形"工具，在适当的位置绘制一个矩形，设置填充色为绿色（其 R、G、B 的值分别为 48、172、106），填充图形，并设置描边色为无，效果如图 2-199 所示。选择"添加锚点"工具，在矩形右上角单击鼠标左键，删除锚点，如图 2-200 所示。

（15）选择"选择"工具，按住 Alt+Shift 组合键的同时，垂直向下拖曳三角形到适当的位置，复制三角形，效果如图 2-201 所示。连续按 Ctrl+D 组合键，按需要复制出多个三角形，效果如图 2-202 所示。

（16）选择"选择"工具，用框选的方法将绘制的三角形同时选取，如图 2-203 所示。选择"镜像"工具，按住 Alt 键的同时，在竖线上单击，如图 2-204 所示，同时弹出"镜像"对话框，选项的设置如图 2-205 所示。单击"复制"按钮，镜像并复制图形，效果如图 2-206 所示。祁州漏芦花卉绘制完成，效果如图 2-207 所示。

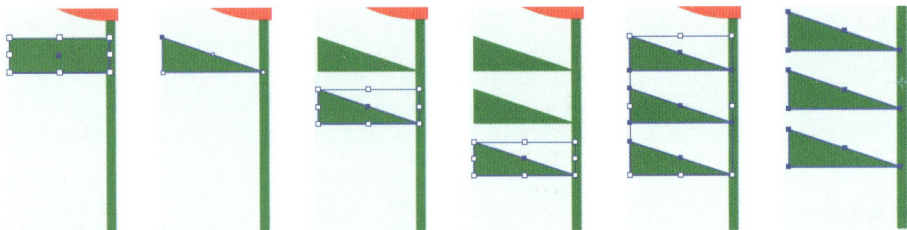

图 2-199　　图 2-200　　图 2-201　　图 2-202　　图 2-203　　图 2-204

图 2-205　　　　　　　　图 2-206　　　　　　　　图 2-207

2.4.2　对象的选取

在 Illustrator CS6 中，提供了 5 种选择工具，包括"选择"工具、"直接选择"工具、"编组选择"工具、"魔棒"工具和"套索"工具。它们都位于工具箱的上方，如图 2-208 所示。

"选择"工具：通过单击路径上的一点或一部分来选择整个路径。

"直接选择"工具：用于选择路径上独立的节点或线段，并显示出路径上的所有方向线以便于调整。

"编组选择"工具：用于单独选择组合对象中的个别对象。

"魔棒"工具：用于选择具有相同笔画或填充属性的对象。

"套索"工具：用于选择路径上独立的节点或线段，在直接选取"套索"工具拖曳时，经过轨迹上的所有路径将被同时选中。

图 2-208

编辑一个对象之前，首先要选中这个对象。对象刚建立时一般呈选取状态，对象的周围出现矩形圈选框，矩形圈选框是由 8 个控制柄组成的，对象的中心有一个"▪"形的中心标记，对象矩形圈选框的示意图如图 2-209 所示。

当选取多个对象时，可以多个对象共有 1 个矩形圈选框，多个对象的选取状态如图 2-210 所示。要取消对象的选取状态，只要在绘图页面上的其他位置单击即可。

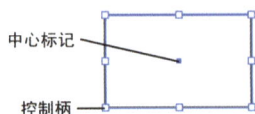

中心标记
控制柄

图 2-209

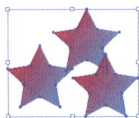

图 2-210

1. 使用"选择"工具选取对象

选择"选择"工具，当鼠标指针移动到对象或路径上时，指针变为图标，如图 2-211 所示；当鼠标指针移动到节点上时，指针变为图标，如图 2-212 所示；单击鼠标左键即可选取对象，指针变为"▸"图标，如图 2-213 所示。

使用"选择"工具▸圈选对象。选择"选择"工具▸，在绘图页面中要选取的对象外围单击并按住鼠标左键不放拖曳鼠标，拖曳后会出现一个蓝色的矩形圈选框，如图 2-214 所示，在矩形圈选框圈选住整个对象后释放鼠标，这时，被圈选的对象处于选取状态，如图 2-215 所示。用圈选的方法可以同时选取一个或多个对象。

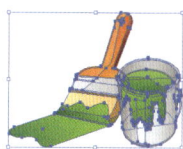

图 2-211　　　　　图 2-212　　　　　图 2-213　　　　　图 2-214　　　　　图 2-215

> **知识链接**
>
> 按住 Shift 键，分别在要选取的对象上单击鼠标左键，即可连续选取多个对象。

2. 使用"直接选择"工具选取对象

选择"直接选择"工具▸，单击对象可以选取相应路径上独立的线段，如图 2-216 所示。在对象的某个节点上单击，该节点将被选中，如图 2-217 所示。选中该节点并按住鼠标左键不放，向下拖曳鼠标，将改变对象的形状，如图 2-218 所示。

图 2-216　　　　　　　　图 2-217　　　　　　　　图 2-218

也可使用"直接选择"工具▸圈选对象，使用"直接选择"工具▸拖曳出一个矩形圈选框，在框中的所有路径线段将被同时选取。

> **知识链接**
>
> 在移动节点的时候，按住 Shift 键，节点可以沿着 45°角的整数倍方向移动；在移动节点的时候，按住 Alt 键，可以复制节点，这样就可以得到一段新路径。

3. 使用"魔棒"工具选取对象

双击"魔棒"工具▦，弹出"魔棒"面板，如图 2-219 所示。

勾选"填充颜色"复选框，可以使填充相同颜色的对象同时被选中；勾选"描边颜色"复选框，可以使填充相同描边的对象同时被选中；勾选"描边粗细"复选框，可以使填充相同笔画宽度的对象同时被选中；勾选"不透明度"复选框，可以使具有相同透明度的对象同时被选中；勾选"混合模式"复选框，可以使具有相同混合模式的对象同时被选中。

图 2-219

绘制 3 个图形，如图 2-220 所示。"魔棒"面板的设定如图 2-221 所示。使用"魔棒"工具▦，单击左边的对象，那么填充相同颜色的对象都会被选取，效果如图 2-222 所示。

图 2-220　　　　　　　　　图 2-221　　　　　　　　　图 2-222

绘制 3 个图形，如图 2-223 所示。"魔棒"面板的设定如图 2-224 所示。使用"魔棒"工具 ，
单击左边的对象，那么填充相同描边颜色的对象都会被选取，如图 2-225 所示。

图 2-223　　　　　　　　　图 2-224　　　　　　　　　图 2-225

4．使用"套索"工具选取对象

选择"套索"工具 ，在对象的外围单击并按住鼠标左键不放，拖曳鼠标绘制一个套索圈，如
图 2-226 所示，释放鼠标左键，对象被选取，效果如图 2-227 所示。

选择"套索"工具 ，在绘图页面中的对象外围单击并按住鼠标左键不放，拖曳鼠标在对象上
绘制出一条套索线，绘制的套索线必须经过对象，效果如图 2-228 所示。套索线经过的对象将同时
被选中，得到的效果如图 2-229 所示。

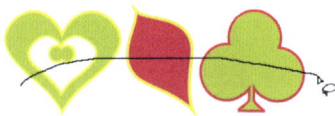

图 2-226　　　　　图 2-227　　　　　　　图 2-228　　　　　　　图 2-229

5．使用"选择"菜单选取对象

Illustrator CS6 除了提供 5 种选择工具，还提供一个"选择"菜单，如图 2-230 所示。

"全部"命令：用于将 Illustrator CS6 绘图页面上的所有对象同
时选取，不包含隐藏和锁定的对象（组合键为 Ctrl+A）。

"现用画板上的全部对象"命令：用于将当前画板上的所有对象
同时选取。

"取消选择"命令：用于取消所有对象的选取状态（组合键为
Shift+Ctrl+A）。

"重新选择"命令：用于重复上一次的选取操作（组合键为
Ctrl+6）。

"反向"命令：用于选取文档中除当前被选中的对象之外的所有
对象。

图 2-230

"上方的下一个对象"命令：用于选取当前被选中对象之上的对象。

"下方的下一个对象"命令：用于选取当前被选中对象之下的对象。

"相同"子菜单下包含 11 个命令，即"外观"命令、"外观属性"命令、"混合模式"命令、"填
色和描边"命令、"填充颜色"命令、"不透明度"命令、"描边颜色"命令、"描边粗细"命令、"图
形样式"命令、"符号实例"命令和"链接块系列"命令。

"对象"子菜单下包含 8 个命令,即"同一图层上的所有对象"命令、"方向手柄"命令、"没有对齐像素网格"命令、"毛刷画笔描边"命令、"画笔描边"命令、"剪切蒙版"命令、"游离点"命令和"文本对象"命令。

"存储所选对象"命令:用于将当前进行的选取操作进行保存。

"编辑所选对象"命令:用于对已经保存的选取操作进行编辑。

2.4.3 对象的比例缩放、移动和镜像

1. 对象的比例缩放

在 Illustrator CS6 中可以快速而精确地按比例缩放对象,使设计工作变得更轻松。下面就介绍对象的按比例缩放方法。

(1)使用工具箱中的工具比例缩放对象

选取要缩放的对象,对象的周围出现控制柄,如图 2-231 所示。用鼠标拖曳需要的控制柄,如图 2-232 所示,可以缩放对象,效果如图 2-233 所示。

图 2-231   图 2-232   图 2-233

> **知识链接**
>
> 拖曳对角线上的控制柄时,按住 Shift 键,对象会成等比例缩放;按住 Shift+Alt 组合键,对象会成从中心等比例缩放。

选取要缩放的对象,再选择"比例缩放"工具 ,对象的中心出现缩放对象的中心控制点,在中心控制点上单击并拖曳鼠标可以移动中心控制点的位置,如图 2-234 所示。单击对象并按住鼠标左键不放,拖曳鼠标可以缩放对象,如图 2-235 所示。缩放对象的效果如图 2-236 所示。

图 2-234   图 2-235   图 2-236

(2)使用"变换"面板成比例缩放对象

选择"窗口 > 变换"命令(组合键为 Shift+F8),弹出"变换"面板,如图 2-237 所示。在面板中,"宽"选项用于设置对象的宽度,"高"选项用于设置对象的高度。改变宽度和高度值,就可以缩放对象。

(3)使用菜单命令缩放对象

选择"对象 > 变换 > 缩放"命令,弹出"比例缩放"对话框,如图 2-238 所示。在对话框中,选择"等比"单选项可以调节对象成比例缩放,"比例缩放"选项用于设置对象成比例缩放的百分比数值。选择"不等比"单选项可以调节对象不成比例缩放,"水平"选项用于设置对象在水平方向上的缩放百分比,"垂直"选项用于设置对象在垂直方向上的缩放百分比。

(4)使用鼠标右键的弹出式命令缩放对象

在选取的要缩放的对象上单击鼠标右键,弹出快捷菜单,选择"对象 > 变换 > 缩放"命令,也

可以对对象进行缩放。

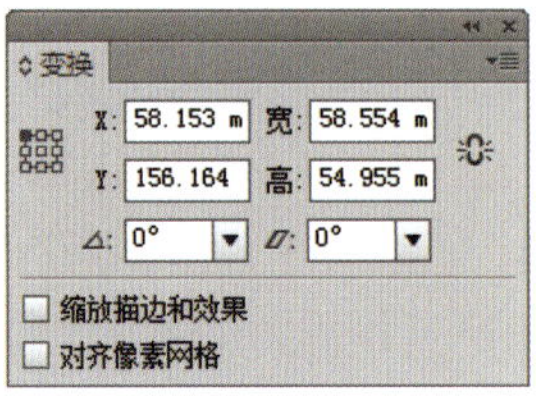

图 2-237 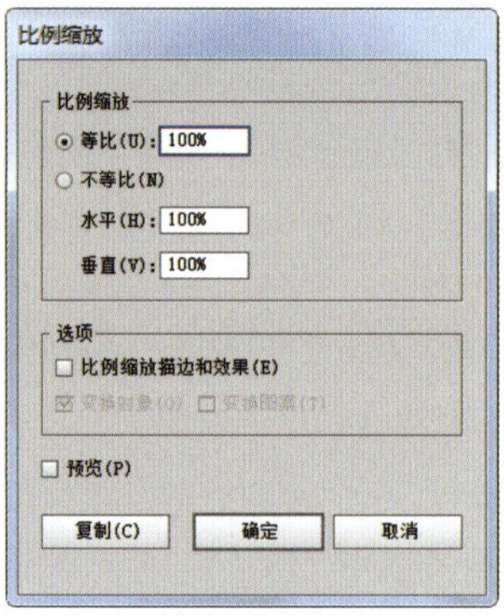   图 2-238

2.对象的移动

在 Illustrator CS6 中，可以快速而精确地移动对象。要移动对象，就要使被移动的对象处于选取状态。

（1）使用工具箱中的工具和键盘移动对象

选取要移动的对象，效果如图 2-239 所示。在对象上单击并按住鼠标左键不放，拖曳鼠标指针到需要放置对象的位置，如图 2-240 所示。释放鼠标左键，对象的移动操作完成，效果如图 2-241 所示。

图 2-239 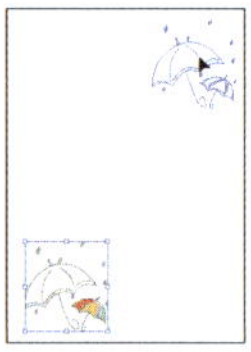   图 2-240   图 2-241

选取要移动的对象，用键盘上的方向键可以微调对象的位置。

（2）使用"变换"面板移动对象

选择"窗口 > 变换"命令（组合键为 Shift+F8），弹出"变换"面板，如图 2-242 所示。在面板中，"X"选项用于设置对象在 x 轴的位置，"Y"选项用于设置对象在 y 轴的位置。改变 x 轴和 y 轴的数值，就可以移动对象。

（3）使用菜单命令移动对象

选择"对象 > 变换 > 移动"命令（组合键为 Shift+Ctrl+M），弹出"移动"对话框，如图 2-243 所示。在对话框中，"水平"选项用于设置对象在水平方向上移动的数值，"垂直"选项用于设置对象在垂直方向上移动的数值。"距离"选项用于设置对象移动的距离，"角度"选项用于设置对象移动或旋转的角度。"复制"按钮用于复制出一个移动对象。

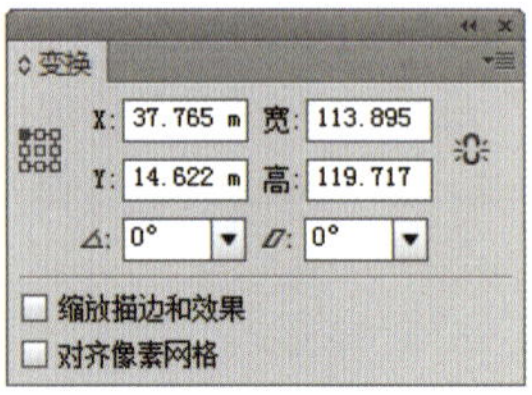

图 2-242   图 2-243

3. 对象的镜像

在 Illustrator CS6 中可以快速而精确地进行镜像操作，以使设计和制作工作更加轻松有效。

（1）使用工具箱中的工具镜像对象

选取要生成镜像的对象，效果如图 2-244 所示，选择"镜像"工具，用鼠标拖曳对象进行旋转，出现蓝色线，效果如图 2-245 所示，这样可以实现图形的旋转变换，也就是对象绕自身中心的镜像变换，镜像后的效果如图 2-246 所示。

在绘图页面上任一位置单击，可以确定新的镜像轴标志"✧"的位置，效果如图 2-247 所示。在绘图页面上任一位置再次单击，则单击产生的点与镜像轴标志的连线就作为镜像变换的镜像轴，对象在与镜像轴对称的地方生成镜像，效果如图 2-248 所示。

图 2-244   图 2-245   图 2-246   图 2-247   图 2-248

> **知识链接**
>
> 使用"镜像"工具生成镜像对象的过程中，只能使对象本身产生镜像。要在镜像的位置生成一个对象的复制品，方法很简单，在拖曳鼠标时按住 Alt 键即可。"镜像"工具也可以用于旋转对象。

（2）使用"选择"工具镜像对象

使用"选择"工具，选取要生成镜像的对象，效果如图 2-249 所示。按住鼠标左键直接拖曳控制柄到相对的边，直到出现对象的蓝色线，效果如图 2-250 所示，释放鼠标左键就可以得到不规则的镜像对象，效果如图 2-251 所示。

图 2-249   图 2-250   图 2-251

直接拖曳左边或右边中间的控制柄到相对的边，直到出现对象的蓝色线，松开鼠标左键就可以得到原对象的水平镜像。直接拖曳上边或下边中间的控制柄到相对的边，直到出现对象的蓝色虚线，释放鼠标左键就可以得到原对象的垂直镜像。

> **知识链接**
>
> 按住 Shift 键，拖曳边角上的控制柄到相对的边，对象会成比例地沿对角线方向生成镜像图形。按住 Shift+Alt 组合键，拖曳边角上的控制柄到相对的边，对象会成比例地从中心生成镜像图形。

（3）使用菜单命令镜像对象

选择"对象 > 变换 > 对称"命令，弹出"镜像"对话框，如图 2-252 所示。在"轴"选项组中，选择"水平"单选项可以垂直镜像对象，选择"垂直"单选项可以水平镜像对象，选择"角度"单选项可以输入镜像角度的数值；在"选项"选项组中，勾选"变换对象"复选框，图案不会被镜像；勾选"变换图案"复选框，图案被镜像；"复制"按钮用于在原对象上复制一个镜像的对象。

图 2-252

2.4.4 对象的旋转和倾斜变形

1. 对象的旋转

（1）使用工具箱中的工具旋转对象

使用"选择"工具 选取要旋转的对象，如图 2-253 所示。将鼠标指针移动到旋转控制柄上，这时的指针变为旋转符号" "，按住鼠标左键不放，拖曳鼠标旋转对象，旋转时对象会出现蓝色的虚线，指示旋转方向和角度，效果如图 2-254 所示。旋转到需要的角度后释放鼠标左键，旋转对象的效果如图 2-255 所示。

图 2-253　　　　图 2-254　　　　图 2-255

选取要旋转的对象，选择"自由变换"工具 ，对象的四周出现控制柄。用鼠标拖曳控制柄，就可以旋转对象。此工具与"选择"工具 的使用方法类似。

选取要旋转的对象，选择"旋转"工具 ，对象的四周出现控制柄，用鼠标拖曳控制柄就可以旋转对象。对象是围绕旋转中心 来旋转的，Illustrator CS6 默认的旋转中心是对象的中心点。可以通过改变旋转中心来使对象旋转到新的位置，将鼠标指针移动到旋转中心上，按住鼠标左键不放拖曳旋转中心到需要的位置，如图 2-256 所示。再用鼠标拖曳图形进行旋转，如图 2-257 所示，改变旋转中心后旋转对象的效果如图 2-258 所示。

图 2-256　　　　图 2-257　　　　图 2-258

（2）使用"变换"面板旋转对象

选择"窗口 > 变换"命令，弹出"变换"面板。"变换"面板的使用方法与其在"移动对象"中的使用方法相同，这里不再赘述。

（3）使用菜单命令旋转对象

选择"对象 > 变换 > 旋转"命令或双击"旋转"工具 ，弹出"旋转"对话框，如图 2-259 所示。在对话框中，"角度"选项用于设置对象旋转的角度；勾选"变换对象"复选框，旋转的对象不是图案；勾选

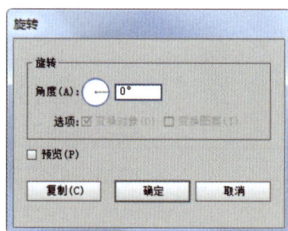

图 2-259

"变换图案"复选框，旋转的对象是图案；"复制"按钮用于在原对象上复制一个旋转对象。

2. 对象的倾斜

（1）使用工具箱中的工具倾斜对象

选取要倾斜的对象，效果如图 2-260 所示，选择"倾斜"工具，对象的四周将出现控制柄。用鼠标拖曳控制柄或对象，倾斜时对象会出现蓝色的线来指示倾斜变形的方向和角度，效果如图 2-261 所示。倾斜到需要的角度后释放鼠标左键即可，对象的倾斜效果如图 2-262 所示。

（2）使用"变换"面板倾斜对象

选择"窗口 > 变换"命令，弹出"变换"面板。"变换"面板的使用方法与其在"移动对象"中的使用方法相同，这里不再赘述。

（3）使用菜单命令倾斜对象

选择"对象 > 变换 > 倾斜"命令，弹出"倾斜"对话框，如图 2-263 所示。在对话框中，通过"倾斜角度"选项可以设置对象倾斜的角度。在"轴"选项组中，选择"水平"单选项，对象可以水平倾斜；选择"垂直"单选项，对象可以垂直倾斜；选择"角度"单选项，可以调节倾斜的角度。"复制"按钮用于在原对象上复制一个倾斜的对象。

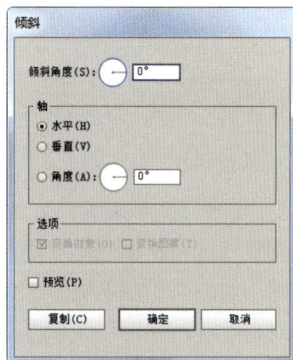

　　图 2-260　　　　　　图 2-261　　　　　　图 2-262　　　　　　　图 2-263

知识链接　　　对象的"移动""旋转""镜像"和"倾斜"命令的操作也可以使用鼠标右键的弹出式命令来完成。

2.4.5　对象的扭曲变形

在 Illustrator CS6 中，可以使用变形工具组，如图 2-264 所示，对需要变形的对象进行扭曲变形。

1. 使用"宽度"工具

选择"宽度"工具，将鼠标指针放到对象中适当的位置，如图 2-265 所示。在对象上拖曳鼠标，如图 2-266 所示，就可以进行调整宽度的操作了，效果如图 2-267 所示。

　　　图 2-264　　　　　　图 2-265　　　　　　图 2-266　　　　　　图 2-267

2．使用"变形"工具

选择"变形"工具![],将鼠标指针放到对象中适当的位置,如图2-268所示。在对象上拖曳鼠标,如图2-269所示,即可进行扭曲变形操作,效果如图2-270所示。

双击"变形"工具![],弹出"变形工具选项"对话框,如图2-271所示。在对话框中的"全局画笔尺寸"选项组中,"宽度"选项用于设置画笔的宽度,"高度"选项用于设置画笔的高度,"角度"选项用于设置画笔的角度,"强度"选项用于设置画笔的强度。在"变形选项"选项组中,勾选"细节"复选框可以控制变形的细节程度,勾选"简化"复选框可以控制变形的简化程度。勾选"显示画笔大小"复选框,在对对象进行变形操作时会显示画笔的大小。

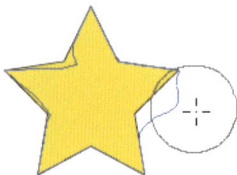

图2-268   图2-269   图2-270   图2-271

3．使用"旋转扭曲"工具

选择"旋转扭曲"工具![],将鼠标指针放到对象中适当的位置,如图2-272所示。在对象上拖曳鼠标,如图2-273所示,就可以进行扭转变形操作,效果如图2-274所示。

双击"旋转扭曲"工具![],弹出"旋转扭曲工具选项"对话框,如图2-275所示。在"旋转扭曲选项"选项组中,"旋转扭曲速率"选项用于控制扭转变形的比例。对话框中其他选项的功能与"变形工具选项"对话框中的选项功能相同。

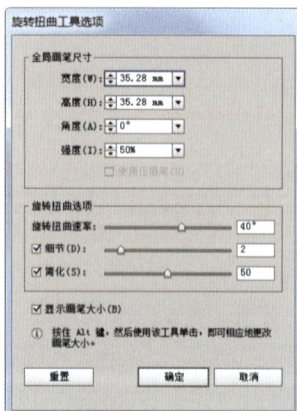

图2-272   图2-273   图2-274   图2-275

4．使用"缩拢"工具

选择"缩拢"工具![],将鼠标指针放到对象中适当的位置,如图2-276所示。在对象上拖曳鼠标,如图2-277所示,即可进行缩拢变形操作,效果如图2-278所示。

双击"缩拢"工具![],弹出"收缩工具选项"对话框,如图2-279所示。在"收缩选项"选项组中,勾选"细节"复选框可以控制变形的细节程度,勾选"简化"复选框可以控制变形的简化程度。

对话框中其他选项的功能与"变形工具选项"对话框中的选项功能相同。

图 2-276　　　　　图 2-277　　　　　图 2-278　　　　　图 2-279

5. 使用"膨胀"工具

选择"膨胀"工具 ，将鼠标指针放到对象中适当的位置，如图 2-280 所示。在对象上拖曳鼠标，如图 2-281 所示，就可以进行膨胀变形操作了，效果如图 2-282 所示。

双击"膨胀"工具 ，弹出"膨胀工具选项"对话框，如图 2-283 所示。在"膨胀选项"选项组中，勾选"细节"复选框可以控制变形的细节程度，勾选"简化"复选框可以控制变形的简化程度。对话框中其他选项的功能与"变形工具选项"对话框中的选项功能相同。

图 2-280　　　　　图 2-281　　　　　图 2-282　　　　　图 2-283

6. 使用"扇贝"工具

选择"扇贝"工具 ，将鼠标指针放到对象中适当的位置，如图 2-284 所示。在对象上拖曳鼠标，如图 2-285 所示，就可以使对象变形了，效果如图 2-286 所示。

双击"扇贝"工具 ，弹出"扇贝工具选项"对话框，如图 2-287 所示。在"扇贝选项"选项组中，"复杂性"选项用于控制变形的复杂性；勾选"细节"复选框可以控制变形的细节程度；勾选"画笔影响锚点"复选框，画笔的大小会影响锚点；勾选"画笔影响内切线手柄"复选框，画笔会影响对象的内切线；勾选"画笔影响外切线手柄"复选框，画笔会影响对象的外切线。对话框中其他选项的功能与"变形工具选项"对话框中的选项功能相同。

7. 使用"晶格化"工具

选择"晶格化"工具 ，将鼠标指针放到对象中适当的位置，如图 2-288 所示。在对象上拖曳鼠标，如图 2-289 所示，就可以使对象变形了，效果如图 2-290 所示。

双击"晶格化"工具 ，弹出"晶格化工具选项"对话框，如图 2-291 所示。对话框中选项的功能与"扇贝工具选项"对话框中的选项功能相同。

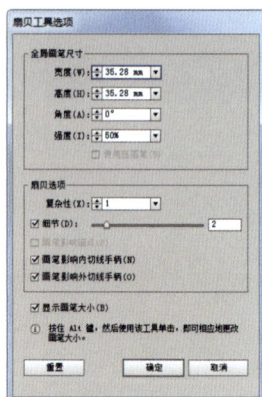

图 2-284   图 2-285   图 2-286   图 2-287

图 2-288   图 2-289   图 2-290   图 2-291

8. 使用"皱褶"工具

选择"皱褶"工具 ，将鼠标指针放到对象中适当的位置，如图 2-292 所示。在对象上拖曳鼠标，如图 2-293 所示，就可以进行褶皱变形操作，效果如图 2-294 所示。

双击"皱褶"工具 ，弹出"皱褶工具选项"对话框，如图 2-295 所示。在"皱褶选项"选项组中，"水平"选项用于控制变形的水平比例，"垂直"选项用于控制变形的垂直比例。对话框中其他选项的功能与"扇贝工具选项"对话框中的选项功能相同。

  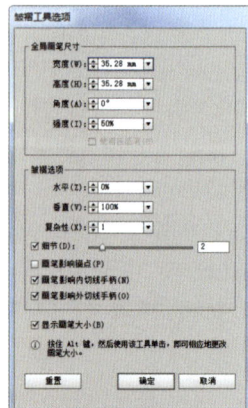

图 2-292   图 2-293   图 2-294   图 2-295

2.4.6 复制和删除对象

1. 复制对象

在 Illustrator CS6 中可以采取多种方法复制对象。下面介绍复制对象的多种方法。

（1）使用"编辑"菜单命令复制对象

选取要复制的对象，效果如图 2-296 所示，选择"编辑 > 复制"命令（组合键为 Ctrl+C），对象的副本将被放置在剪贴板中。

选择"编辑 > 粘贴"命令（组合键为 Ctrl+V），对象的副本将被粘贴到要复制对象的旁边，复制的效果如图 2-297 所示。

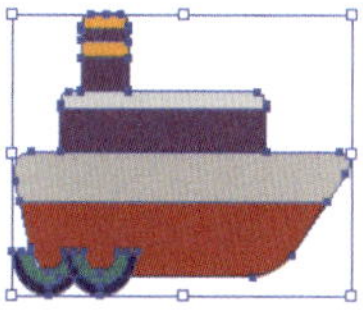

图 2-296    图 2-297

（2）使用鼠标右键弹出式命令复制对象

选取要复制的对象，在对象上单击鼠标右键，弹出快捷菜单，选择"变换 > 移动"命令，弹出"移动"对话框，如图 2-298 所示。单击"复制"按钮，可以在选中的对象上面复制出一个对象，效果如图 2-299 所示。

接着在对象上再次单击鼠标右键，弹出快捷菜单，选择"变换 > 再次变换"命令（组合键为 Ctrl+D），按"移动"对话框中的设置再次进行复制，效果如图 2-300 所示。

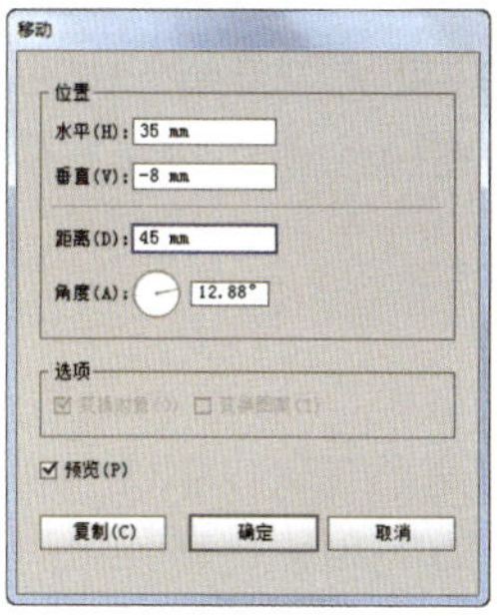

图 2-298    图 2-299 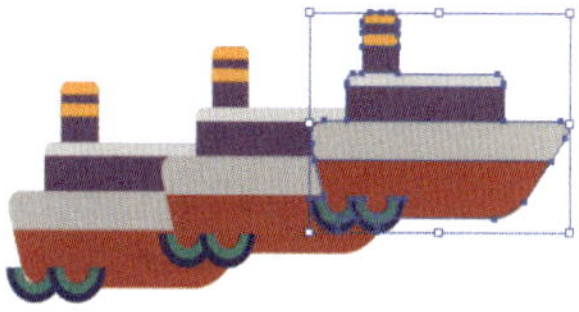   图 2-300

（3）使用鼠标拖曳方式复制对象

选取要复制的对象，按住 Alt 键，在对象上拖曳鼠标，出现对象的蓝色虚线效果，将其移动到需要的位置，释放鼠标左键，复制出一个选取对象。

也可以在两个不同的绘图页面中复制对象，使用鼠标拖曳其中一个绘图页面中的对象到另一个绘图页面中，释放鼠标左键完成复制。

2. 删除对象

在 Illustrator CS6 中，删除对象的方法很简单，下面进行具体介绍。

选中要删除的对象，选择"编辑 > 清除"命令（快捷键为 Delete），就可以将选中的对象删除。如果想删除多个或全部的对象，则首先要选取这些对象，再执行"清除"命令。

2.4.7 撤销和恢复对对象的操作

在进行设计的过程中，可能会出现错误的操作，下面介绍如何撤销和恢复对对象的操作。

1. 撤销对象的操作

选择"编辑 > 还原"命令（组合键为 Ctrl+Z），可以还原上一次的操作。连续按快捷键，可以连续还原原来操作的命令。

2. 恢复对象的操作

选择"编辑 > 重做"命令（组合键为 Shift+Ctrl+Z），可以恢复上一次的操作。如果连续按两次快捷键，即恢复两步操作。

2.4.8 对象的剪切

选中要剪切的对象，选择"编辑 > 剪切"命令（组合键为 Ctrl+X），对象将从页面中被删除并放置在剪贴板中。

2.4.9 使用"路径查找器"面板编辑对象

在 Illustrator CS6 中编辑图形时，"路径查找器"面板是最常用的工具之一。它包含一组功能强大的路径编辑命令。使用"路径查找器"面板可以使许多简单的路径经过特定的运算之后形成各种复杂的路径。

选择"窗口 > 路径查找器"命令（组合键为 Shift+Ctrl+F9），弹出"路径查找器"面板，如图 2-301 所示。

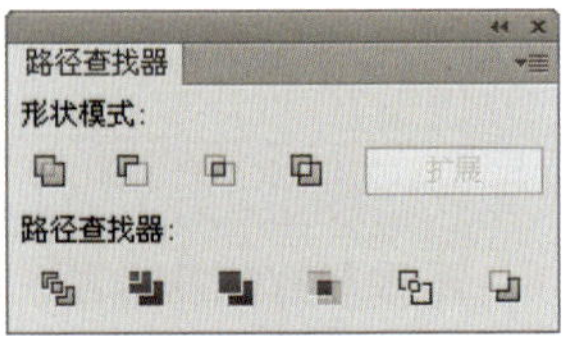

图 2-301

1. 认识"路径查找器"面板的按钮

在"路径查找器"面板的"形状模式"选项组中有 5 个按钮，从左至右分别是"联集"按钮、"减去顶层"按钮、"交集"按钮、"差集"按钮和"扩展"按钮。前 4 个按钮用于通过不同的组合方式在多个图形间制作出对应的复合图形，而"扩展"按钮则用于把复合图形转变为复合路径。

在"路径查找器"选项组中有 6 个按钮，从左至右分别是"分割"按钮、"修边"按钮、"合并"按钮、"裁剪"按钮、"轮廓"按钮和"减去后方对象"按钮。这组按钮主要用于把对象分解成各个独立的部分，或者删除对象中不需要的部分。

2. 使用"路径查找器"面板

（1）"联集"按钮

在绘图页面中选择两个绘制的图形对象，如图 2-302 所示。选中两个对象，单击"联集"按钮，生成新的对象，新对象的填充和描边属性与位于顶部的对象的填充和描边属性相同，效果如图 2-303 所示。

（2）"减去顶层"按钮

在绘图页面中选择两个绘制的图形对象，如图 2-304 所示。选中这两个对象，单击"减去顶层"按钮，生成新的对象，在最下层对象的基础上，被上层对象挡住的部分和上层的所有对象被同时删除，只剩下最下层对象的剩余部分，效果如图 2-305 所示。

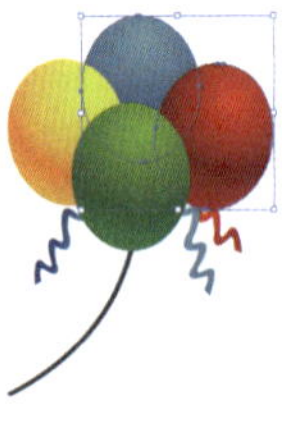

| 图 2-302 | 图 2-303 | 图 2-304 | 图 2-305 |

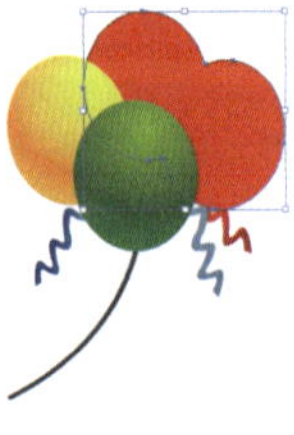

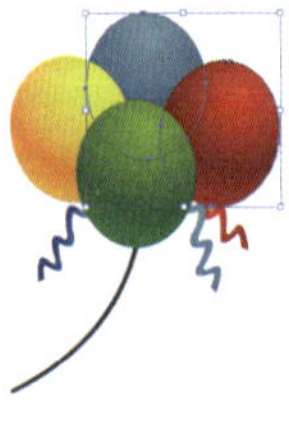

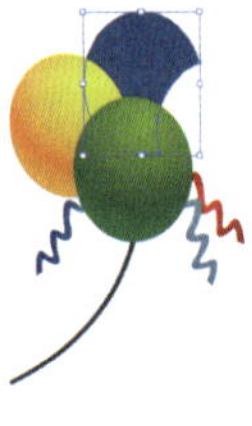

（3）"交集"按钮

在绘图页面中选择两个绘制的图形对象，如图 2-306 所示。选中这两个对象，单击"交集"按钮█，生成新的对象，图形没有重叠的部分被删除，而仅仅保留了重叠部分。所生成的新对象的填充和描边属性与位于顶部的对象的填充和描边属性相同，效果如图 2-307 所示。

（4）"差集"按钮█

在绘图页面中选择两个绘制的图形对象，如图 2-308 所示。选中这两个对象，单击"差集"按钮█，生成新的对象，对象间重叠的部分被删除。所生成的新对象的填充和描边属性与位于顶部的对象的填充和描边属性相同，效果如图 2-309 所示。

图 2-306   图 2-307   图 2-308   图 2-309

（5）"分割"按钮█

在绘图页面中选择两个绘制的图形对象，如图 2-310 所示。选中这两个对象，单击"分割"按钮█，生成新的对象，效果如图 2-311 所示，相互重叠的图形被分离，从而得到多个独立的对象。所生成的新对象的填充和描边属性与位于顶部的对象的填充和描边属性相同。取消选取状态后的效果如图 2-312 所示。

图 2-310   图 2-311   图 2-312

（6）"修边"按钮█

在绘图页面中选择两个绘制的图形对象，如图 2-313 所示。选中这两个对象，单击"修边"按钮█，生成新的对象，效果如图 2-314 所示，每个单独的对象均被裁减分成包含有重叠区域的部分和重叠区域之外的部分，新生成的对象保持原来的填充属性。取消选取状态后的效果如图 2-315 所示。

图 2-313   图 2-314   图 2-315

（7）"合并"按钮█

在绘图页面中选择两个绘制的图形对象，如图 2-316 所示。选中这两个对象，单击"合并"按钮█，生成新的对象，效果如图 2-317 所示。如果对象的填充和描边属性都相同，则所有的对象组成一个整体后合为一个对象，但对象的描边色将变为无；如果对象的填充和描边属性都不相同，则"合并"按钮█的功能就相当于"裁剪"按钮█的功能。取消选取状态后的效果如图 2-318 所示。

图 2-316   图 2-317   图 2-318

（8）"裁剪"按钮▣

在绘图页面中选择两个绘制的图形对象，如图 2-319 所示。选中这两个对象，单击"裁剪"按钮▣，生成新的对象，效果如图 2-320 所示。"裁剪"命令的工作原理和蒙版相似，对重叠的图形来说，"修剪"命令可以把所有放在最前面对象之外的图形部分修剪掉，同时最前面的对象本身将消失。取消选取状态后的效果如图 2-321 所示。

图 2-319   图 2-320   图 2-321

（9）"轮廓"按钮▣

在绘图页面中绘制两个图形对象，如图 2-322 所示。选中这两个对象，单击"轮廓"按钮▣，生成新的对象，效果如图 2-323 所示，所有对象的轮廓被勾勒出。取消选取状态后的效果如图 2-324 所示。

图 2-322   图 2-323   图 2-324

（10）"减去后方对象"按钮▣

在绘图页面中绘制两个图形对象，如图 2-325 所示。选中这两个对象，单击"减去后方对象"按钮▣，生成新的对象，效果如图 2-326 所示，位于最底层的对象裁减掉位于该对象之上的所有对象。取消选取状态后的效果如图 2-327 所示。

图 2-325   图 2-326   图 2-327

2.5 课堂练习——绘制校车插图

练习知识要点

使用"圆角矩形"工具、"星形"工具、"椭圆"工具绘制图形；使用"镜像"工具制作图形对称效果。校车插图效果如图 2-328 所示。

微课 绘制校车插图 1

微课 绘制校车插图 2

图 2-328

效果所在位置

Ch02\ 效果 \ 绘制校车插图 .ai。

2.6 课后习题——绘制动物挂牌

习题知识要点

使用"圆角矩形"工具、"椭圆"工具绘制挂环；使用"椭圆"工具、"旋转"工具、"路径查找器"命令、"缩放"命令和"钢笔"工具绘制动物头像。动物挂牌效果如图 2-329 所示。

微课 绘制动物挂牌

图 2-329

效果所在位置

Ch02\ 效果 \ 绘制动物挂牌 .ai。

03

第3章
路径的绘制与编辑

本章介绍

本章将介绍 Illustrator CS6 中路径的相关知识和"钢笔"工具的使用方法，以及绘制和编辑路径的各种方法。通过本章的学习，学生可以运用强大的路径工具绘制出需要的自由曲线及图形。

学习目标

- 了解路径和锚点的相关知识。
- 掌握"钢笔"工具的使用方法。
- 掌握路径的编辑技巧。
- 掌握路径命令的使用方法。

技能目标

- 掌握网页 Banner 卡通文具的绘制方法。
- 掌握播放图标的绘制方法。

素养目标

- 培养学生的手眼协调能力。
- 培养学生严谨的工作作风。

路径是指使用绘图工具创建的直线、曲线或几何形状对象，是组成所有线条和图形的基本元素。Illustrator CS6 提供了多种绘制路径的工具，如"钢笔"工具、"画笔"工具、"铅笔"工具、"矩形"工具、"多边形"工具等。路径可以由一个或多个路径组成，即由锚点连接起来的一条或多条线段组成。路径本身没有宽度和颜色，当对路径添加了描边后，路径才跟随描边的宽度和颜色具有了相应的属性。可以选择"图形样式"控制面板，为路径更改不同的样式。

3.1.1 路径

1. 路径的类型

为了满足绘图的需要，Illustrator CS6 中的路径又分为开放路径、闭合路径和复合路径 3 种类型。

开放路径的两个端点没有连接在一起，如图 3-1 所示。在对开放路径进行填充时，Illustrator CS6 会假定路径两端已经连接起来形成了闭合路径。

闭合路径没有起点和终点，是一条闭合的路径。可对其进行内部填充或描边填充，如图 3-2 所示。

复合路径是将几个开放或闭合路径进行组合而形成的路径，如图 3-3 所示。

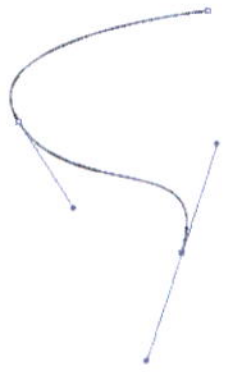

图 3-1    图 3-2    图 3-3

2. 路径的组成

路径由锚点和线段组成，可以通过调整路径上的锚点或线段来改变它的形状。在曲线路径上，每一个锚点有一条或两条控制线。在曲线端点的锚点有一条控制线，在曲线上的其他锚点有两条控制线。控制线总是与曲线上锚点所在的圆相切，控制线呈现的角度和长度决定了曲线的形状。控制线的端点称为控制点，可以通过调整控制点对整个曲线进行调整，如图 3-4 所示。

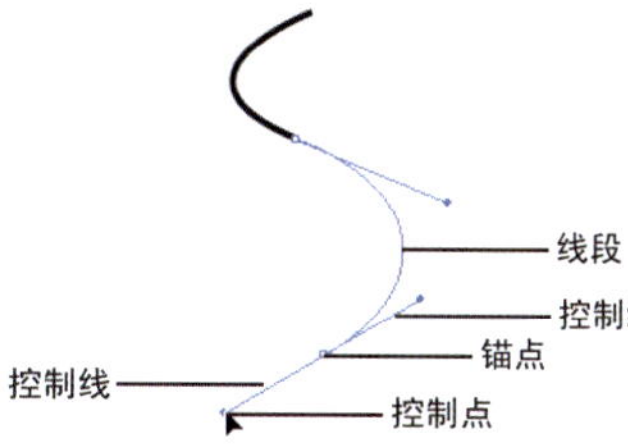

线段
控制线
锚点
控制线
控制点

图 3-4

3.1.2 锚点

1. 锚点的基本概念

锚点是构成直线或曲线的基本元素。在路径上可任意添加或删除锚点。通过调整锚点可以调整路径的形状，也可以通过锚点的转换来进行直线与曲线之间的转换。

2. 锚点的类型

Illustrator CS6 中的锚点分为平滑点和角点两种类型。

平滑点是两条平滑曲线连接处的锚点。平滑点可以使两条线段连接成一条平滑的曲线，平滑点使路径不会突然改变方向。每一个平滑点有两条相对应的控制线，如图 3-5 所示。

在角点所处的位置，路径形状会急剧地改变。角点可分为以下 3 种类型。

● 直线角点：两条直线以一个很明显的角度形成的交点，这种锚点没有控制线，如图 3-6 所示。

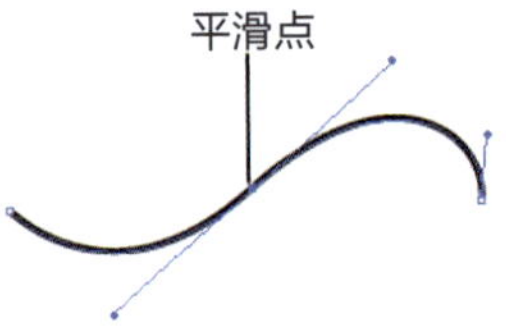

平滑点

图 3-5

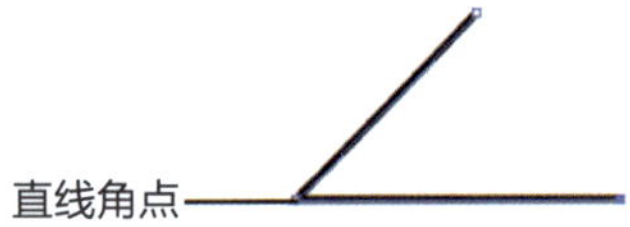

直线角点

图 3-6

- 曲线角点：两条方向各异的曲线相交的点，这种锚点有两条控制线，如图 3-7 所示。
- 复合角点：一条直线和一条曲线的交点，这种锚点有一条控制线，如图 3-8 所示。

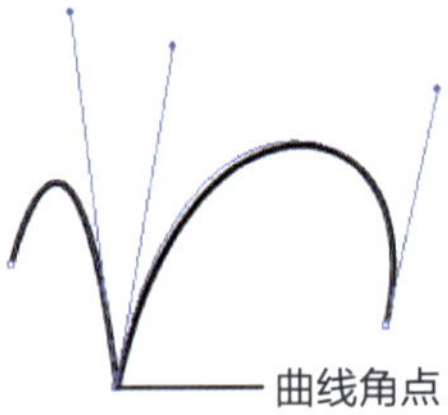

复合角点

曲线角点

图 3-7

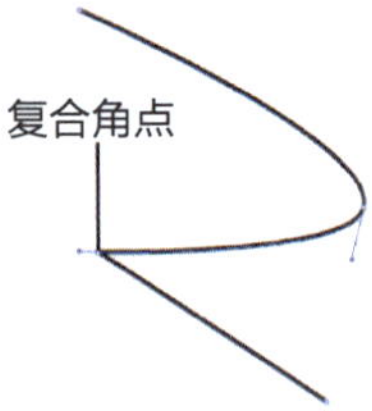

图 3-8

3.2 使用"钢笔"工具

Illustrator CS6 中的"钢笔"工具是一个非常重要的工具。使用"钢笔"工具可以绘制直线、曲线和任意形状的路径，可以对线段进行精确的调整，使其更加完美。

3.2.1 课堂案例——绘制网页 Banner 卡通文具

案例学习目标

学习使用"钢笔"工具、"填充"工具绘制网页 Banner 卡通文具。

案例知识要点

使用"钢笔"工具、"渐变"工具、"直线段"工具、"整形"工具、"描边"面板绘制网页 Banner 卡通文具，效果如图 3-9 所示。

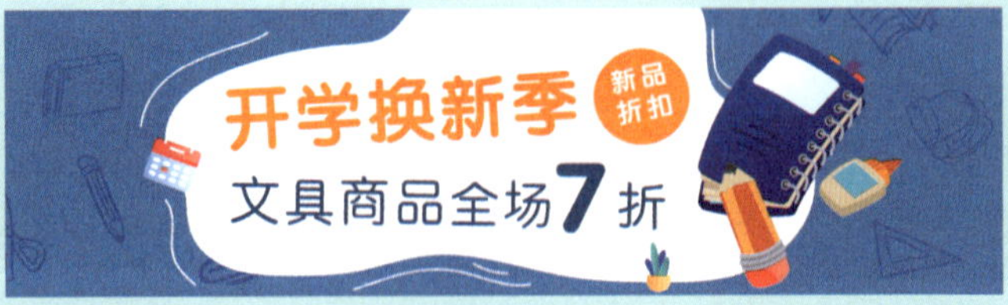

微课

开学换新季
新品折扣
文具商品全场**7**折

绘制网页 Banner
卡通文具

图 3-9

素材所在位置

Ch03\ 素材 \ 绘制网页 Banner 卡通文具 \01。

效果所在位置

Ch03\ 效果 \ 绘制网页 Banner 卡通文具 .ai。

（1）按 Ctrl+O 组合键，打开云盘中的"Ch03 > 素材 > 绘制网页 Banner 卡通文具 > 01"文件，如图 3-10 所示。

图 3-10

（2）选择"钢笔"工具，在页面外绘制一个不规则图形，如图 3-11 所示。双击"渐变"工具，弹出"渐变"面板，在"类型"选项的下拉列表中选择"线性"渐变类型，在色带上设置两个渐变滑块，分别将渐变滑块的位置设为 0、100，并设置 R、G、B 的值分别为 0（43、36、125）、100（53、88、158），其他选项的设置如图 3-12 所示。图形被填充为渐变色，并设置描边色为无，效果如图 3-13 所示。

图 3-11 图 3-12 图 3-13

（3）选择"选择"工具，选取图形，按 Ctrl+C 组合键，复制图形，按 Ctrl+B 组合键，将复制的图形粘贴在后面。按↓和→方向键，微调复制的图形到适当的位置，效果如图 3-14 所示。设置填充色为蓝色（其 R、G、B 的值分别为 43、36、125），填充图形，效果如图 3-15 所示。

（4）选择"钢笔"工具，在适当的位置绘制一个不规则图形，设置填充色为浅黄色（其 R、G、B 的值分别为 245、222、197），填充图形，并设置描边色为无，效果如图 3-16 所示。使用"钢笔"工具，再绘制一个不规则图形，设置填充色为藏蓝色（其 R、G、B 的值分别为 26、63、122），填充图形，并设置描边色为无，效果如图 3-17 所示。

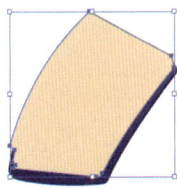

图 3-14 图 3-15 图 3-16 图 3-17

（5）选择"选择"工具，选取图形，按 Ctrl+C 组合键，复制图形，按 Ctrl+F 组合键，将复制的图形粘贴在前面。按↑和←方向键，微调复制的图形到适当的位置，效果如图 3-18 所示。双击"渐变"工具，弹出"渐变"面板，在"类型"选项的下拉列表中选择"线性"渐变类型，在色带上设置两个渐变滑块，分别将渐变滑块的位置设为 0、100，并设置 R、G、B 的值分别为 0（53、66、158）、100（46、111、186），其他选项的设置如图 3-19 所示。图形被填充为渐变色，效果如图 3-20 所示。

图 3-18 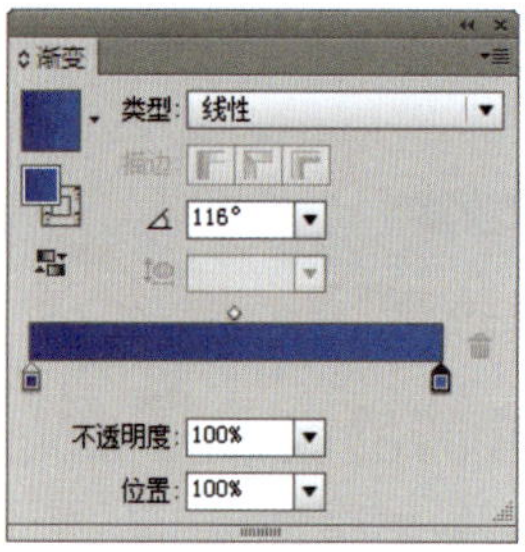　　　　　　　　　　图 3-19 　　　　　　　　　　图 3-20

（6）选择"钢笔"工具 ✎ ，在适当的位置绘制一个不规则图形，如图 3-21 所示。双击"渐变"工具 ▣，弹出"渐变"面板，在"类型"选项的下拉列表中选择"线性"渐变类型，在色带上设置两个渐变滑块，分别将渐变滑块的位置设为 0、100，并设置 R、G、B 的值分别为 0（234、246、249）、100（255、255、255），其他选项的设置如图 3-22 所示。图形被填充为渐变色，并设置描边色为无，效果如图 3-23 所示。

图 3-21 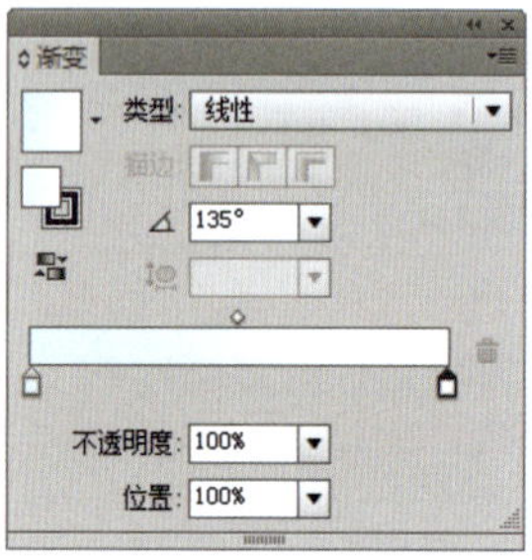　　　　　　　　　　图 3-22 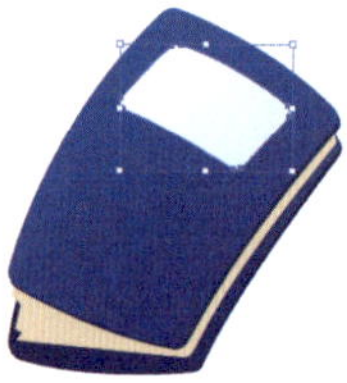　　　　　　　　　　图 3-23

（7）选择"直线段"工具 ╱ ，在适当的位置绘制一条斜线，设置描边色为深蓝色（其 R、G、B 的值分别为 39、71、138），效果如图 3-24 所示。选择"窗口 > 描边"命令，弹出"描边"面板，单击"端点"选项中的"圆头端点"按钮 ▣ ，其他选项的设置如图 3-25 所示，效果如图 3-26 所示。

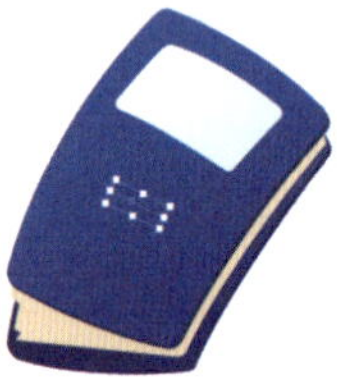

图 3-24 　　　　　　　　　　图 3-25 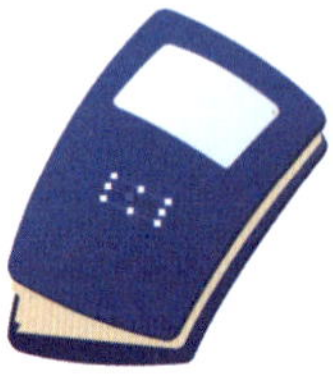　　　　　　　　　　图 3-26

（8）选择"整形"工具 ▸ ，将鼠标指针放置在斜线中间位置，按住鼠标左键并向下拖曳鼠标指针到适当的位置，如图 3-27 所示。松开鼠标，调整斜线弧度，效果如图 3-28 所示。

图 3-27 　　　　　　　　　　图 3-28

（9）选择"选择"工具 ▸ ，按住 Alt 键的同时，向下拖曳弧线到适当的位置，复制弧线，效果如图 3-29 所示。按 Ctrl+D 组合键，再复制出一条弧线，效果如图 3-30 所示。选取中间弧线，按住 Alt 键的同时，向右拖曳右侧中间的控制柄，调整其长度，效果如图 3-31 所示。

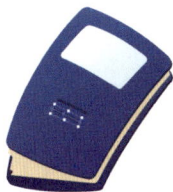

图 3-29 　　　　　　　　图 3-30 　　　　　　　　图 3-31

（10）选择"钢笔"工具 ，在适当的位置分别绘制不规则图形，如图 3-32 所示。选择"选择"
工具 ，分别选取需要的图形，填充图形为橘黄色（其 R、G、B 的值分别为 255、159、6）、紫色
（其 R、G、B 的值分别为 152、94、209）、粉红色（其 R、G、B 的值分别为 248、74、79），并设
置描边色为无，效果如图 3-33 所示。

（11）使用"选择"工具 ，按住 Shift 键的同时，依次单击需要的图形将其同时选取，连续
按 Ctrl+ [组合键，将图形向后移至适当的位置，效果如图 3-34 所示。用相同的方法绘制其他图形，
并填充相应的颜色，效果如图 3-35 所示。

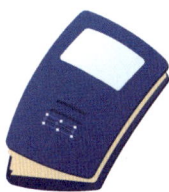

图 3-32 　　　　　　图 3-33 　　　　　　图 3-34 　　　　　　图 3-35

（12）选择"椭圆"工具 ，在适当的位置绘制一个椭圆形，设置填充色为灰色（其 R、G、B
的值分别为 195、202、219），填充图形，并设置描边色为无，效果如图 3-36 所示。

（13）选择"选择"工具 ，按 Ctrl+C 组合键，复制图形，按 Ctrl+F 组合键，将复制的图形
粘贴在前面。按住 Shift 键的同时，拖曳右上角的控制柄，等比例缩小图形，设置填充色为深灰色
（其 R、G、B 的值分别为 34、53、59），填充图形，效果如图 3-37 所示。

（14）按住 Shift 键的同时，单击下方灰色椭圆形将其同时选取，拖曳右上角的控制柄将其旋转
到适当的角度，效果如图 3-38 所示。

图 3-36 　　　　　　图 3-37 　　　　　　图 3-38

（15）选择"钢笔"工具 ，在适当的位置绘制一条路径，设置描边色为灰色（其 R、G、B 的
值分别为 195、202、219），效果如图 3-39 所示。

（16）在"描边"面板中，单击"端点"选项中的"圆头端点"按钮 ，其他选项的设置如图 3-40
所示，效果如图 3-41 所示。选择"选择"工具 ，按住 Shift 键的同时，依次单击需要的图形将其
同时选取，按 Ctrl+G 组合键，将其编组，如图 3-42 所示。

图 3-39

图 3-40

图 3-41　　　　图 3-42

（17）使用"选择"工具，按住 Alt 键的同时，向下拖曳编组图形到适当的位置，复制图形，效果如图 3-43 所示。连续按 Ctrl+D 组合键，按需要再复制出多个图形，效果如图 3-44 所示。

图 3-43　　　　　　　　　　图 3-44

（18）使用"选择"工具，用框选的方法将所绘制的图形全部选取，按 Ctrl+G 组合键，将其编组，如图 3-45 所示。拖曳编组图形到页面中适当的位置，效果如图 3-46 所示。

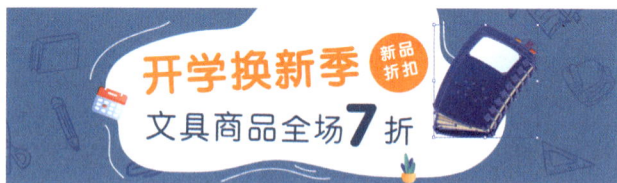

图 3-45　　　　　　　　　　　　图 3-46

（19）用相同的方法绘制"铅笔"和"橡皮擦"图形，效果如图 3-47 所示。网页 Banner 卡通文具绘制完成，效果如图 3-48 所示。

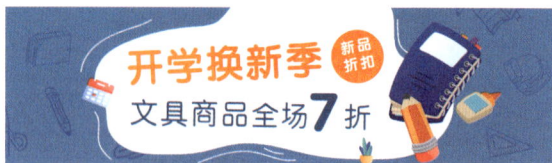

图 3-47　　　　　　　　　　　图 3-48

3.2.2　绘制直线

选择"钢笔"工具，在页面中单击确定直线的起点，如图 3-49 所示。移动鼠标指针到需要的位置，再次单击确定直线的终点，如图 3-50 所示。

在需要的位置再连续单击确定其他的锚点，就可以绘制出折线的效果，如图 3-51 所示。如果双击折线上的锚点，该锚点会被删除，折线的另外两个锚点将自动连接，如图 3-52 所示。

图 3-49　　　　　图 3-50　　　　　　　图 3-51　　　　　　　　图 3-52

3.2.3　绘制曲线

选择"钢笔"工具 ，在页面中单击并按住鼠标左键拖曳鼠标可确定曲线的起点。起点的两端分别出现了一条控制线，如图 3-53 所示。

移动鼠标指针到需要的位置，再次单击并按住鼠标左键拖曳鼠标，出现了一条曲线段。拖曳鼠标的同时，第 2 个锚点两端也出现了控制线。按住鼠标左键不放，随着鼠标指针的移动，曲线段的形状也随之发生变化，如图 3-54 所示。释放鼠标，移动鼠标继续绘制。

如果连续单击并拖曳鼠标，则可以绘制出一些连续平滑的曲线，如图 3-55 所示。

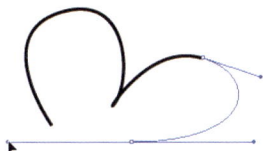

图 3-53　　　　　图 3-54　　　　　　图 3-55

3.2.4　绘制复合路径

"钢笔"工具不但可以用来绘制单纯的直线或曲线，还可以用来绘制既包含直线又包含曲线的复合路径。

复合路径是指由两个或两个以上的开放或封闭路径所组成的路径。在复合路径中，路径间重叠在一起的公共区域被镂空，呈透明状态，如图 3-56 和图 3-57 所示。

图 3-56　　　　　　　　　　图 3-57

1. 制作复合路径

（1）使用命令制作复合路径

绘制两个图形，并选中这两个图形对象，效果如图 3-58 所示。选择"对象 > 复合路径 > 建立"命令（组合键为 Ctrl+8），可以看到两个对象成为复合路径后的效果，如图 3-59 所示。

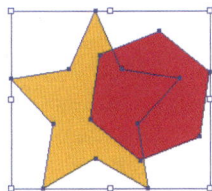

图 3-58

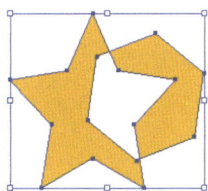

图 3-59

（2）使用弹出式菜单制作复合路径

绘制两个图形，并选中这两个图形对象，用鼠标右键单击选中的对象，在弹出的菜单中选择"建立复合路径"命令，两个对象成为复合路径。

2. 复合路径与编组的区别

虽然使用"编组选择"工具 也能将组成复合路径的各个路径单独选中，但复合路径和编组是有区别的。编组是一组组合在一起的对象，其中的每个对象都是独立的，各个对象可以有不同的外观属性；而所有包含在复合路径中的路径都被认为是一条路径，整个复合路径中只能有一种填充和描边属性。复合路径与编组的差别如图 3-60 和图 3-61 所示。

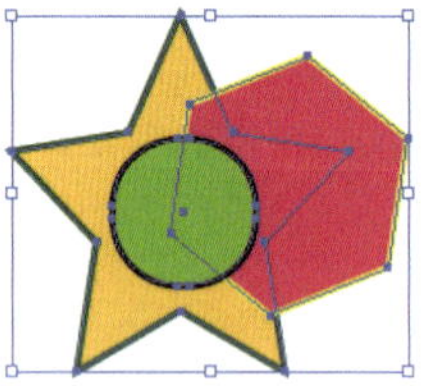

图 3-60 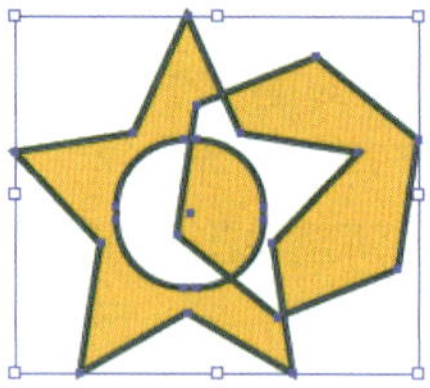   图 3-61

3. 释放复合路径

（1）使用命令释放复合路径

选中复合路径，选择"对象 > 复合路径 > 释放"命令（组合键为 Alt +Shift+Ctrl+8），可以释放复合路径。

（2）使用弹出式菜单释放复合路径

选中复合路径，在绘图页面上单击鼠标右键，在弹出的菜单中选择"释放复合路径"命令，可以释放复合路径。

3.3 编辑路径

在 Illustrator CS6 的工具箱中包括很多路径编辑工具，可以应用这些工具对路径进行变形、转换、剪切等编辑操作。

3.3.1 增加、删除、转换锚点

单击"钢笔"工具 并按住鼠标左键不放，将展开钢笔工具组，如图 3-62 所示。

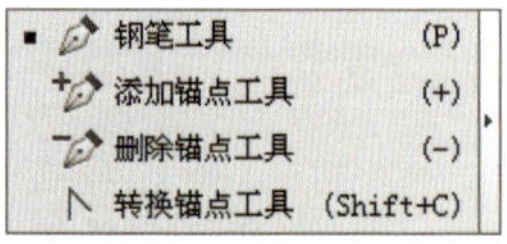

图 3-62

1. 添加锚点

绘制一段路径，如图 3-63 所示。选择"添加锚点"工具 ，在路径上面的任意位置单击，路径上就会增加一个新的锚点，如图 3-64 所示。

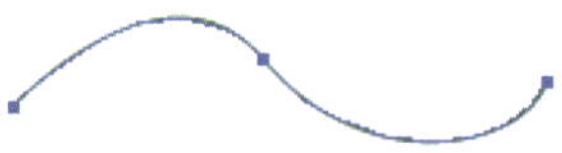

图 3-63    图 3-64

2. 删除锚点

绘制一段路径，如图 3-65 所示。选择"删除锚点"工具 ，在路径上面的任意一个锚点上单击，该锚点就会被删除，如图 3-66 所示。

图 3-65

图 3-66

3. 转换锚点

绘制一段闭合的圆形路径，如图 3-67 所示。选择"转换锚点"工具 ，单击路径上的锚点，锚点就会被转换，如图 3-68 所示。拖曳锚点可以编辑路径的形状，效果如图 3-69 所示。

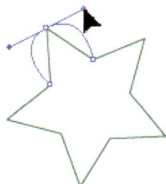

图 3-67　　　　　图 3-68　　　　　图 3-69

3.3.2 使用"剪刀""刻刀"工具

1. "剪刀"工具

绘制一段路径，如图 3-70 所示。选择"剪刀"工具 ，单击路径上任意一点，路径就会从单击的地方被剪切为两条路径，如图 3-71 所示。按键盘上的↓方向键，移动剪切的锚点，即可看到剪切后的效果，如图 3-72 所示。

图 3-70　　　　　图 3-71　　　　　图 3-72

2. "刻刀"工具

绘制一段闭合路径，如图 3-73 所示。选择"刻刀"工具 ，在需要的位置单击并按住鼠标左键从路径的上方至下方拖曳出一条线，如图 3-74 所示。释放鼠标左键，闭合路径被裁切为两个闭合路径，效果如图 3-75 所示。选中路径的右半部，按键盘上的→方向键，移动路径，如图 3-76 所示。可以看见路径被裁切为两部分，效果如图 3-77 所示。

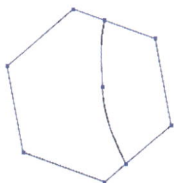
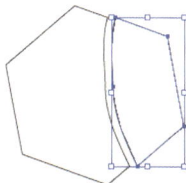
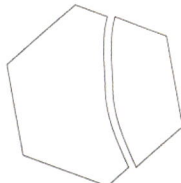

图 3-73　　　图 3-74　　　图 3-75　　　图 3-76　　　图 3-77

3.4 使用路径命令

在 Illustrator CS6 中，除了能够使用工具箱中的各种编辑工具对路径进行编辑，还可以应用路径菜单中的命令对路径进行编辑。选择"对象 > 路径"子菜单,其中包括10 个编辑命令:"连接"命令、"平均"命令、"轮廓化描边"命令、"偏移路径"命令、"简化"命令、"添加锚点"命令、"移去锚点"命令、"分割下方对象"命令、"分割为网格"命令、"清理"命令,如图 3-78 所示。

连接(J)	Ctrl+J
平均(V)...	Alt+Ctrl+J
轮廓化描边(U)	
偏移路径(O)...	
简化(M)...	
添加锚点(A)	
移去锚点(R)	
分割下方对象(D)	
分割为网格(S)...	
清理(C)...	

图 3-78

3.4.1 课堂案例——绘制播放图标

案例学习目标

学习使用绘图工具、路径命令绘制播放图标。

案例知识要点

使用"椭圆"工具、"缩放"命令、"偏移路径"命令、"多边形"工具和"变换"面板绘制播放图标。效果如图 3-79 所示。

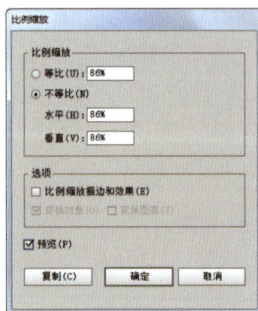

微课

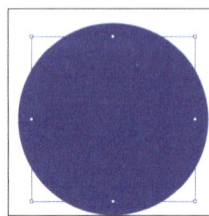

绘制播放图标

图 3-79

效果所在位置

Ch03\ 效果 \ 绘制播放图标 .ai。

(1)按 Ctrl+N 组合键,弹出"新建文档"对话框,设置文档的宽度和高度均为 1024 px,取向为横向,颜色模式为 RGB,栅格效果为屏幕(72 ppi),单击"确定"按钮,新建一个文档。

(2)选择"椭圆"工具 ⬭,按住 Shift 键的同时,在适当的位置绘制一个圆形,设置填充色为蓝色(其 R、G、B 的值分别为 102、117、253),填充图形,并设置描边色为无,效果如图 3-80 所示。

(3)选择"对象 > 变换 > 缩放"命令,在弹出的"比例缩放"对话框中进行设置,如图 3-81 所示。单击"复制"按钮,缩小并复制圆形,效果如图 3-82 所示。

图 3-80   图 3-81   图 3-82

(4)保持图形的选取状态。设置填充色为草绿色(其 R、G、B 的值分别为 107、255、54),填充图形，效果如图 3-83 所示。选择"选择"工具 ，向左上角拖曳圆形到适当的位置，效果如图 3-84 所示。

（5）选择"圆角矩形"工具 ，在页面中单击，弹出"圆角矩形"对话框，选项的设置如图 3-85 所示。单击"确定"按钮，出现一个圆角矩形。选择"选择"工具 ，拖曳圆角矩形到适当的位置，效果如图 3-86 所示。

| 图 3-83 | 图 3-84 | 图 3-85 | 图 3-86 |

（6）保持图形的选取状态。设置填充色为浅绿色（其 R、G、B 的值分别为 73、234、56），填充图形，并设置描边色为无，效果如图 3-87 所示。选择"窗口 > 变换"命令，弹出"变换"面板，将"旋转"选项设为 48°，如图 3-88 所示。按 Enter 键确定操作，效果如图 3-89 所示。

| 图 3-87 | 图 3-88 | 图 3-89 |

（7）选择"镜像"工具 ，按住 Alt 键的同时，在适当的位置单击，如图 3-90 所示。弹出"镜像"对话框，选项的设置如图 3-91 所示。单击"复制"按钮，镜像并复制图形，效果如图 3-92 所示。

（8）选择"椭圆"工具 ，按住 Shift 键的同时，在适当的位置绘制一个圆形，设置填充色为浅绿色（其 R、G、B 的值分别为 73、234、56），填充图形，并设置描边色为无，效果如图 3-93 所示。

| 图 3-90 | 图 3-91 | 图 3-92 | 图 3-93 |

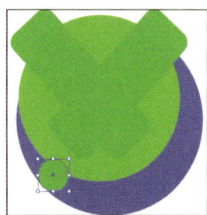

（9）选择"选择"工具 ，按住 Alt+Shift 组合键的同时，水平向右拖曳圆形到适当的位置，复制圆形，效果如图 3-94 所示。

（10）选择"选择"工具 ，按住 Shift 键的同时，依次单击将绘制的图形同时选取，按 Ctrl+ [组合键，将图形后移一层，效果如图 3-95 所示。

（11）选取草绿色圆形，选择"对象 > 路径 > 偏移路径"命令，在弹出的对话框中进行设置，如图 3-96 所示。单击"确定"按钮，效果如图 3-97 所示。

图 3-94　　　　　图 3-95　　　　　图 3-96　　　　　图 3-97

（12）保持图形的选取状态。设置填充色为深绿色（其 R、G、B 的值分别为 43、204、36），填充图形，并设置描边色为无，效果如图 3-98 所示。用相同的方法制作其他圆形，并填充相应的颜色，效果如图 3-99 所示。

（13）选择"多边形"工具 ，在页面中单击，在弹出的"多边形"对话框中进行设置，如图 3-100 所示。单击"确定"按钮，得到一个三角形，选择"选择"工具 ，拖曳圆角矩形到适当的位置，填充图形为白色，并设置描边色为无，效果如图 3-101 所示。

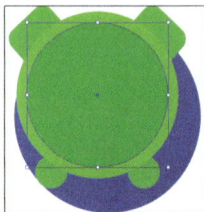

图 3-98　　　　　图 3-99　　　　　图 3-100　　　　　图 3-101

（14）选择"效果 > 风格化 > 圆角"命令，在弹出的"圆角"面板中进行设置，如图 3-102 所示。单击"确定"按钮，效果如图 3-103 所示。

（15）选择"窗口 > 变换"命令，弹出"变换"面板，将"旋转"选项设为 270°，如图 3-104 所示。按 Enter 键确定操作，播放图标绘制完成，效果如图 3-105 所示。

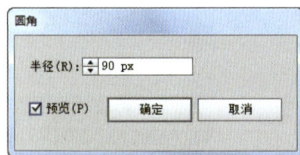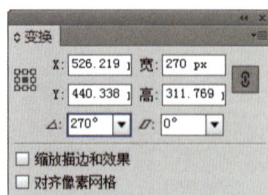

图 3-102　　　　　图 3-103　　　　　图 3-104　　　　　图 3-105

3.4.2　使用"连接"命令

"连接"命令用于将开放路径的两个端点用一条直线段连接起来，从而形成新的路径。如果连接的两个端点在同一条路径上，将形成一条新的闭合路径；如果连接的两个端点在不同的开放路径上，将形成一条新的开放路径。

选择"直接选择"工具 ，用圈选的方法选择要进行连接的两个端点，如图 3-106 所示。选择"对象 > 路径 > 连接"命令（组合键为 Ctrl+J），两个端点之间将出现一条直线段，把开放路径连接起来，效果如图 3-107 所示。

图 3-106   图 3-107

如果在两条路径间进行连接，这两条路径必须属于同一个组。文本路径中的终止点不能连接。

3.4.3 使用"平均"命令

"平均"命令用于将路径上的所有点按一定的方式平均分布，应用该命令可以制作对称的图案。

选择"直接选择"工具 ![], 选中要进行平均分布的锚点，如图 3-108 所示，选择"对象 > 路径 > 平均"命令（组合键为 Ctrl+Alt+J），弹出"平均"对话框，对话框中包括 3 个选项，如图 3-109 所示。选中"水平"单选项，单击"确定"按钮，选中的锚点将在水平方向进行对齐，效果如图 3-110 所示；"垂直"单选项用于将选定的锚点按垂直方向进行平均分布处理，图 3-111 所示为选中"垂直"单选项，单击"确定"按钮后选中的锚点的效果；"两者兼有"单选项用于将选定的锚点按水平和垂直两个方向进行平均分布处理，图 3-112 所示为选中"两者兼有"单选项，单击"确定"按钮后选中的锚点的效果。

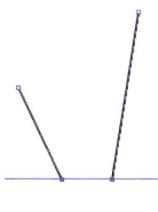

图 3-108   图 3-109   图 3-110   图 3-111   图 3-112

3.4.4 使用"轮廓化描边"命令

"轮廓化描边"命令用于在已有的描边两侧创建新的路径，可以理解为新路径由两条路径组成，这两条路径分别是原来对象描边的两条边缘。不论对开放路径还是对闭合路径，使用"轮廓化描边"命令，得到的都将是闭合路径。

使用"铅笔"工具 ![] 绘制出一条路径，并选中路径对象，如图 3-113 所示。选择"对象 > 路径 > 轮廓化描边"命令，创建对象的描边轮廓，效果如图 3-114 所示。应用"渐变"命令为描边轮廓填充渐变色，效果如图 3-115 所示。

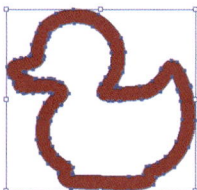

图 3-113   图 3-114   图 3-115

3.4.5　使用"偏移路径"命令

"偏移路径"命令用于围绕着已有路径的外部或内部勾画一条新的路径，新路径与原路径之间偏移的距离可以按需要设置。

选中要偏移的对象，如图 3-116 所示。选择"对象 > 路径 > 偏移路径"命令，弹出"偏移路径"对话框，如图 3-117 所示。"位移"选项用来设置偏移的距离，设置的数值为正，新路径在原始路径的外部；设置的数值为负，新路径在原始路径的内部。"连接"选项用于设置新路径拐角上不同的连接方式。"斜接限制"选项会影响到连接区域的大小。

设置"位移"选项中的数值为正时，偏移效果如图 3-118 所示。设置"位移"选项中的数值为负时，偏移效果如图 3-119 所示。

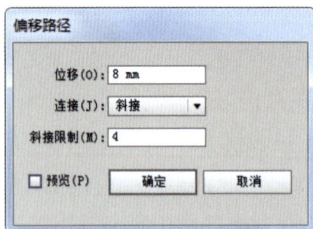
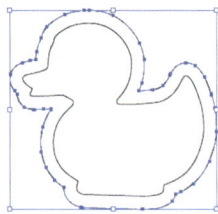

图 3-116　　　　　　图 3-117　　　　　　图 3-118　　　　　　图 3-119

3.4.6　使用"简化"命令

"简化"命令用于在尽量不改变图形原始形状的基础上通过删去多余的锚点来简化路径，为修改和编辑路径提供了方便。

导入一幅 EPS 格式的图像。选中这幅图像，可以看见图像上存在着大量的锚点，效果如图 3-120 所示。

选择"对象 > 路径 > 简化"命令，弹出"简化"对话框，如图 3-121 所示。在对话框中，"曲线精度"选项用于设置路径简化的精度。"角度阈值"选项用于处理尖锐的角点。勾选"直线"复选框，将在每对锚点间绘制一条直线。勾选"显示原路径"复选框，在预览简化后的效果时，将显示出原始路径以作对比。单击"确定"按钮，可见进行简化后的路径与原始图像相比，外观更加平滑，路径上的锚点数目也减少了，效果如图 3-122 所示。

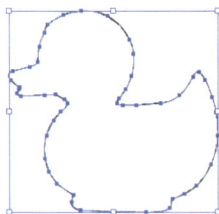
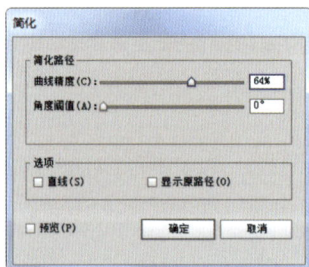
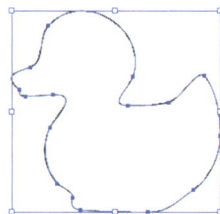

图 3-120　　　　　　图 3-121　　　　　　图 3-122

3.4.7　使用"添加锚点"命令

"添加锚点"命令用于给选定的路径增加锚点，执行一次该命令可以在两个相邻的锚点中间添加一个锚点。重复该命令，可以添加更多的锚点。

选中要添加锚点的对象，如图 3-123 所示。选择"对象 > 路径 > 添加锚点"命令，添加锚点后的效果如图 3-124 所示。重复多次"添加锚点"命令，得到的效果如图 3-125 所示。

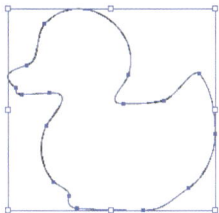 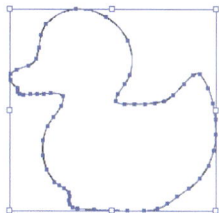

图 3-123　　　　　　　　　　　图 3-124　　　　　　　　　　　图 3-125

3.4.8　使用"分割下方对象"命令

"分割下方对象"命令用于使用已有的路径切割位于它下方的封闭路径。

（1）用开放路径分割对象

选择一个对象作为被切割对象，如图 3-126 所示。制作一个开放路径作为切割对象，将其放在被切割对象之上，如图 3-127 所示。选择"对象 > 路径 > 分割下方对象"命令，切割后，移动对象得到新的切割后的对象，效果如图 3-128 所示。

图 3-126　　　　　　　　　　　图 3-127　　　　　　　　　　　图 3-128

（2）用闭合路径分割对象

选择一个对象作为被切割对象，如图 3-129 所示。制作一个闭合路径作为切割对象，将其放在被切割对象之上，如图 3-130 所示。选择"对象 > 路径 > 分割下方对象"命令。切割后，移动对象得到新的切割后的对象，效果如图 3-131 所示。

 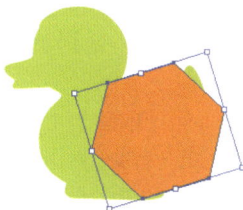 

图 3-129　　　　　　　　　　　图 3-130　　　　　　　　　　　图 3-131

3.4.9　使用"分割为网格"命令

选择一个对象，如图 3-132 所示。选择"对象 > 路径 > 分割为网格"命令，弹出"分割为网格"对话框，如图 3-133 所示。在对话框的"行"选项组中，"数量"选项用于设置对象的行数；在"列"选项组中，"数量"选项用于设置对象的列数。单击"确定"按钮，效果如图 3-134 所示。

图 3-132

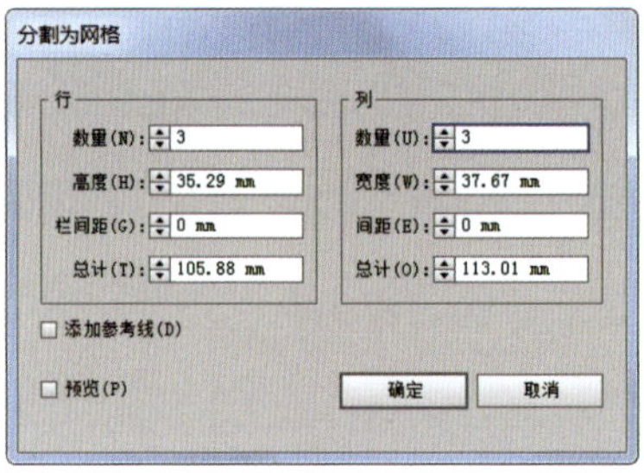

图 3-133

图 3-134

3.4.10   使用"清理"命令

"清理"命令用于为当前的文档删除 3 种多余的对象：游离点、未上色对象和空文本路径。

选择"对象 > 路径 > 清理"命令，弹出"清理"对话框，如图 3-135 所示。在对话框中，勾选"游离点"复选框，可以删除所有的游离点。游离点是一些可以有路径属性但不能打印的点，使用"钢笔"工具有时会导致游离点的产生。勾选"未上色对象"复选框，可以删除所有没有填充色和笔画色的对象，但不能删除蒙版对象。勾选"空文本路径"复选框，可以删除所有没有字符的文本路径。设置完成后，单击"确定"按钮，系统将会自动清理当前文档。如果文档中没有上述类型的对象，就会弹出一个提示对话框，提示当前文档无需清理，如图 3-136 所示。

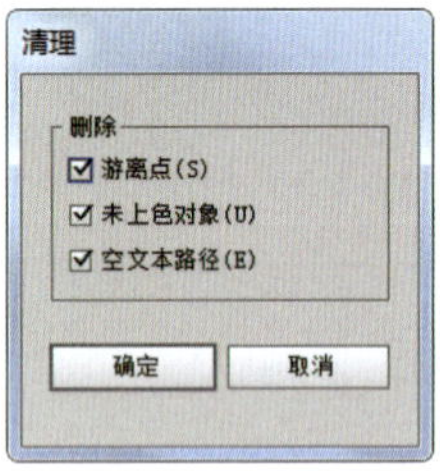

图 3-135

图 3-136

3.5   课堂练习——绘制可口冰淇淋插图

练习知识要点

使用"椭圆"工具、"路径查找器"命令和"钢笔"工具绘制冰淇淋球；使用"矩形"工具、"变换"面板、"镜像"工具、"直接选择"工具和"直线段"工具绘制冰淇淋筒。效果如图 3-137 所示。

图 3-137

微课

微课

绘制可口冰淇淋
插图1

绘制可口冰淇淋
插图2

素材所在位置

Ch03\ 素材 \ 绘制可口冰淇淋插图 \01。

效果所在位置

Ch03\ 效果 \ 绘制可口冰淇淋插图 .ai。

3.6 课后习题——绘制标靶图标

习题知识要点

使用"钢笔"工具绘制路径；使用"椭圆"工具绘制标靶；使用"渐变"工具填充图形。效果如图 3-138 所示。

图 3-138

微课

绘制标靶图标

效果所在位置

Ch03\ 效果 \ 绘制标靶图标 .ai。

04

第 4 章
图像对象的组织

本章介绍

　　本章将主要介绍对象的排列、编组及控制对象等内容。通过本章的学习，学生可以掌握如何高效、快速地对齐、分布、组合和控制多个对象，使图像对象在页面中的排列更加有序，方便后续工作。

学习目标

- 掌握对齐对象的操作方法。
- 掌握分布对象的操作方法和要求。
- 掌握调整对象顺序的方法和技巧。
- 掌握对象的编组、锁定和隐藏的操作方法和技巧。

技能目标

- 掌握美食宣传海报的制作方法。
- 掌握文化传媒运营海报的制作方法。

素养目标

✳ 培养学生提高工作效率的意识。

4.1 对象的对齐和分布

应用"对齐"面板可以快速、有效地对齐或分布多个图形。选择"窗口 > 对齐"命令，弹出"对齐"面板，如图 4-1 所示。单击面板右上方的 ▼ 图标，在弹出的菜单中选择"显示选项"命令，弹出"分布间距"选项组，如图 4-2 所示。单击"对齐"面板右下方的"对齐"按钮 ，弹出其下拉菜单，如图 4-3 所示。

图 4-1 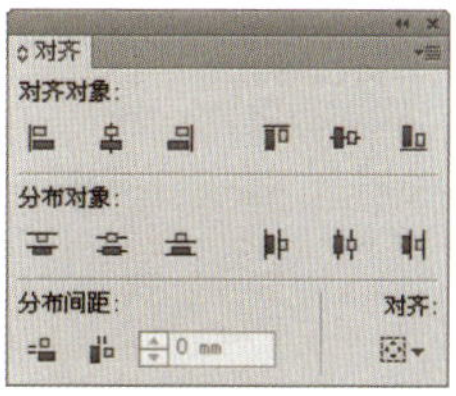   图 4-2 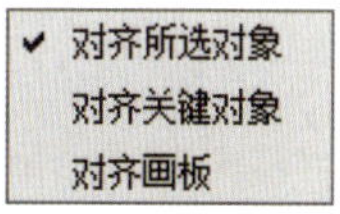   图 4-3

4.1.1 课堂案例——制作美食宣传海报

案例学习目标

学习使用"置入"命令、"对齐"面板、"锁定"命令制作美食宣传海报。

案例知识要点

使用"置入"命令置入素材图片；使用"矩形"工具、"添加锚点"工具、"锚点"工具和"剪切蒙版"命令制作海报背景；使用"置入"命令、"对齐"面板将图片对齐；使用"文字"工具和"字符"面板添加宣传性文字。美食宣传海报效果如图 4-4 所示。

微课

制作美食宣传
海报

图 4-4

素材所在位置

Ch04\ 素材 \ 制作美食宣传海报 \01~11。

效果所在位置

Ch04\ 效果 \ 制作美食宣传海报 .ai。

（1）按 Ctrl+N 组合键，弹出"新建文档"对话框，设置文档的宽度为 150 mm，高度为 200 mm，取向为竖向，颜色模式为 CMYK，栅格效果为高（300 ppi）。单击"确定"按钮，新建一个文档。

（2）选择"矩形"工具 ▣，绘制一个与页面大小相等的矩形，设置填充色为粉色（其 C、M、Y、K 的值分别为 13、22、38、0），填充图形，并设置描边色为无，效果如图 4-5 所示。按 Ctrl+C 组合键，复制图形，按 Ctrl+F 组合键，将复制的图形粘贴在前面。选择"选择"工具 ▶，向下拖曳矩形上边中间的控制柄到适当的位置，调整其大小，效果如图 4-6 所示。

（3）选择"添加锚点"工具 ▨，在矩形上边中间位置单击，添加一个锚点，如图 4-7 所示。选择"直接选择"工具 ▷，选取并向上拖曳添加的锚点到适当的位置，如图 4-8 所示。选择"锚点"工具 ⌐，单击并按住鼠标左键不放拖曳锚点的控制柄，将所选锚点转换为平滑锚点，效果如图 4-9 所示。

图 4-5　　　　图 4-6　　　　图 4-7　　　　图 4-8　　　　图 4-9

（4）选择"文件 > 置入"命令，弹出"置入"对话框。选择云盘中的"Ch04 > 素材 > 制作美食宣传海报 > 01"文件，单击"置入"按钮，在页面中单击置入图片。单击属性栏中的"嵌入"按钮，嵌入图片。选择"选择"工具 ▶，拖曳图片到适当的位置并调整其大小，效果如图 4-10 所示。按 Ctrl+ [组合键，将图片后移一层，效果如图 4-11 所示。

（5）选择"选择"工具 ▶，按住 Shift 键的同时，单击需要的图形将其同时选取，如图 4-12 所示。按 Ctrl+7 组合键，建立剪切蒙版，效果如图 4-13 所示。

图 4-10　　　　图 4-11　　　　图 4-12　　　　图 4-13

（6）选择"文件 > 置入"命令，弹出"置入"对话框。选择云盘中的"Ch04 > 素材 > 制作美食宣传海报 > 02"文件，单击"置入"按钮，在页面中单击置入图片。单击属性栏中的"嵌入"按钮，嵌入图片。选择"选择"工具 ▶，拖曳图片到适当的位置并调整其大小，效果如图 4-14 所示。

（7）选择"窗口 > 透明度"命令，弹出"透明度"面板，将混合模式设为"正片叠底"，其他选项的设置如图 4-15 所示。按 Enter 键确定操作，效果如图 4-16 所示。

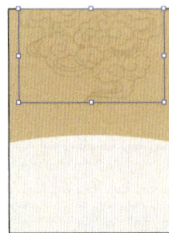

图 4-14　　　　图 4-15　　　　图 4-16

（8）选择"文件 > 置入"命令，弹出"置入"对话框。选择云盘中的"Ch04 > 素材 > 制作美食宣传海报 > 03、04"文件，单击"置入"按钮，在页面中分别单击置入图片。单击属性栏中的"嵌入"按钮，嵌入图片。选择"选择"工具█，分别拖曳图片到适当的位置，并调整其大小，效果如图 4-17 所示。

（9）选取下方的背景矩形，按 Ctrl+C 组合键，复制图形，按 Shift+Ctrl+V 组合键，原位粘贴图形，如图 4-18 所示。按住 Shift 键的同时，依次单击置入的图片将其同时选取，如图 4-19 所示。按 Ctrl+7 组合键，建立剪切蒙版，效果如图 4-20 所示。按 Ctrl+A 组合键，全选图形，按 Ctrl+2 组合键，锁定所选对象。

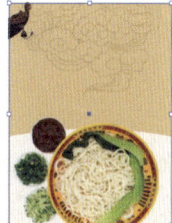

图 4-17   图 4-18   图 4-19   图 4-20

（10）选择"文件 > 置入"命令，弹出"置入"对话框，选择云盘中的"Ch04 > 素材 > 制作美食宣传海报 > 05~07"文件，单击"置入"按钮，在页面中分别单击置入图片，单击属性栏中的"嵌入"按钮，嵌入图片。选择"选择"工具█，分别拖曳图片到适当的位置，并调整其大小，效果如图 4-21 所示。按住 Shift 键的同时，依次单击置入的图片将其同时选取，如图 4-22 所示。

（11）选择"窗口 > 对齐"命令，弹出"对齐"面板，单击"水平居中对齐"按钮█，如图 4-23 所示，对齐效果如图 4-24 所示。

图 4-21   图 4-22   图 4-23   图 4-24

（12）再次单击第一张图片将其作为参照对象，如图 4-25 所示。在"对齐"面板右下方的数值框中将间距值设为 5 mm，再单击"垂直分布间距"按钮█，如图 4-26 所示。将图片等距离垂直分布，效果如图 4-27 所示。

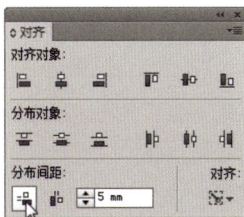

图 4-25   图 4-26   图 4-27

（13）用相同的方法置入其他图片进行对齐，效果如图 4-28 所示。选择"文字"工具█，在页面中分别输入需要的文字。选择"选择"工具█，在属性栏中选择合适的字体并设置文字大小，效果如图 4-29 所示。

图 4-28   图 4-29

（14）选取文字"美味中国"，设置填充色为深棕色（其 C、M、Y、K 的值分别为 67、96、97、66），填充文字，效果如图 4-30 所示。按 Ctrl+T 组合键，弹出"字符"面板，将"设置所选字符的字距调整"选项 ㍚ 设为 -200，其他选项的设置如图 4-31 所示。按 Enter 键确定操作，效果如图 4-32 所示。

图 4-30   图 4-31   图 4-32

（15）选取文字"传承经典工艺美食"，设置填充色为红色（其 C、M、Y、K 的值分别为 10、95、96、0），填充文字，效果如图 4-33 所示。在"字符"面板中，将"设置所选字符的字距调整"选项 ㍚ 设为 660，其他选项的设置如图 4-34 所示。按 Enter 键确定操作，效果如图 4-35 所示。

图 4-33   图 4-34   图 4-35

（16）按 Ctrl+O 组合键，打开云盘中的"Ch04 > 素材 > 制作美食宣传海报 > 11"文件，选择"选择"工具 ，选取需要的图形，按 Ctrl+C 组合键，复制图形。选择正在编辑的页面，按 Ctrl+V 组合键，将其粘贴到页面中，并拖曳复制的图形到适当的位置，效果如图 4-36 所示。美食宣传海报制作完成，效果如图 4-37 所示。

图 4-36   图 4-37

4.1.2 对齐对象

"对齐"面板中的"对齐对象"选项组中包括6种对齐命令按钮："水平左对齐"按钮🖿、"水平居中对齐"按钮🖳、"水平右对齐"按钮🖳、"垂直顶对齐"按钮🖳、"垂直居中对齐"按钮🖳、"垂直底对齐"按钮🖳。

1. 水平左对齐

水平左对齐是指以最左边对象的左边线为基准线，被选中对象的左边缘都和这条线对齐（最左边对象的位置不变）。

选取要对齐的对象，如图 4-38 所示。单击"对齐"面板中的"水平左对齐"按钮🖿，所有选取的对象都将向左对齐，如图 4-39 所示。

2. 水平居中对齐

水平居中对齐是指以选定对象的中点为基准点对齐，所有对象在垂直方向的位置保持不变（多个对象进行水平居中对齐时，以中间对象的中点为基准点进行对齐，中间对象的位置不变）。

选取要对齐的对象，如图 4-40 所示。单击"对齐"面板中的"水平居中对齐"按钮🖳，所有选取的对象都将水平居中对齐，如图 4-41 所示。

图 4-38 图 4-39 图 4-40 图 4-41

3. 水平右对齐

水平右对齐是指以最右边对象的右边线为基准线，被选中对象的右边缘都和这条线对齐（最右边对象的位置不变）。

选取要对齐的对象，如图 4-42 所示。单击"对齐"面板中的"水平右对齐"按钮🖳，所有选取的对象都将水平向右对齐，如图 4-43 所示。

4. 垂直顶对齐

垂直顶对齐是指以多个要对齐对象中最上面对象的上边线为基准线，选定对象的上边线都和这条线对齐（最上面对象的位置不变）。

选取要对齐的对象，如图 4-44 所示。单击"对齐"面板中的"垂直顶对齐"按钮🖳，所有选取的对象都将垂直向顶对齐，如图 4-45 所示。

  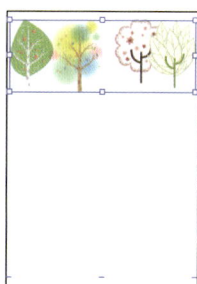

图 4-42 图 4-43 图 4-44 图 4-45

5. 垂直居中对齐

垂直居中对齐是指以多个要对齐对象的中点为基准点进行对齐，所有对象进行垂直移动，水平方向上的位置不变（多个对象进行垂直居中对齐时，以中间对象的中点为基准点进行对齐，中间对象的位置不变）。

选取要对齐的对象，如图 4-46 所示。单击"对齐"面板中的"垂直居中对齐"按钮，所有选取的对象都将垂直居中对齐，如图 4-47 所示。

6. 垂直底对齐

垂直底对齐是指以多个要对齐对象中最下面对象的下边线为基准线，选定对象的下边线都和这条线对齐（最下面对象的位置不变）。

选取要对齐的对象，如图 4-48 所示。单击"对齐"面板中的"垂直底对齐"按钮，所有选取的对象都将垂直向底对齐，如图 4-49 所示。

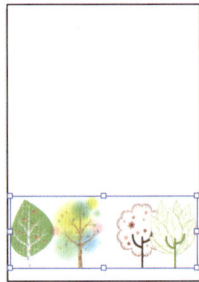

图 4-46   图 4-47   图 4-48   图 4-49

4.1.3 分布对象

"对齐"面板中的"分布对象"选项组包括 6 种分布命令按钮："垂直顶分布"按钮、"垂直居中分布"按钮、"垂直底分布"按钮、"水平左分布"按钮、"水平居中分布"按钮、"水平右分布"按钮。

1. 垂直顶分布

垂直顶分布是指以每个选取对象的上边线为基准线，使对象按相等的间距垂直分布。

选取要分布的对象，如图 4-50 所示。单击"对齐"面板中的"垂直顶分布"按钮，所有选取的对象将按各自的上边线，等距离垂直分布，如图 4-51 所示。

2. 垂直居中分布

垂直居中分布是指以每个选取对象的中线为基准线，使对象按相等的间距垂直分布。

选取要分布的对象，如图 4-52 所示。单击"对齐"面板中的"垂直居中分布"按钮，所有选取的对象将按各自的中线，等距离垂直分布，如图 4-53 所示。

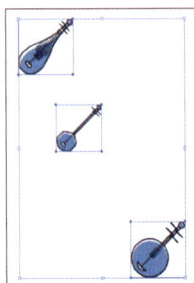 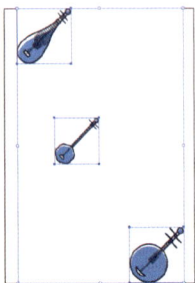 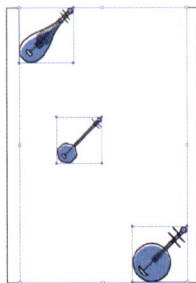 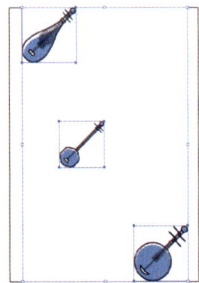

图 4-50   图 4-51   图 4-52   图 4-53

3. 垂直底分布

垂直底分布是指以每个选取对象的下边线为基准线，使对象按相等的间距垂直分布。

选取要分布的对象，如图 4-54 所示。单击"对齐"面板中的"垂直底分布"按钮▦，所有选取的对象将按各自的下边线，等距离垂直分布，如图 4-55 所示。

4. 水平左分布

水平左分布是指以每个选取对象的左边线为基准线，使对象按相等的间距水平分布。

选取要分布的对象，如图 4-56 所示。单击"对齐"面板中的"水平左分布"按钮▥，所有选取的对象将按各自的左边线，等距离水平分布，如图 4-57 所示。

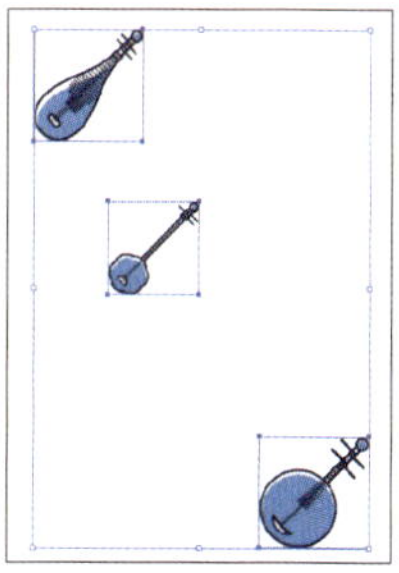

图 4-54 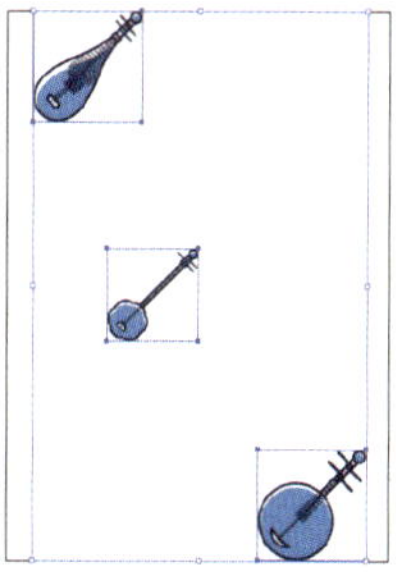   图 4-55 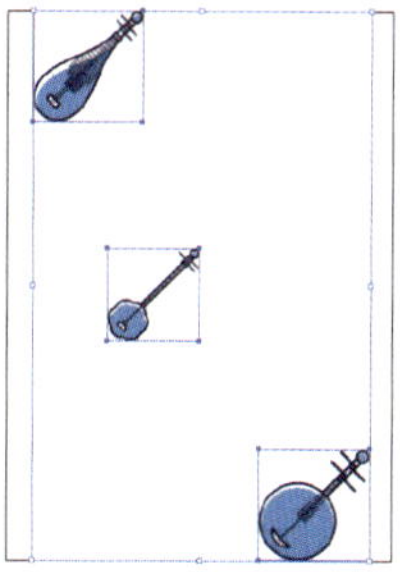   图 4-56 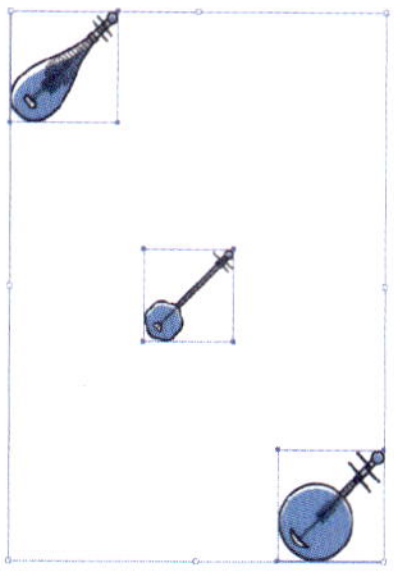   图 4-57

5. 水平居中分布

水平居中分布是指以每个选取对象的中线为基准线，使对象按相等的间距水平分布。

选取要分布的对象，如图 4-58 所示。单击"对齐"面板中的"水平居中分布"按钮▥，所有选取的对象将按各自的中线，等距离水平分布，如图 4-59 所示。

6. 水平右分布

水平右分布是指以每个选取对象的右边线为基准线，使对象按相等的间距水平分布。

选取要分布的对象，如图 4-60 所示。单击"对齐"面板中的"水平右分布"按钮▥，所有选取的对象将按各自的右边线，等距离水平分布，如图 4-61 所示。

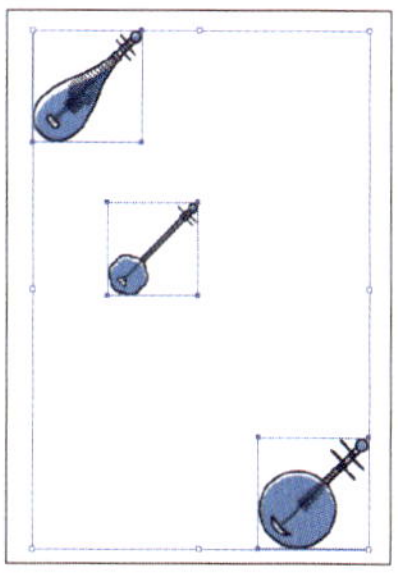

图 4-58 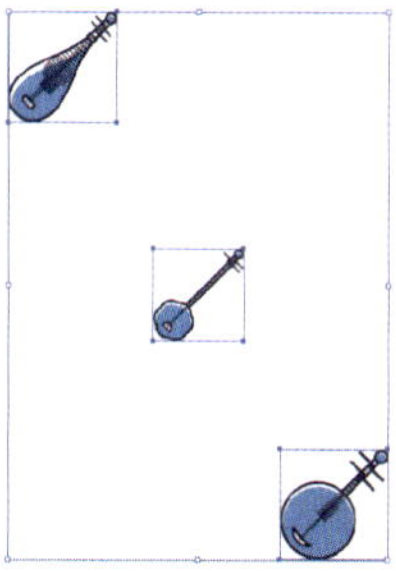   图 4-59 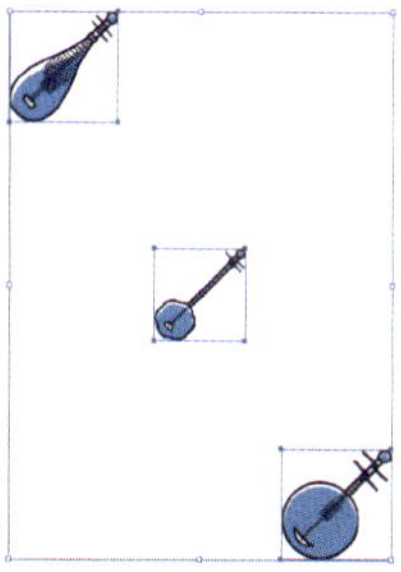   图 4-60 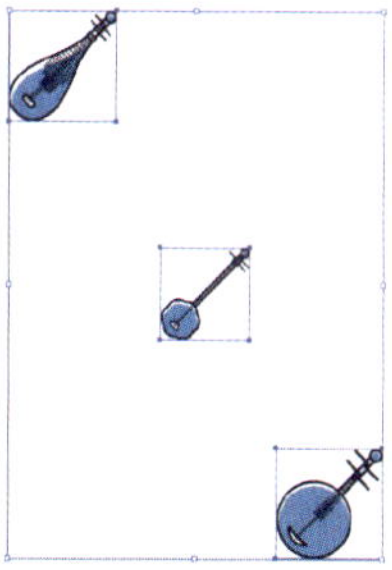   图 4-61

7. 垂直分布间距

要精确指定对象间的距离，需选择"对齐"面板中的"分布间距"选项组，其中包括"垂直分布间距"按钮▥和"水平分布间距"按钮▥。

在"对齐"面板右下方的数值框中将距离数值设为 10 mm，如图 4-62 所示。

选取要对齐的多个对象，如图 4-63 所示。再单击被选取对象中的任意一个对象，该对象将作为其他对象进行分布时的参照。如图 4-64 所示，在图例中单击上方的琵琶图像作为参照对象。

单击"对齐"面板中的"垂直分布间距"按钮▥，如图 4-65 所示。所有被选取的对象将以琵琶图像作为参照按设置的数值等距离垂直分布，效果如图 4-66 所示。

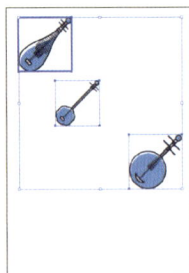

图 4-62　　　　　　　　　图 4-63　　　　　　　　　图 4-64

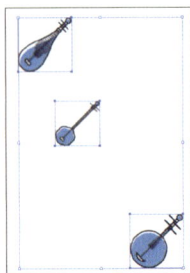
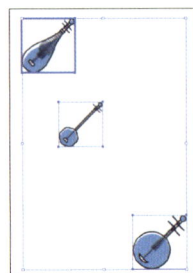

图 4-65　　　　　　　　　　　　　　　图 4-66

8. 水平分布间距

在"对齐"面板右下方的数值框中将距离数值设为 2 mm，如图 4-67 所示。

选取要对齐的对象，如图 4-68 所示。再单击被选取对象中的任意一个对象，该对象将作为其他对象进行分布时的参照。在图例中单击左上方的琵琶图像作为参照对象，如图 4-69 所示。

图 4-67　　　　　　　　　图 4-68　　　　　　　　　图 4-69

单击"对齐"面板中的"水平分布间距"按钮，如图 4-70 所示。所有被选取的对象将以琵琶图像作为参照按设置的数值等距离水平分布，效果如图 4-71 所示。

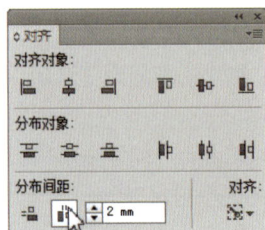
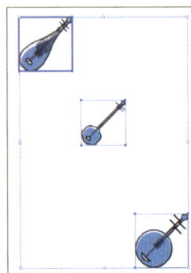

图 4-70　　　　　　　　　　　　图 4-71

4.1.4　用网格对齐对象

选择菜单"视图 > 显示网格"命令（组合键为 Ctrl+"），页面上显示出网格，效果如图 4-72 所示。

单击中间的图像并按住鼠标左键向左拖曳鼠标，使图像的左边线和上方图像的左边线垂直对齐，如图 4-73 所示。单击下方的图像并按住鼠标左键向右拖曳鼠标，使图像的左边线和上方图像的右边线垂直对齐，如图 4-74 所示。全部对齐后的对象如图 4-75 所示。

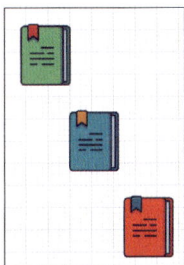
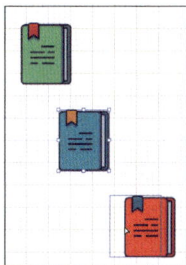
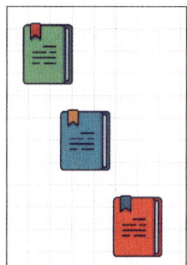
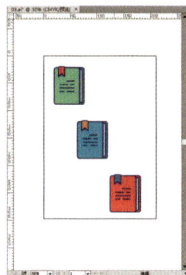

图 4-72　　　　　　　　　　图 4-73　　　　　　　　　　图 4-74　　　　　　　　　　图 4-75

4.1.5　用辅助线对齐对象

选择"视图 > 标尺 > 显示标尺"命令（组合键为 Ctrl+R），如图 4-76 所示。页面上将显示出标尺，效果如图 4-77 所示。

显示标尺(S)	Ctrl+R
更改为全局标尺(C)	Alt+Ctrl+R
显示视频标尺(V)	

图 4-76　　　　　　　　　　　　　　　　　　　　图 4-77

选择"选择"工具，单击页面左侧的标尺，按住鼠标左键不放并向右拖曳鼠标，拖曳出一条垂直的辅助线，将辅助线放在要对齐对象的左边线上，如图 4-78 所示。

单击下方图像并按住鼠标左键不放向左拖曳鼠标，使图像的左边线和上方图像的左边线垂直对齐，如图 4-79 所示。释放鼠标，对齐后的效果如图 4-80 所示。

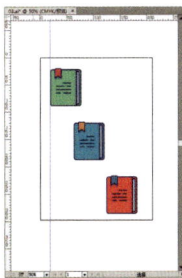
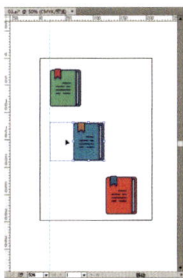
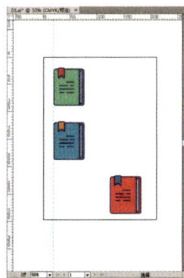

图 4-78　　　　　　　　　　　图 4-79　　　　　　　　　　　图 4-80

4.2 对象和图层的顺序

对象之间存在着堆叠的关系，后绘制的对象一般显示在先绘制的对象之上，在实际操作中，可以根据需要改变对象之间的堆叠顺序。通过改变图层的排列顺序也可以改变对象的排序。

4.2.1 对象的顺序

选择"对象 > 排列"命令，其子菜单包括 5 个命令："置于顶层""前移一层""后移一层""置于底层"和"发送至当前图层"。使用这些命令可以改变图形对象的排序，对象间堆叠的效果如图 4-81 所示。

选中要排序的对象，用鼠标右键单击页面，在弹出的快捷菜单中也可选择"排列"命令，还可以应用快捷键命令来对对象进行排序。

图 4-81

1. 置于顶层

将选取的图像移到所有图像的顶层。选取要移动的图像，如图 4-82 所示。用鼠标右键单击页面，弹出其快捷菜单，在"排列"命令的子菜单中选择"置于顶层"命令，图像排到顶层，效果如图 4-83 所示。

2. 前移一层

将选取的图像向前移过一个图像。选取要移动的图像，如图 4-84 所示。用鼠标右键单击页面，弹出其快捷菜单，在"排列"命令的子菜单中选择"前移一层"命令，图像将移向前一层，效果如图 4-85 所示。

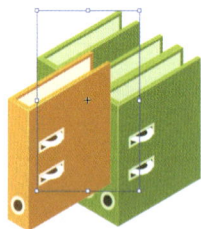

图 4-82   图 4-83   图 4-84   图 4-85

3. 后移一层

将选取的图像向后移过一个图像。选取要移动的图像，如图 4-86 所示。用鼠标右键单击页面，弹出其快捷菜单，在"排列"命令的子菜单中选择"后移一层"命令，图像将移向后一层，效果如图 4-87 所示。

4. 置于底层

将选取的图像移到所有图像的底层。选取要移动的图像，如图 4-88 所示。用鼠标右键单击页面，弹出其快捷菜单，在"排列"命令的子菜单中选择"置于底层"命令，图像将排到最后面，效果如图 4-89 所示。

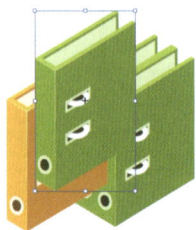

图 4-86   图 4-87   图 4-88   图 4-89

5. 发送至当前图层

选择"图层"面板，在"图层 1"上新建"图层 2"，如图 4-90 所示。选取要发送到当前图层的图像，如图 4-91 所示，这时"图层 1"变为当前图层，如图 4-92 所示。

图 4-90　　　　　　　　　图 4-91　　　　　　　　　图 4-92

单击"图层 2"，使"图层 2"成为当前图层，如图 4-93 所示。用鼠标右键单击页面，弹出其快捷菜单，在"排列"命令的子菜单中选择"发送至当前图层"命令。图像就被发送到当前图层，即"图层 2"中，页面效果如图 4-94 所示，"图层"面板效果如图 4-95 所示。

图 4-93　　　　　　　　　图 4-94　　　　　　　　　图 4-95

4.2.2　使用图层控制对象

1. 通过改变图层的排列顺序改变图像的排序

页面中图形的排列顺序如图 4-96 所示。"图层"面板中图层的排列顺序如图 4-97 所示。绿色双层文件夹在"图层 3"中，橙色文件夹在"图层 2"中，绿色单层文件夹在"图层 1"中。

> **知识链接**　　"图层"面板中图层的顺序越靠上，该图层中包含的图像在页面中的排列顺序就越靠前。

如果想使橙色文件夹在绿色双层文件夹前面，选中"图层 3"并按住鼠标左键，将"图层 3"向下拖曳至"图层 2"的下方，如图 4-98 所示。释放鼠标左键后，橙色文件夹就在绿色双层文件夹的前面了，效果如图 4-99 所示。

图 4-96　　　　　　　图 4-97　　　　　　　　　图 4-98　　　　　　　图 4-99

2. 在图层之间移动图像

选取要移动的绿色双层文件夹，如图 4-100 所示。"图层 3"的右侧会出现一个彩色小方块，如图 4-101 所示。将彩色小方块拖曳到"图层 2"上，如图 4-102 所示，释放鼠标左键。

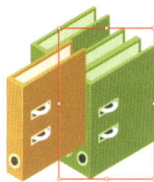

图 4-100   图 4-101   图 4-102

页面中的绿色双层文件夹会随着"图层"面板中彩色小方块的移动，移动到了最前面。移动后，"图层"面板如图 4-103 所示，图形对象的效果如图 4-104 所示。

图 4-103   图 4-104

4.3　编组对象

在绘制图形的过程中，可以将多个图形进行编组，从而组合成一个图形组，还可以将多个编组组合成一个新的编组。

4.3.1　课堂案例——制作文化传媒运营海报

案例学习目标

学习使用绘图工具、"锁定"命令和"编组"命令制作文化传媒运营海报。

案例知识要点

使用"置入"命令、"锁定所选对象"命令添加背景；使用"文字"工具、"字符"面板添加宣传文字；使用"椭圆"工具、"直接选择"工具、"编组"命令和"再制"命令制作装饰图形。文化传媒运营海报效果如图 4-105 所示。

微课

制作文化传媒
运营海报

图 4-105

素材所在位置

Ch04\ 素材 \ 制作文化传媒运营海报 \01。

效果所在位置

Ch04\ 效果 \ 制作文化传媒运营海报 .ai。

（1）按 Ctrl+N 组合键，弹出"新建文档"对话框，设置文档的宽度为 750 px，高度为 1181 px，取向为纵向，颜色模式为 RGB，栅格效果为屏幕（72 ppi）。单击"确定"按钮，新建一个文档。

（2）选择"文件 > 置入"命令，弹出"置入"对话框。选择云盘中的"Ch04 > 素材 > 制作文化传媒运营海报 > 01"文件，单击"置入"按钮，在页面中单击置入图片。在属性中单击"嵌入"按钮，嵌入图片，效果如图 4-106 所示。

（3）选择"窗口 > 对齐"命令，弹出"对齐"面板，将对齐方式设为"对齐画板"，如图 4-107 所示。分别单击"水平居中对齐"按钮 和"垂直居中对齐"按钮 ，图片与页面居中对齐，效果如图 4-108 所示。按 Ctrl+2 组合键，锁定所选对象。

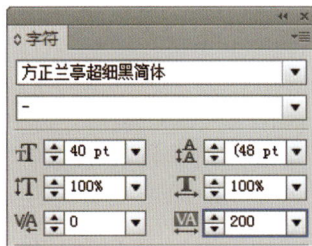

图 4-106   图 4-107   图 4-108

（4）选择"文字"工具 T ，在页面中分别输入需要的文字。选择"选择"工具 ，在属性栏中分别选择合适的字体并设置文字大小，效果如图 4-109 所示。用框选的方法将输入的文字同时选取，设置文字填充色为浅黄色（其 R、G、B 的值分别为 243、229、206），填充文字，效果如图 4-110 所示。

（5）选取文字"文学讲座解说仲夏端午"，按 Ctrl+T 组合键，弹出"字符"面板，将"设置所选字符的字距调整"选项 设为 200，其他选项的设置如图 4-111 所示。按 Enter 键确定操作，效果如图 4-112 所示。

图 4-109   图 4-110   图 4-111   图 4-112

（6）按住 Shift 键的同时，选取需要的文字，在"字符"面板中，将"设置行距"选项 ﹟A设为 21 pt，其他选项的设置如图 4-113 所示。按 Enter 键确定操作。效果如图 4-114 所示。用相同的方法输入其他文字，效果如图 4-115 所示。

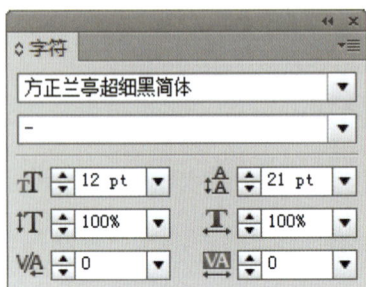

图 4-113　　　　　　　　图 4-114　　　　　　　　图 4-115

（7）选择"椭圆"工具 ◯，在页面外单击鼠标左键，弹出"椭圆"对话框，选项的设置如图 4-116 所示。单击"确定"按钮，出现一个椭圆形，效果如图 4-117 所示。

（8）选择"直接选择"工具 ▷，选取椭圆形下方的锚点，如图 4-118 所示。按 Delete 键将其删除，效果如图 4-119 所示。

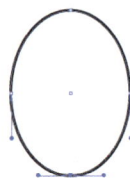

图 4-116　　　　　图 4-117　　　　　图 4-118　　　　　图 4-119

（9）选择"窗口 > 描边"命令，弹出"描边"面板，勾选"虚线"复选框，数值被激活，其余各选项的设置如图 4-120 所示。按 Enter 键确定操作，效果如图 4-121 所示。

（10）选择"选择"工具 ▶，按住 Alt+Shift 组合键的同时，水平向右拖曳虚线到适当的位置，复制虚线，效果如图 4-122 所示。连续按 Ctrl+D 组合键，复制出多条虚线，效果如图 4-123 所示。

图 4-120　　　　　　　图 4-121　　　　　　　图 4-122

图 4-123

（11）选择"选择"工具 ▶，用框选的方法将所绘制的图形同时选取，按 Ctrl+G 组合键，将其编组，如图 4-124 所示。按住 Alt+Shift 组合键的同时，垂直向下拖曳编组图形到适当的位置，复制图形，效果如图 4-125 所示。按 Ctrl+D 组合键，复制出一组图形，效果如图 4-126 所示。选取中间编组图形，按←方向键，微调图形到适当的位置，效果如图 4-127 所示。

图 4-124

图 4-125

图 4-126

图 4-127

（12）选择"选择"工具，用框选的方法将所绘制的图形同时选取。按 Ctrl+G 组合键，将其编组，拖曳编组图形到页面中适当的位置，设置图形描边色为浅黄色（其 R、G、B 的值分别为 243、229、206），填充描边，效果如图 4-128 所示。文化传媒运营海报制作完成，效果如图 4-129 所示。

图 4-128

图 4-129

4.3.2 编组

使用"编组"命令，可以将多个对象组合在一起使其成为一个对象。使用"选择"工具，选取要编组的图像，编组之后，单击任何一个图像，其他图像都会被一起选取。

1. 创建组合

选取要编组的对象，选择"对象 > 编组"命令（组合键为 Ctrl+G），将选取的对象组合。组合后，选择其中的任何一个图像，其他的图像也会同时被选取，如图 4-130 所示。

将多个对象组合后，其外观并没有变化，但当对其中任何一个对象进行编辑时，其他对象也随之产生相应的变化。如果需要单独编辑组合中的个别对象，而不改变其他对象的状态，可以应用"编组选择"工具进行选取。选择"编组选择"工具，单击要移动的对象并按住鼠标左键不放，拖曳对象到合适的位置，效果如图 4-131 所示，其他的对象并没有变化。

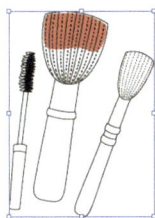

图 4-130

图 4-131

　　执行"编组"命令还可以将几个不同的组合进行进一步组合，或在组合与对象之间进行进一步的组合。在几个组之间进行组合时，原来的组合并没有消失，它与新得到的组合是嵌套的关系。组合不同图层上的对象，组合后所有的对象将自动移动到最上边对象的图层中，并形成组合。

2. 取消组合

　　选取要取消组合的对象，如图 4-132 所示。选择"对象 > 取消编组"命令（组合键为 Shift+Ctrl+G），取消组合的图像。取消组合后的图像，可以通过单击选取任意一个图像，如图 4-133 所示。

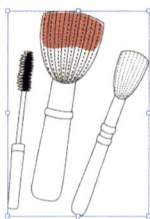

图 4-132　　　　　　　　　　　　　　图 4-133

　　执行一次"取消编组"命令只能取消一层组合，例如，两个组合使用"编组"命令得到一个新的组合。应用"取消编组"命令取消这个新组合后，得到两个原始的组合。

4.4　控制对象

　　在 Illustrator CS6 中，控制对象的方法非常灵活有效，包括锁定和解锁对象、隐藏和显示对象等。

4.4.1　锁定和解锁对象

　　锁定对象可以防止操作时误选对象，也可以防止当多个对象重叠在一起而只选择一个对象时，其他对象也连带被选取。锁定对象包括所选对象、上方所有图稿、其他图层 3 部分。

1. 锁定所选对象

　　选取要锁定的图形，如图 4-134 所示。选择"对象 > 锁定 > 所选对象"命令（组合键为 Ctrl+2），将所选图形锁定。锁定后，当其他图像移动时，锁定对象不会随之移动，如图 4-135 所示。

2. 锁定上方所有图稿

　　选取绿色图形，如图 4-136 所示。选择"对象 > 锁定 > 上方所有图稿"命令，绿色图形之上的黄色图形和蓝色图形被锁定。当移动绿色图形时，蓝色图形和黄色图形不会随之移动，如图 4-137 所示。

 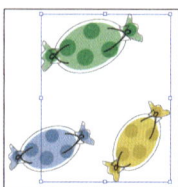 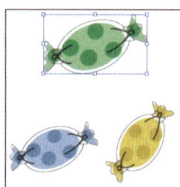 

图 4-134　　　　　　图 4-135　　　　　　图 4-136　　　　　　图 4-137

3. 锁定其他图层

蓝色图形、绿色图形、黄色图形分别在不同的图层上，如图 4-138 所示。选取绿色图形，如图 4-139 所示。选择"对象 > 锁定 > 其他图层"命令，在"图层"面板中，除了绿色图形所在的图层，其他图层都被锁定了。被锁定图层的左边将会出现一个锁头图标🔒，如图 4-140 所示。锁定图层中的图像在页面中也都被锁定了。

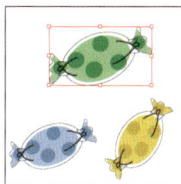

图 4-138　　　　　　　　图 4-139　　　　　　　　图 4-140

4. 解除锁定

选择"对象 > 全部解锁"命令（组合键为 Alt +Ctrl+2），被锁定的图像就会被取消锁定。

4.4.2　隐藏和显示对象

可以将当前不重要或已经做好的图像隐藏起来，避免妨碍其他图像的编辑。
隐藏图像包括所选对象、上方所有图稿、其他图层 3 部分。

1. 隐藏所选对象

选取要隐藏的图形，如图 4-141 所示。选择"对象 > 隐藏 > 所选对象"命令（组合键为 Ctrl+3），所选图形被隐藏起来，效果如图 4-142 所示。

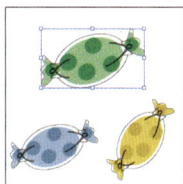

图 4-141　　　　　　　　　　　　图 4-142

2. 隐藏上方所有图稿

选取要隐藏的图形，如图 4-143 所示。选择"对象 > 隐藏 > 上方所有图稿"命令，绿色图形之上的所有图形都被隐藏，如图 4-144 所示。

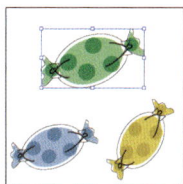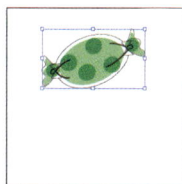

图 4-143　　　　　　　　　　　　图 4-144

3. 隐藏其他图层

选取黄色图形，如图 4-145 所示。选择"对象 > 隐藏 > 其他图层"命令，在"图层"面板中，除了黄色图形所在的图层，其他图层都被隐藏了，即眼睛图标消失，如图 4-146 所示。其他图层中的图像在页面中都被隐藏了，效果如图 4-147 所示。

图 4-145　　　　　　　　图 4-146　　　　　　　　图 4-147

4．显示所有对象

当对象被隐藏后，选择"对象 > 显示全部"命令（组合键为 Alt+Ctrl+3），所有对象都将被显示出来。

4.5　课堂练习——制作家居画册内页

🔗 练习知识要点

使用"矩形"工具绘制背景底图；使用"锁定"命令锁定所选对象；使用"置入"命令和"对齐"面板对齐素材图片；使用"文字"工具、"字符"面板添加内容文字；使用"编组"命令编组需要的图形。效果如图 4-148 所示。

微课

制作家居画册
内页

图 4-148

📷 素材所在位置

Ch04\ 素材 \ 制作家居画册内页 \01~06。

📍 效果所在位置

Ch04\ 效果 \ 制作家居画册内页 .ai。

4.6　课后习题——制作钢琴演奏海报

🔗 习题知识要点

使用"矩形"工具、"置入"命令、"透明度"面板和"锁定"命令制作海报底图；使用"矩形"工具、

"倾斜"工具、"编组"命令和"镜像"工具制作琴键；使用"文字"工具和"字符"面板添加内容问题。效果如图 4-149 所示。

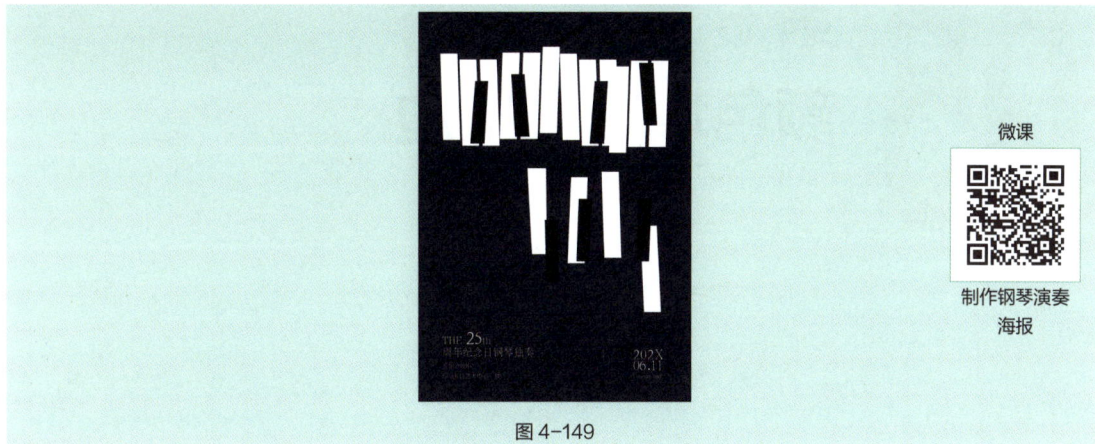

微课

制作钢琴演奏
海报

图 4-149

素材所在位置

Ch04\ 素材 \ 制作钢琴演奏海报 \01。

效果所在位置

Ch04\ 效果 \ 制作钢琴演奏海报 .ai。

05

第 5 章
颜色填充与描边

本章介绍

　　使用颜色的填充命令可以填充图形的颜色和描边。使用"描边"面板可以对描边进行编辑。使用"渐变"面板可以对图形进行线性和径向渐变的填充。使用工具箱中的"网格"工具，可以对图形进行网格渐变填充。使用"符号"面板可以对图形添加符号。通过本章的学习，学生可以利用颜色填充和描边功能，绘制出漂亮的图形，还可将需要重复应用的图形制作成符号，以提高工作效率。

学习目标

- 掌握 3 种颜色模式的区别与应用。
- 熟练掌握不同的填充方法和技巧。
- 熟练掌握描边和使用符号的技巧。

技能目标

- 掌握风景插画的绘制方法。
- 掌握金刚区话筒图标的绘制方法。
- 掌握科技航天插画的绘制方法。

素养目标

- 培养学生提高工作效率的意识。
- 提高学生的色彩敏感度。

5.1 颜色模式

Illustrator CS6 中提供了 RGB、CMYK、Web 安全 RGB、HSB 和灰度 5 种颜色模式。最常用的是 CMYK 模式和 RGB 模式，其中 CMYK 是默认的颜色模式。不同的颜色模式调配颜色的基本色不尽相同。

5.1.1 RGB 模式

RGB 模式源于有色光的三原色原理。它是一种加色模式，就是通过红、绿、蓝 3 种颜色相叠加而产生更多的颜色。同时，RGB 也是色光的彩色模式。在编辑图像时，RGB 模式应是最佳的选择。因为它可以提供全屏幕的多达 24 位的颜色范围。RGB 模式的"颜色"面板如图 5-1 所示，可以在面板中设置 RGB 颜色。

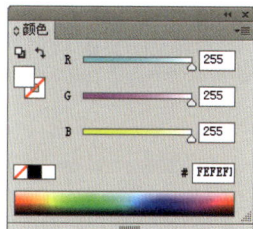

图 5-1

5.1.2 CMYK 模式

CMYK 模式主要应用在印刷领域。它通过反射某些颜色的光并吸收另外一些颜色的光来产生不同的颜色，是一种减色模式。CMYK 代表了印刷上用的 4 种油墨：C 代表青色，M 代表洋红色，Y 代表黄色，K 代表黑色。CMYK 模式的"颜色"面板如图 5-2 所示，可以在面板中设置 CMYK 颜色。

CMYK 模式是图片、插图等作品最常用的一种印刷方式。这是因为在印刷中通常都要进行四色分色，出四色胶片，然后再进行印刷。

图 5-2

5.1.3 灰度模式

灰度模式又叫 8 位深度图。每个像素用 8 位二进制码表示，能产生 2^8（即 256）级灰色调。当一个彩色文件被转换为灰度模式文件时，所有的颜色信息都将从文件中丢失。

灰度模式的图像中存在 256 种灰度级，灰度模式只有 1 个亮度调节滑杆，0 代表白色，100 代表黑色。灰度模式经常应用在成本相对低廉的黑白印刷中。另外，将彩色模式转换为双色调模式或位图模式时，必须先转换为灰度模式，然后由灰度模式转换为双色调模式或位图模式。灰度模式的"颜色"面板如图 5-3 所示，可以在其中设置灰度值。

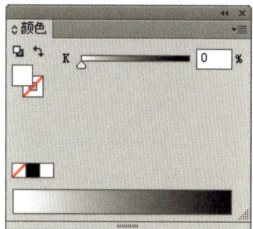

图 5-3

5.2 颜色填充

Illustrator CS6 中用于填充的内容包括"色板"面板中的单色对象、图案对象或渐变对象，以及"颜色"面板中的自定义颜色。另外，"色板库"提供了多种外挂的色谱、渐变对象和图案对象。

5.2.1 填充工具

应用工具箱中的"填色"和"描边"工具▣，可以指定所选对象的填充颜色和描边颜色。当单击↳按钮（快捷键为 X）时，可以切换填色显示框和描边显示框的位置。按 Shift+X 组合键时，可使选定对象的颜色在填充和描边之间切换。

在"填色"和"描边"工具下面有 3 个按钮，分别是"颜色"按钮、"渐变"按钮和"无"按钮。当选择渐变填充时它不能用于图形的描边。

5.2.2 "颜色"面板

Illustrator 通过"颜色"面板设置对象的填充颜色。单击"颜色"面板右上方的图标，在弹出的菜单中选择当前取色时使用的颜色模式。无论选择哪一种颜色模式，面板中都将显示出相关的颜色内容，如图 5-4 所示。

选择"窗口 > 颜色"命令，弹出"颜色"面板。"颜色"面板上的按钮用来进行填充颜色和描边颜色之间的互相切换，操作方法与工具箱中按钮的使用方法相同。

将鼠标指针移动到取色区域，鼠标指针变为吸管形状，单击就可以选取颜色。拖曳各个颜色滑块或在各个数值框中输入有效的数值，可以调配出更精确的颜色，如图 5-5 所示。

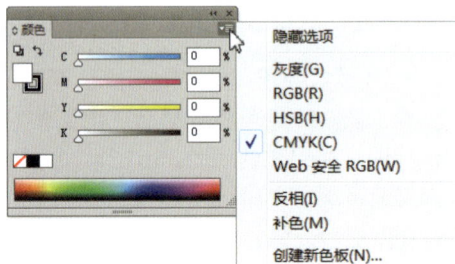

图 5-4

更改或设定对象的描边颜色时，单击选取已有的对象，在"颜色"面板中切换到描边颜色，选取或调配出新颜色，这时新选的颜色被应用到当前选定对象的描边中，如图 5-6 所示。

图 5-5

图 5-6

5.2.3 "色板"面板

选择"窗口 > 色板"命令，弹出"色板"面板。在"色板"面板中单击需要的颜色或样本，可以将其选中，如图 5-7 所示。

在"色板"面板的下方有两个颜色组，分别是"灰度"颜色组和"印刷色"颜色组。用户通过使用任意的颜色组，可以很方便地填充颜色。

"色板"面板提供了多种颜色和图案，并且允许添加并存储自定义的颜色和图案。单击显示"色板类型"菜单按钮，弹出其下拉菜单，选择"显示所有色板"命令，可以使所有的样本显示出来；选择"显示颜色色板"命令将仅显示颜色样本；选择"显示渐变色板"命令将仅显示

图 5-7

渐变样本；选择"显示图案色板"命令将仅显示图案样本；选择"显示颜色组"命令将仅显示颜色组；单击"色板选项"按钮，可以打开"色板"选项对话框；单击"新建颜色组"按钮，可以新建颜色组；"新建色板"按钮用于定义和新建一个新的样本；"删除色板"按钮用于将选定的样本从"色板"面板中删除。

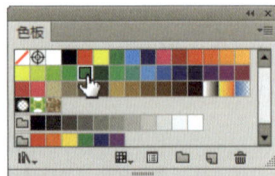

绘制一个图形，单击"填色"按钮，如图 5-8 所示。选择"窗口 > 色板"命令，弹出"色板"面板。在"色板"面板中单击需要的颜色或图案，对图形内部进行填充，效果如图 5-9 所示。

选择"窗口 > 色板库"命令，可以调出更多的色板库。引入外部色板库，增选的多个色板库都

将显示在同一个"色板"面板中。

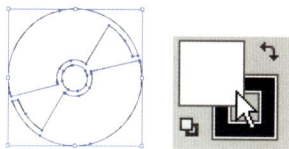

图 5-8　　　　　　　　　　　　　　　　　　　图 5-9

在"色板"面板左上角的方块中标有红色斜杠，表示无颜色填充。双击"色板"面板中的颜色缩略图时会弹出"色板选项"对话框，可以设置其颜色属性，如图 5-10 所示。

单击"色板"面板右上方的按钮，将弹出下拉菜单，选择其中的"新建色板"命令，可以将选中的某一颜色或样本添加到"色板"面板中，如图 5-11 所示；单击"新建色板"按钮，也可以添加新的颜色或样本到"色板"面板中，如图 5-12 所示。

Illustrator CS6 除了"色板"面板中默认的样本，在其"色板库"中还提供了多种色板。选择"窗口 > 色板库"命令，可以看到在其子菜单中包括了不同的样本可供选择使用。

当选择"窗口 > 色板库 > 其他库"命令时，弹出对话框，可以将其他文件中的色板样本、渐变样本和图案样本导入到"色板"面板中。

图 5-10　　　　　　　　　　图 5-11　　　　　　　　　　图 5-12

5.3　渐变填充

渐变填充是指两种或多种不同颜色在同一条直线上逐渐过渡填充。建立渐变填充有多种方法，可以使用"渐变"工具，也可以使用"渐变"面板和"颜色"面板来设置选定对象的渐变颜色，还可以使用"色板"面板中的渐变样本。在"渐变"面板中包括线性渐变和径向渐变两种渐变类型。

5.3.1　课堂案例——绘制风景插画

案例学习目标

学习使用"颜色"面板和"渐变"工具绘制风景插画。

案例知识要点

使用"渐变"工具、"渐变"面板填充背景、山和土丘；使用"颜色"面板填充树干图形；使用"网格"工具添加并填充网格点。风景插画效果如图 5-13 所示。

图 5-13

 微课

绘制风景插画

素材所在位置

Ch05\素材\绘制风景插画\01。

效果所在位置

Ch05\效果\绘制风景插画.ai。

（1）按Ctrl+O组合键，打开云盘中的"Ch05 > 素材 > 绘制风景插画 > 01"文件，如图5-14所示。选择"选择"工具 ，选取背景矩形。双击"渐变"工具 ，弹出"渐变"面板，在"类型"选项的下拉列表中选择"线性"渐变类型，在色带上设置两个渐变滑块，分别将渐变滑块的位置设为0、100，并设置R、G、B的值分别为0（255、234、179）、100（235、108、40），其他选项的设置如图5-15所示。图形被填充为渐变色，并设置描边色为无，效果如图5-16所示。

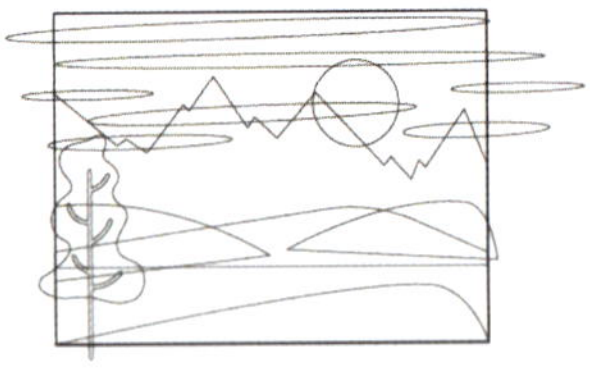

图 5-14 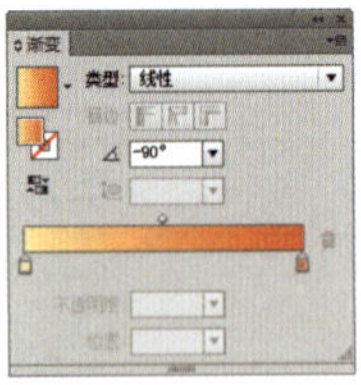   图 5-15 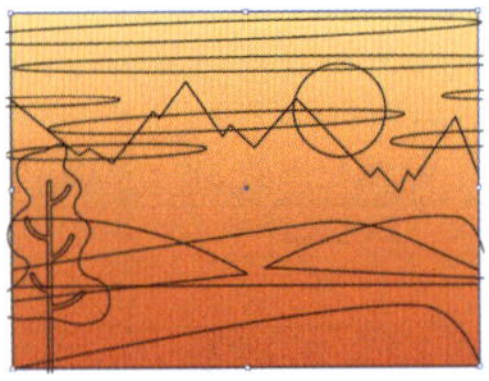   图 5-16

（2）选择"选择"工具 ，选取山峰图形。在"渐变"面板的"类型"选项的下拉列表中选择"线性"渐变类型，在色带上设置两个渐变滑块，分别将渐变滑块的位置设为0、100，并设置R、G、B的值分别为0（235、189、26）、100（255、234、179），其他选项的设置如图5-17所示。图形被填充为渐变色，并设置描边色为无，效果如图5-18所示。

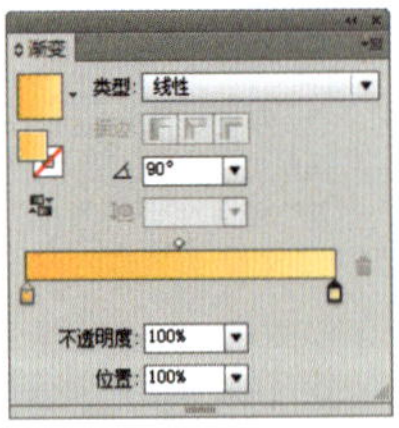

图 5-17 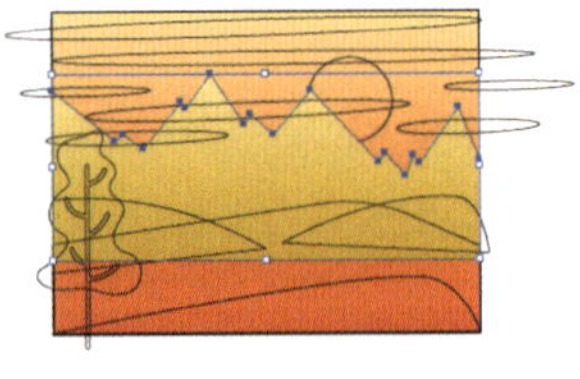   图 5-18

（3）选择"选择"工具 ，选取土丘图形。在"渐变"面板的"类型"选项的下拉列表中选择"线性"渐变类型，在色带上设置两个渐变滑块，分别将渐变滑块的位置设为10、100，并设置R、G、B的值分别为10（108、216、157）、100（50、127、123），其他选项的设置如图5-19所示。图形被填充为渐变色，并设置描边色为无，效果如图5-20所示。用相同的方法分别为其他图形填充相应的渐变色，效果如图5-21所示。

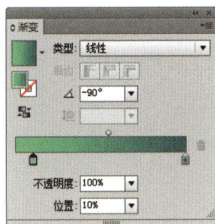

图 5-19　　　　　　　　　　图 5-20　　　　　　　　　　　　图 5-21

（4）选择"编组选择"工具，选取树叶图形，如图 5-22 所示。在"渐变"面板的"类型"
选项的下拉列表中选择"线性"渐变类型，在色带上设置两个渐变滑块，分别将渐变滑块的位置设
为 8、86，并设置 R、G、B 的值分别为 8（11、67、74）、86（122、255、191），其他选项的设置
如图 5-23 所示。图形被填充为渐变色，并设置描边色为无，效果如图 5-24 所示。

图 5-22　　　　　　　　　　图 5-23　　　　　　　　　　　　图 5-24

（5）选择"编组选择"工具，选取树干图形，如图 5-25 所示。选择"窗口 > 颜色"命令，
在弹出的"颜色"面板中进行设置，如图 5-26 所示。按 Enter 键确定操作，效果如图 5-27 所示。

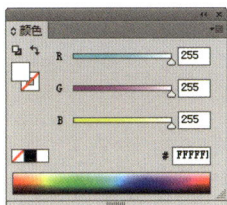

图 5-25　　　　　　　　　　图 5-26　　　　　　　　　　　　图 5-27

（6）选择"选择"工具，选取树木图形。按住 Alt 键的同时，向右拖曳图形到适当的位置，
复制图形，并调整其大小，效果如图 5-28 所示。按 Ctrl+ [组合键，将图形后移一层，效果如
图 5-29 所示。

（7）选择"编组选择"工具，选取小树杆图形。在"渐变"面板的"类型"选项的下拉列表
中选择"线性"，在色带上设置两个渐变滑块，分别将渐变滑块的位置设为 0、100，并设置 R、G、
B 的值分别为 0（85、224、187）、100（255、234、179），其他选项的设置如图 5-30 所示。图形
被填充为渐变色，并设置描边色为无，效果如图 5-31 所示。

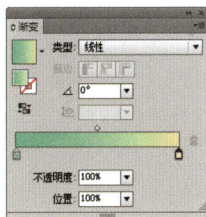

图 5-28　　　　　　　　图 5-29　　　　　　　　图 5-30　　　　　　　　图 5-31

（8）用相同的方法分别复制其他图形并调整其大小和排序，效果如图5-32所示。选择"选择"工具▶，按住Shift键的同时，依次选取云彩图形，填充图形为白色，并设置描边色为无，效果如图5-33所示。在属性栏中将"不透明度"选项设为20%，按Enter键确定操作，效果如图5-34所示。

图5-32　　　　　　　　　　　图5-33　　　　　　　　　　　图5-34

（9）选择"选择"工具▶，选取太阳图形，填充图形为白色，并设置描边色为无，效果如图5-35所示。在属性栏中将"不透明度"选项设为80%，按Enter键确定操作，效果如图5-36所示。

图5-35　　　　　　　　　　　　　　图5-36

（10）选择"网格"工具▦，在圆形中心位置单击，添加网格点，如图5-37所示。设置网格点颜色为浅黄色（其R、G、B的值分别为255、246、127），填充网格，效果如图5-38所示。选择"选择"工具▶，在页面空白处单击，取消选取状态，效果如图5-39所示。风景插画绘制完成。

图5-37　　　　　　　　　　　图5-38　　　　　　　　　　　图5-39

5.3.2　创建渐变填充

绘制一个图形，如图5-40所示。单击工具箱下部的"渐变"按钮▮，对图形进行渐变填充，效果如图5-41所示。选择"渐变"工具▣，在图形中需要的位置单击设定渐变的起点并按住鼠标左键拖曳鼠标，再次单击确定渐变的终点，如图5-42所示，渐变填充的效果如图5-43所示。

图5-40　　　　　　　　图5-41　　　　　　　　图5-42　　　　　　　　图5-43

在"色板"面板中单击需要的渐变样本，对图形进行渐变填充，效果如图5-44所示。

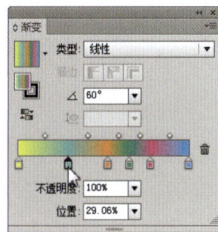

图 5-44

5.3.3 "渐变"面板

在"渐变"面板中可以设置渐变参数，可以选择"线性"或"径向"渐变，设置渐变的起始、中间和终止颜色，还可以设置渐变的位置和角度。

选择"窗口 > 渐变"命令，弹出"渐变"面板，如图 5-45 所示。从"类型"选项的下拉列表中可以选择"径向"或"线性"渐变方式，如图 5-46 所示。

在"角度"选项的数值框中显示当前的渐变角度，重新输入数值后按 Enter 键，可以改变渐变的角度，如图 5-47 所示。

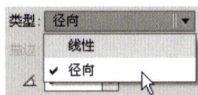

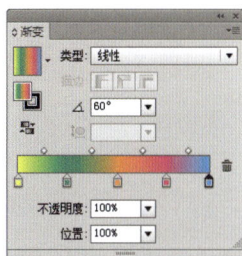

图 5-45   图 5-46   图 5-47

单击"渐变"面板下面的颜色滑块，在"位置"选项的数值框中显示出该滑块在渐变颜色中颜色位置的百分比，如图 5-48 所示，拖曳滑块，改变该颜色的位置，将改变颜色的渐变梯度，如图 5-49 所示。

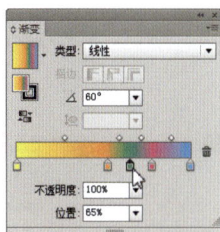

图 5-48   图 5-49

在渐变色谱条底边单击，可以添加一个颜色滑块，如图 5-50 所示。在"颜色"面板中调配颜色，如图 5-51 所示，可以改变添加的颜色滑块的颜色，如图 5-52 所示。单击颜色滑块并按住鼠标左键不放，将其拖出到"渐变"面板外，可以直接删除颜色滑块。

双击渐变色谱条上的颜色滑块，弹出"颜色"面板，可以快速选取所需的颜色。

图 5-50   图 5-51   图 5-52

5.3.4 渐变填充的样式

1. 线性渐变填充

线性渐变填充是一种比较常用的渐变填充方式，通过"渐变"面板，可以精确地指定线性渐变的起始和终止颜色，还可以调整渐变方向。通过调整中心点的位置，可以生成不同的颜色渐变效果。当需要绘制线性渐变填充图形时，可按以下步骤操作。

选择绘制好的图形，如图5-53所示。双击"渐变"工具 或选择"窗口 > 渐变"命令（组合键为Ctrl+F9），弹出"渐变"面板。在"渐变"面板的色谱条中，显示程序默认的白色到黑色的线性渐变样式，如图5-54所示。在"渐变"面板的"类型"选项的下拉列表中选择"线性"渐变类型，如图5-55所示。图形将被线性渐变填充，效果如图5-56所示。

| 图5-53 | 图5-54 | 图5-55 | 图5-56 |

单击"渐变"面板中的起始颜色游标 ，如图5-57所示。然后在"颜色"面板中调配所需的颜色，设置渐变的起始颜色。再单击终止颜色游标 ，如图5-58所示。设置渐变的终止颜色，效果如图5-59所示，图形的线性渐变填充效果如图5-60所示。

拖曳色谱条上边的控制滑块，可以改变颜色的渐变位置，如图5-61所示。"位置"数值框中的数值也会随之发生变化，设置"位置"数值框中的数值也可以改变颜色的渐变位置，图形的线性渐变填充效果也将改变，如图5-62所示。

| 图5-57 | 图5-58 | 图5-59 | 图5-60 |

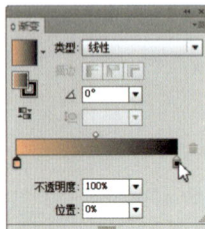

| 图5-61 | 图5-62 |

如果要改变颜色渐变的方向，可选择"渐变"工具 后直接在图形中拖曳即可。当需要精确地改变渐变方向时，可通过"渐变"面板中的"角度"选项来控制图形的渐变方向。

2. 径向渐变填充

径向渐变填充是 Illustrator CS6 的另一种渐变填充类型，与线性渐变填充不同，它是从起始颜色开始以圆的形式向外发散，逐渐过渡到终止颜色。它的起始颜色和终止颜色，以及渐变填充中心点的位置都是可以改变的。使用径向渐变填充可以生成多种渐变填充效果。

选择绘制好的图形，如图 5-63 所示。双击"渐变"工具或选择"窗口 > 渐变"命令（组合键为 Ctrl+F9），弹出"渐变"面板。在"渐变"面板色谱条中，显示程序默认的白色到黑色的线性渐变样式，如图 5-64 所示。在"渐变"面板的"类型"选项的下拉列表中选择"径向"渐变类型，如图 5-65 所示，图形将被径向渐变填充，效果如图 5-66 所示。

图 5-63   图 5-64   图 5-65   图 5-66

单击"渐变"面板中的起始颜色游标🔲或终止颜色游标🔲，然后在"颜色"面板中调配颜色，即可改变图形的渐变颜色，效果如图 5-67 所示。拖曳色谱条上边的控制滑块，可以改变颜色的中心渐变位置，效果如图 5-68 所示。使用"渐变"工具绘制，可改变径向渐变的中心位置，效果如图 5-69 所示。

图 5-67   图 5-68   图 5-69

5.3.5 使用渐变库

除了在"色板"面板中提供的渐变样式外，Illustrator CS6 还提供了一些渐变库。选择"窗口 > 色板库 > 其他库"命令，弹出"打开"对话框，在"色板 > 渐变"文件夹内包含系统提供的渐变库，如图 5-70 所示，在文件夹中可以选择不同的渐变库，选择后单击"打开"按钮，渐变库的效果如图 5-71 所示。

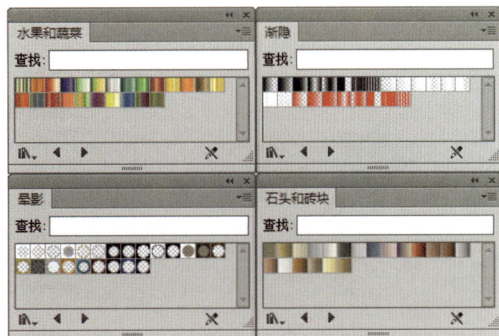

图 5-70   图 5-71

5.4　图案填充

图案填充是绘制图形的重要手段，使用合适的图案填充可以使绘制的图形更加生动形象。

5.4.1　使用图案填充

选择"窗口 > 色板库 > 图案"命令，可以选择自然、装饰等多种图案填充图形，如图5-72所示。

绘制一个图形，如图 5-73 所示。在工具箱下方选择"描边"按钮，再在"Vonster 图案"面板中选择需要的图案，如图 5-74 所示。图案填充到图形的描边上，效果如图 5-75 所示。

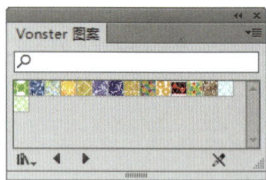

图 5-72　　　　　　图 5-73　　　　　　　　　图 5-74　　　　　　图 5-75

在工具箱下方选择"填充"按钮，在"Vonster 图案"面板中单击选择需要的图案，如图 5-76 所示。图案填充到图形的内部，效果如图 5-77 所示。

图 5-76　　　　　　　　　　　　图 5-77

5.4.2　创建图案填充

在 Illustrator CS6 中可以将基本图形定义为图案，作为图案的图形不能包含其他图案和位图。

选择"星形"工具⭐，绘制 3 个星形，将它们选取后并填充不同的效果，如图 5-78 所示。

选择"对象 > 图案 > 建立"命令，弹出"图案选项"面板，如图 5-79 所示，在面板中可以设置图案的名称、大小和重叠方式等，设置完成后，单击页面左上方的"完成"按钮，定义的图案就添加到"色板"面板中了，效果如图 5-80 所示。

图 5-78　　　　　　　　　图 5-79　　　　　　　　　图 5-80

在"色板"面板中单击新定义的图案，并将其拖曳到页面上，效果如图 5-81 所示。选择"对象 >

取消编组"命令，取消图案组合，可以重新编辑图案，效果如图 5-82 所示。选择"对象 > 编组"命令，将新编辑的图案组合，再将图案拖曳到"色板"面板中，就在"色板"面板中添加了新定义的图案，如图 5-83 所示。

图 5-81

图 5-82

图 5-83

绘制一个图形，效果如图 5-84 所示。在"色板"面板中单击新定义的图案，如图 5-85 所示，图案填充效果如图 5-86 所示。

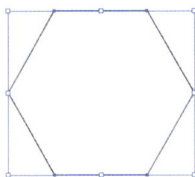

图 5-84

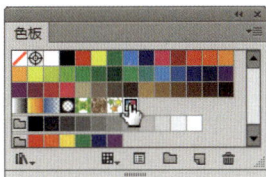

图 5-85

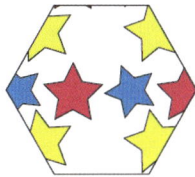

图 5-86

Illustrator 自带一些图案库。选择"窗口 > 图形样式库"子菜单下的各种样式，加载不同的样式库；也可以选择"其他库"命令来加载外部样式库。

5.4.3　使用图案库

除了在"色板"面板中提供的图案，Illustrator CS6 还提供了一些图案库。选择"窗口 > 色板库 > 其他库"命令，弹出"选择要打开的库"对话框，在"色板 > 图案"文件夹中包含系统提供的图案库，如图 5-87 所示，在文件夹中可以选择不同的图案库，选择后单击"打开"按钮，图案库的效果如图 5-88 所示。

图 5-87

图 5-88

5.5　渐变网格填充

应用渐变网格功能可以制作出图形颜色细微之处的变化，并且易于控制图形颜色。使用渐变网格可以对图形应用多个方向、多种颜色的渐变填充。

5.5.1 课堂案例——绘制金刚区话筒图标

案例学习目标

学习使用绘图工具、"创建渐变网格"命令和"渐变"工具绘制金刚区话筒图标。

案例知识要点

使用"椭圆"工具、"矩形"工具、"圆角矩形"工具、"创建渐变网格"命令、"渐变"工具和"剪切蒙版"命令绘制麦克风。金刚区话筒图标效果如图 5-89 所示。

图 5-89

微课

绘制金刚区话筒
图标

效果所在位置

Ch05\ 效果 \ 绘制金刚区话筒图标 .ai。

（1）按 Ctrl+N 组合键，弹出"新建文档"对话框，设置文档的宽度和高度均为 90 px，取向为竖向，颜色模式为 RGB，单击"确定"按钮，新建一个文档。

（2）选择"椭圆"工具，按住 Shift 键的同时，在页面中绘制一个圆形，如图 5-90 所示。双击"渐变"工具，弹出"渐变"面板，在"类型"选项的下拉列表中选择"线性"渐变类型，在色带上设置两个渐变滑块，分别将渐变滑块的位置设为 0、100，并设置 R、G、B 的值分别为 0（254、191、42）、100（254、231、107），其他选项的设置如图 5-91 所示。图形被填充为渐变色，并设置描边色为无，效果如图 5-92 所示。

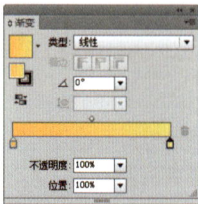

图 5-90　　　　　　　　　图 5-91　　　　　　　　　图 5-92

（3）选择"矩形"工具，在页面中单击鼠标左键，弹出"矩形"对话框，选项的设置如图 5-93 所示。单击"确定"按钮，出现一个矩形。选择"选择"工具，拖曳矩形到适当的位置，效果如图 5-94 所示。

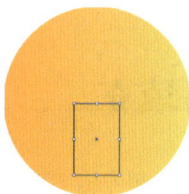

图 5-93　　　　　　　　　　　　　图 5-94

（4）选择"直接选择"工具，选取左下角的锚点，并向右拖曳锚点到适当的位置，效果如图 5-95 所示。用相同的方法调整右下角的锚点，效果如图 5-96 所示。

（5）选择"选择"工具，选取图形。双击"渐变"工具，弹出"渐变"面板，在"类型"选项的下拉列表中选择"线性"渐变类型，在色带上设置两个渐变滑块，分别将渐变滑块的位置设为 0、100，并设置 R、G、B 的值分别为 0（254、98、42）、100（254、55、42），其他选项的设置如图 5-97 所示。图形被填充为渐变色，并设置描边色为无，效果如图 5-98 所示。

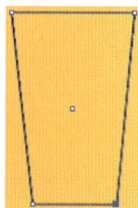
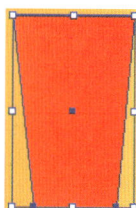

图 5-95　　　　　图 5-96　　　　　图 5-97　　　　　图 5-98

（6）选择"椭圆"工具，按住 Shift 键的同时，在适当的位置绘制一个圆形，效果如图 5-99 所示。选择"选择"工具，按住 Alt+Shift 组合键的同时，垂直向上拖曳圆形到适当的位置，复制圆形，效果如图 5-100 所示。

（7）选取第一个圆形，填充图形为黑色，并设置描边色为无，效果如图 5-101 所示。在属性栏中将"不透明度"选项设为 35%，按 Enter 键确定操作，效果如图 5-102 所示。

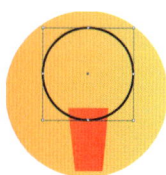
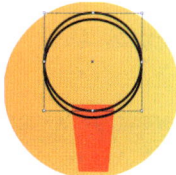

图 5-99　　　　图 5-100　　　　图 5-101　　　　图 5-102

（8）选择"选择"工具，选取下方红色渐变图形。按 Ctrl+C 组合键，复制图形，按 Shift+Ctrl+V 组合键，就地粘贴图形，效果如图 5-103 所示。按住 Shift 键的同时，单击透明图形将其同时选取，如图 5-104 所示。按 Ctrl+7 组合键，建立剪切蒙版，效果如图 5-105 所示。

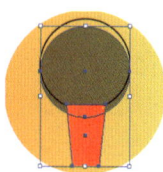

图 5-103　　　　　图 5-104　　　　　图 5-105

（9）选取大圆形，按 Shift+Ctrl+] 组合键，将其置于顶层，效果如图 5-106 所示。设置图形填充色为浅黄色（其 R、G、B 的值分别为 254、183、28），填充图形，并设置描边色为无，效果如图 5-107 所示。

（10）选择"对象 > 创建渐变网格"命令，在弹出的对话框中进行设置，如图 5-108 所示。单击"确定"按钮，效果如图 5-109 所示。

（11）选择"直接选择"工具，按住 Shift 键的同时，选中网格中的锚点，如图 5-110 所示。设置填充色为米白色（其 R、G、B 的值分别为 254、246、234），填充锚点，效果如图 5-111 所示。

用相同的方法分别选中网格中的其他锚点，填充相应的颜色，效果如图 5-112 所示。

图 5-106

图 5-107

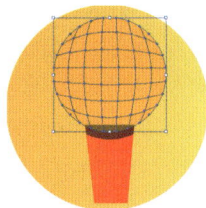
图 5-108

图 5-109

图 5-110

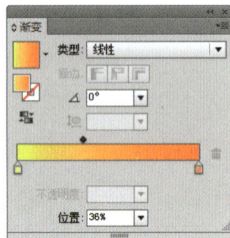
图 5-111

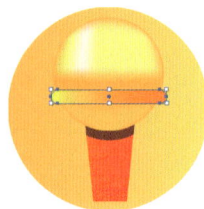
图 5-112

（12）选择"圆角矩形"工具，在页面中单击鼠标左键，弹出"圆角矩形"对话框，选项的设置如图 5-113 所示，单击"确定"按钮，出现一个圆角矩形。选择"选择"工具，拖曳圆角矩形到适当的位置，效果如图 5-114 所示。

（13）双击"渐变"工具，弹出"渐变"面板，在"类型"选项的下拉列表中选择"线性"渐变类型，在色带上设置两个渐变滑块，分别将渐变滑块的位置设为 0、100，并设置 R、G、B 的值分别为 0（255、255、75）、100（255、128、0），其他选项的设置如图 5-115 所示。图形被填充为渐变色，并设置描边色为无，效果如图 5-116 所示。

图 5-113

图 5-114

图 5-115

图 5-116

（14）选择"圆角矩形"工具，在页面中单击鼠标左键，弹出"圆角矩形"对话框，选项的设置如图 5-117 所示。单击"确定"按钮，出现一个圆角矩形。选择"选择"工具，拖曳圆角矩形到适当的位置，填充图形为黑色，并设置描边色为无，效果如图 5-118 所示。

（15）按 Ctrl+C 组合键，复制图形，按 Ctrl+F 组合键，将复制的图形粘贴在前面。向上拖曳圆角矩形下方中间的控制柄到适当的位置，调整其大小，效果如图 5-119 所示。

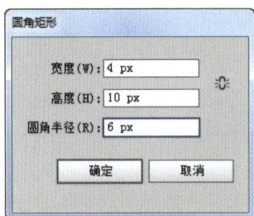
图 5-117

图 5-118

图 5-119

（16）选择"选择"工具，按住 Shift 键的同时，依次单击将所绘制的图形同时选取，按 Ctrl+G 组合键，将其编组，效果如图 5-120 所示。

（17）选择"窗口 > 变换"命令，弹出"变换"面板，将"旋转"选项设为 45°，如图 5-121 所示。按 Enter 键确定操作，效果如图 5-122 所示。

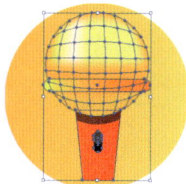
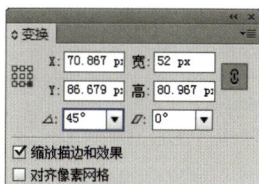
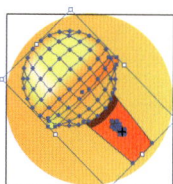

图 5-120　　　　　　　　　　图 5-121　　　　　　　　　　图 5-122

（18）选择"选择"工具，拖曳编组图形到适当的位置，效果如图 5-123 所示。选取下方黄色渐变图形，按 Ctrl+C 组合键，复制图形，按 Shift+Ctrl+V 组合键，就地粘贴图形，效果如图 5-124 所示。

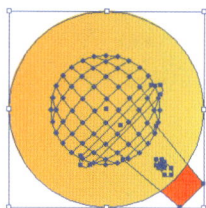
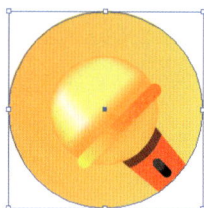

图 5-123　　　　　　　　　　　　　　　　图 5-124

（19）按住 Shift 键的同时，单击编组图形将其同时选取，如图 5-125 所示，按 Ctrl+7 组合键，建立剪切蒙版，效果如图 5-126 所示。金刚区话筒图标绘制完成，效果如图 5-127 所示。

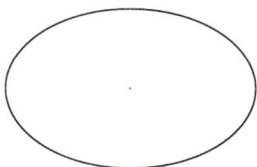
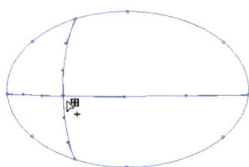
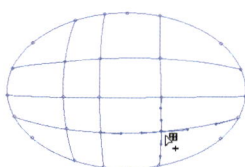

图 5-125　　　　　　　　　　图 5-126　　　　　　　　　　图 5-127

5.5.2　建立渐变网格

1. 使用"网格"工具建立渐变网格

使用"椭圆"工具，绘制并填充椭圆形，保持其被选取状态，效果如图 5-128 所示。选择"网格"工具，在椭圆形中单击，将椭圆形建立为渐变网格对象，在椭圆形中增加了横竖两条线交叉形成的网格，如图 5-129 所示，继续在椭圆形中单击，可以增加新的网格，效果如图 5-130 所示。在网格中横竖两条线交叉形成的点就是网格点，而横、竖线就是网格线。

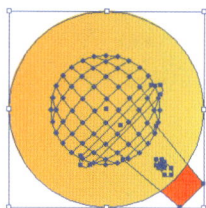
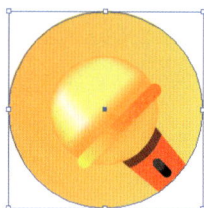

图 5-128　　　　　　　　　　图 5-129　　　　　　　　　　图 5-130

2. 使用"创建渐变网格"命令创建渐变网格

使用"椭圆"工具 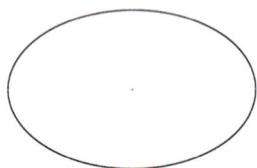，绘制并填充椭圆形，保持其被选取状态，效果如图 5-131 所示。选择"对象 > 创建渐变网格"命令，弹出"创建渐变网格"对话框，如图 5-132 所示，设置数值后，单击"确定"按钮，可以为图形创建渐变网格的填充，效果如图 5-133 所示。

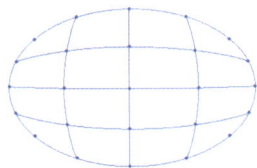

图 5-131　　　　　　　　　　　图 5-132　　　　　　　　　　　图 5-133

在"创建渐变网格"对话框中，"行数"选项的数值框用于输入水平方向网格线的行数；"列数"选项的数值框用于输入垂直方向网格线的列数；"外观"选项的下拉列表用于选择创建渐变网格后图形高光部位的表现方式，有至淡色、至中心和至边缘 3 种方式可以选择；"高光"选项的数值框用于设置高光处的强度，当数值为 0 时，图形没有高光点，而是均匀的颜色填充。

5.5.3　编辑渐变网格

1. 添加网格点

使用"椭圆"工具 ，绘制并填充椭圆形，如图 5-134 所示。选择"网格"工具 在圆角矩形中单击，建立渐变网格对象，如图 5-135 所示。在圆角矩形中的其他位置再次单击，可以添加网格点，如图 5-136 所示，同时添加了网格线。在网格线上再次单击，可以继续添加网格点，如图 5-137 所示。

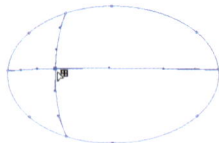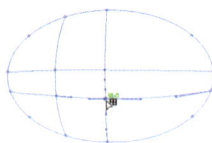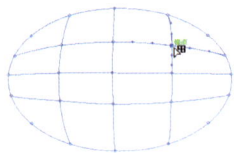

图 5-134　　　　　　图 5-135　　　　　　图 5-136　　　　　　图 5-137

2. 删除网格点

使用"网格"工具 或"直接选择"工具 单击选中网格点，如图 5-138 所示。再按 Delete 键，即可将网格点删除，效果如图 5-139 所示。

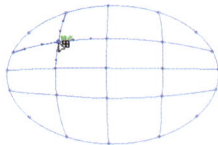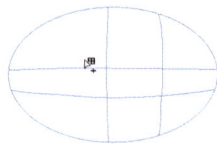

图 5-138　　　　　　　　　　　　　图 5-139

3. 编辑网格颜色

使用"直接选择"工具 单击选中网格点，如图 5-140 所示。在"色板"面板中单击需要的颜色块，如图 5-141 所示，可以为网格点填充颜色，效果如图 5-142 所示。

图 5-140	图 5-141	图 5-142

使用"直接选择"工具 ⬚ 单击选中网格，如图 5-143 所示。在"色板"面板中单击需要的颜色块，如图 5-144 所示，可以为网格填充颜色，效果如图 5-145 所示。

图 5-143	图 5-144	图 5-145

使用"网格"工具 ⬚ 在网格点上单击并按住鼠标左键拖曳网格点，可以移动网格点，效果如图 5-146 所示。拖曳网格点的控制柄可以调节网格线，效果如图 5-147 所示。

图 5-146	图 5-147

5.6 编辑描边

描边其实就是对象的描边线，对描边进行填充时，还可以对其进行一定的设置，如更改描边的形状、粗细及设置为虚线描边等。

"图形样式"面板是 Illustrator CS6 中比较重要的面板，在该面板中提供了多种已经预设好的填充和描边填充图案，可供用户选择使用。

5.6.1 使用"描边"面板

选择"窗口 > 描边"命令（组合键为 Ctrl+F10），弹出"描边"面板，如图 5-148 所示。"描边"面板主要用来设置对象描边的属性，如粗细、形状等。

在"描边"面板中，"粗细"选项用于设置描边的宽度；"端点"选项组用于指定描边各线段的首端和尾端的形状样式，它有平头端点 ⬚、圆头端点 ⬚ 和方头端点 ⬚ 3 种不同的端点样式；"边角"选项组用于指定一段描边的拐点，即描边的拐角形状，它有 3 种不同的拐角接合形式，分别为斜接连接 ⬚、圆角连接 ⬚ 和斜角连接 ⬚；"限制"选项用于设置斜角的长度，它将决定描边沿路径改变方向时伸展的长度；"对齐描边"选项组用于

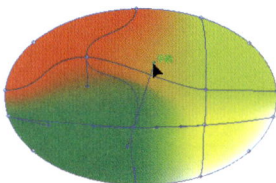

图 5-148

设置描边与路径的对齐方式，分别为使描边居中对齐 ⊡、使描边内侧对齐 ⊡ 和使描边外侧对齐 ⊡；勾选"虚线"复选框可以创建描边的虚线效果。

5.6.2 设置描边的粗细

当需要设置描边的宽度时，要用到"粗细"选项，可以在其下拉列表中选择合适的粗细，也可以直接输入合适的数值。

单击工具箱下方的"描边"按钮，使用"星形"工具 ⭐ 绘制一个星形并保持其被选取状态，效果如图 5-149 所示。在"描边"面板的"粗细"选项的下拉列表中选择需要的描边粗细值，或者直接输入合适的数值。本例设置的粗细数值为 30 pt，如图 5-150 所示。星形的描边粗细被改变，效果如图 5-151 所示。

当要更改描边的单位时，可选择"编辑 > 首选项 > 单位"命令，弹出"首选项"对话框，如图 5-152 所示。可以在"描边"选项的下拉列表中选择需要的描边单位。

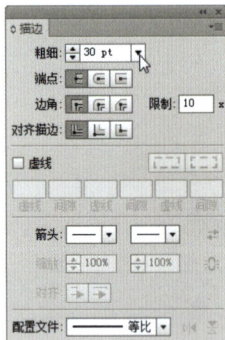

图 5-149

图 5-150　　　图 5-151　　　　　　　图 5-152

5.6.3 设置描边的填充

保持星形处于被选取的状态，效果如图 5-153 所示。在"色板"面板中单击选取所需的填充样本，对象描边的填充效果如图 5-154 所示。

图 5-153　　　　　　　　图 5-154

保持星形处于被选取的状态，效果如图 5-155 所示。在"颜色"面板中调配所需的颜色，如图 5-156 所示，或双击工具箱下方的"描边"按钮 ⬛，弹出"拾色器"对话框，如图 5-157 所示。在对话框中可以调配所需的颜色，对象描边的颜色填充效果如图 5-158 所示。

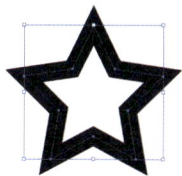
图 5-155

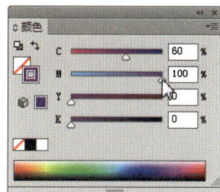
图 5-156

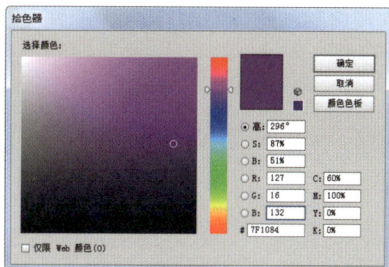
图 5-157

图 5-158

5.6.4 编辑描边的样式

1. 设置"斜接限制"选项

"斜接限制"选项用于设置描边沿路径改变方向时的伸展长度。可以在其下拉列表中选择所需的数值，也可以在数值框中直接输入合适的数值，分别将"斜接限制"选项设置为 2 和 20 时的对象描边效果如图 5-159 所示。

2. 设置"端点"和"边角"选项

端点是指一段描边的首端和末端，可以为描边的首端和末端选择不同的顶点样式来改变描边顶点的形状。使用"钢笔"工具 绘制一段描边，单击"描边"面板中的 3 个不同端点样式的按钮 ，选定的端点样式会应用到选定的描边中，如图 5-160 所示。

图 5-159

平头端点　　　　　　　圆头端点　　　　　　　方头端点

图 5-160

边角是指一段描边的拐点，边角样式就是指描边拐角处的形状。该选项有斜接连接、圆角连接和斜角连接 3 种不同的转角边角样式。绘制多边形的描边，单击"描边"面板中的 3 个不同边角样式按钮 ，选定的边角样式会应用到选定的描边中，如图 5-161 所示。

斜接连接　　　　　　　圆角连接　　　　　　　斜角连接

图 5-161

3. 设置"虚线"选项

虚线选项里包括 6 个数值框，勾选"虚线"复选框，数值框被激活，第 1 个数值框默认的虚线值为 2 pt，如图 5-162 所示。

"虚线"选项用于设定每一段虚线段的长度，数值框中输入的数值越大，虚线的长度就越长。反之，输入的数值越小，虚线的长度就越短。设置不同虚线长度值的描边效果如图 5-163 所示。

"间隙"选项用于设定虚线段之间的距离，输入的数值越大，虚线段之间的距离就越大；反之，输入的数值越小，虚线段之间的距离就越小。设置不同虚线间隙的描边效果如图 5-164 所示。

图 5-162   图 5-163   图 5-164

4. 设置"箭头"选项

在"描边"面板中有两个可供选择的下拉列表按钮 箭头 [——▼] [——▼]，左侧的是"起点的箭头" [——▼]，右侧的是"终点的箭头" [——▼]。选中要添加箭头的曲线，如图 5-165 所示。单击"起始箭头"按钮 [——▼]，弹出"起始箭头"下拉列表框，单击需要的箭头样式，如图 5-166 所示，曲线的起始点会出现选择的箭头，效果如图 5-167 所示。单击"终点的箭头"按钮 [——▼]，弹出"终点的箭头"下拉列表框，单击需要的箭头样式，如图 5-168 所示，曲线的终点会出现选择的箭头，效果如图 5-169 所示。

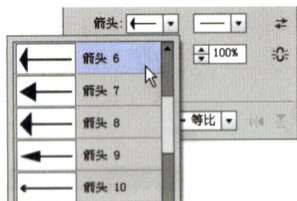

图 5-165   图 5-166   图 5-167   图 5-168   图 5-169

使用"互换箭头起始处和结束处"按钮 可以互换起始箭头和终点箭头。选中曲线，如图 5-170 所示。在"描边"面板中单击"互换箭头起始处和结束处"按钮 ，如图 5-171 所示，效果如图 5-172 所示。

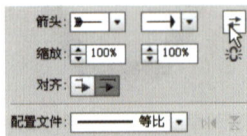

图 5-170   图 5-171   图 5-172

在"缩放"选项中，左侧的是"箭头起始处的缩放因子"按钮 [100%]，右侧的是"箭头结束处的缩放因子"按钮 [100%]，设置需要的数值，可以缩放曲线的起始箭头和结束箭头的大小。选中要缩放的曲线，如图 5-173 所示。单击"箭头起始处的缩放因子"按钮 [100%]，将"箭头起始处的缩放因子"设置为 50%，如图 5-174 所示，效果如图 5-175 所示。单击"箭头结束处的缩放因子"按钮 [100%]，将"箭头结束处的缩放因子"设置为 150，效果如图 5-176 所示。

单击“缩放”选项右侧的“链接箭头起始处和结束处缩放”按钮，可以同时改变起始箭头和结束箭头的大小。

图 5-173

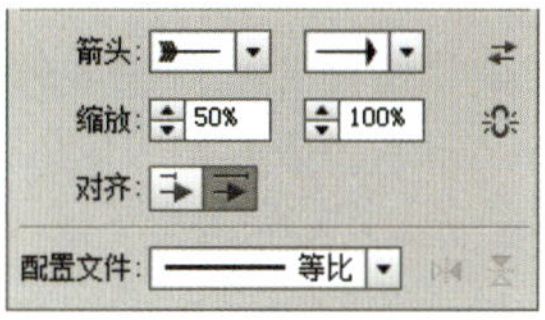

图 5-174

图 5-175

图 5-176

在“对齐”选项中，左侧的是“将箭头提示扩展到路径终点外”按钮，右侧的是“将箭头提示放置于路径终点处”按钮，这两个按钮分别用于设置箭头在终点以外和箭头在终点处。选中曲线，如图 5-177 所示。单击“将箭头提示扩展到路径终点外”按钮，如图 5-178 所示，效果如图 5-179 所示。单击“将箭头提示放置于路径终点处”按钮，箭头在终点处显示，效果如图 5-180 所示。

图 5-177

图 5-178

图 5-179

图 5-180

在“配置文件”选项中，单击“变量宽度配置文件”按钮，弹出宽度配置文件下拉列表，如图 5-181 所示。在下拉列表中选中任意一个宽度配置文件可以改变曲线描边的形状。选中曲线，如图 5-182 所示。单击“变量宽度配置文件”按钮，在弹出的下拉列表中选中任意一个宽度配置文件，如图 5-183 所示，效果如图 5-184 所示。

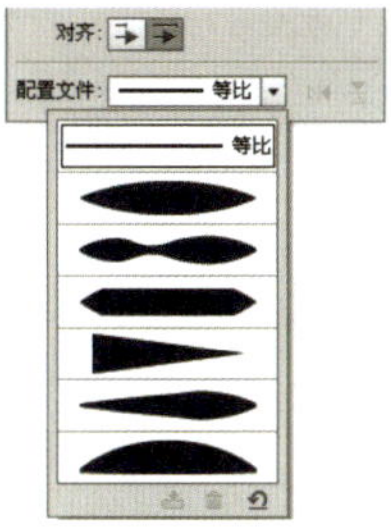

图 5-181

图 5-182

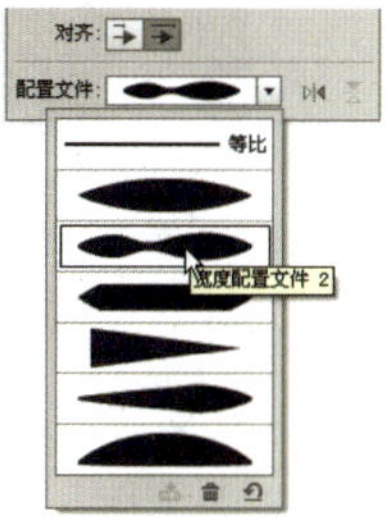

图 5-183

图 5-184

在“配置文件”选项右侧有两个按钮，分别是“纵向翻转”按钮和“横向翻转”按钮。单击“纵向翻转”按钮，可以改变曲线描边的左右位置。单击“横向翻转”按钮，可以改变曲线描边的上下位置。

5.7 使用符号

符号是一种能存储在“符号”面板中，并且在一个插图中可以多次重复使用的对象。Illustrator CS6 提供了“符号”面板，专门用来创建、存储和编辑符号。

当需要在一个插图中多次制作同样的对象，并需要对对象进行多次类似的编辑操作时，可以使用符号来完成。这样，可以大大提高效率，节省时间。例如，在一个网站设计中多次应用到一个按钮的图样，这时就可以将这个按钮的图样定义为符号范例，这样可以对按钮符号进行多次重复使用。利用符号体系工具组中的相应工具可以对符号范例进行各种编辑操作。默认设置下的"符号"面板如图 5-185 所示。

在插图中如果应用了符号集合，那么当使用"选择"工具选取符号范例时，则把整个符号集合同时选中。此时被选中的符号集合只能被移动，而不能被编辑。图 5-186 所示为应用到插图中的符号范例与符号集合。

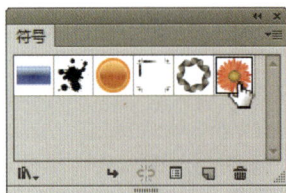

图 5-185

图 5-186

5.7.1　课堂案例——绘制科技航天插画

🔌 案例学习目标

学习使用"符号库"命令绘制科技航天插画。

🔒 案例知识要点

使用"疯狂科学"命令、"徽标元素"命令添加符号；使用"断开链接"按钮、"渐变"工具、"比例缩放"工具、"镜像"工具编辑符号。科技航天插画效果如图 5-187 所示。

图 5-187

微课

绘制科技航天
插画

📷 素材所在位置

Ch05\ 素材 \ 绘制科技航天插画 \01。

📍 效果所在位置

Ch05\ 效果 \ 绘制科技航天插画 .ai。

（1）按 Ctrl+O 组合键，打开云盘中的"Ch05 > 素材 > 绘制科技航天插画 > 01"文件，如图 5-188 所示。

（2）选择"窗口 > 符号库 > 疯狂科学"命令，弹出"疯狂科学"面板，选取需要的符号"月球"，如图 5-189 所示。拖曳符号到页面外，效果如图 5-190 所示。

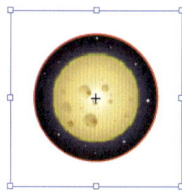

图 5-188   图 5-189   图 5-190

（3）在属性栏中单击"断开链接"按钮，断开符号链接，如图 5-191 所示。选择"选择"工具
，按住 Shift 键的同时，依次单击不需要的图形，如图 5-192 所示。按 Delete 键，将其删除，效
果如图 5-193 所示。

（4）选取需要的渐变图形，如图 5-194 所示。选择"选择 > 相同 > 填充颜色"命令，相同填充
颜色的图形被选中，如图 5-195 所示。

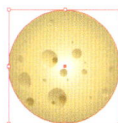

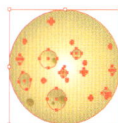

图 5-191   图 5-192   图 5-193   图 5-194   图 5-195

（5）双击"渐变"工具，弹出"渐变"面板，在"类型"选项的下拉列表中选择"径向"渐
变类型，如图 5-196 所示。选中并设置 R、G、B 的值分别为 0（255、255、255）、37（248、176、
204）、69（230、144、187）、100（230、91、197），其他选项的设置如图 5-197 所示。图形被填
充为渐变色，效果如图 5-198 所示。

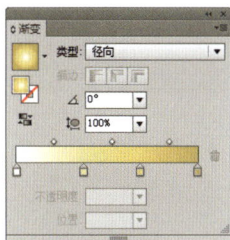

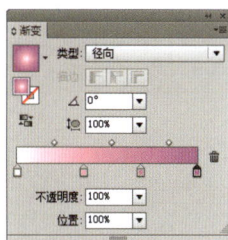

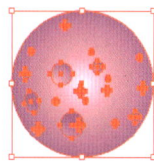

图 5-196   图 5-197   图 5-198

（6）选择"选择"工具，选取左下角需要的渐变图形，如图 5-199 所示。选择"吸管"工具
，将鼠标指针放在粉色渐变图形上，如图 5-200 所示。单击鼠标左键，吸取粉色渐变图形的属
性，效果如图 5-201 所示。

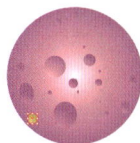

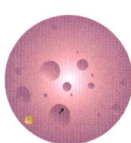

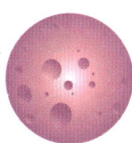

图 5-199   图 5-200   图 5-201

（7）选择"选择"工具，选取需要的渐变图形，如图 5-202 所示。双击"比例缩放"工具
，弹出"比例缩放"对话框，选项的设置如图 5-203 所示。单击"复制"按钮，缩放并复制图形，
效果如图 5-204 所示。

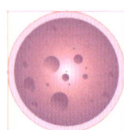
图 5-202

图 5-203

图 5-204

（8）在属性栏中将"不透明度"选项设为 20%，按 Enter 键确定操作，效果如图 5-205 所示。按 Ctrl+D 组合键，再复制出一个图形，效果如图 5-206 所示。在属性栏中将"不透明度"选项设为 10%，按 Enter 键确定操作，效果如图 5-207 所示。

图 5-205

图 5-206

图 5-207

（9）选择"选择"工具 ，用框选的方法将绘制的图形同时选取，按 Ctrl+G 组合键，编组图形，如图 5-208 所示。双击"镜像"工具 ，弹出"镜像"对话框，选项的设置如图 5-209 所示。单击"复制"按钮，镜像并复制图形，效果如图 5-210 所示。

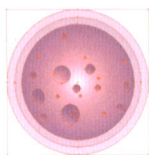
图 5-208

图 5-209

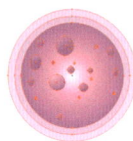
图 5-210

（10）选择"选择"工具 ，拖曳编组图形到页面中适当的位置，并调整其大小，效果如图 5-211 所示。选择"矩形"工具 ，绘制一个与页面大小相等的矩形，如图 5-212 所示。

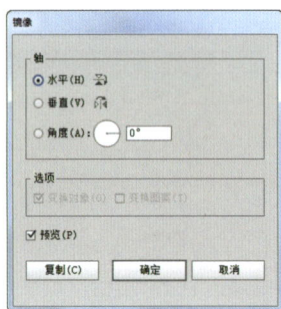
图 5-211

图 5-212

（11）选择"选择"工具 ，按住 Shift 键的同时，单击下方图形将其同时选取，如图 5-213 所示，按 Ctrl+7 组合键，建立剪切蒙版，效果如图 5-214 所示。用相同的方法制作其他颜色的星球，效果如图 5-215 所示。

| 图 5-213 | 图 5-214 | 图 5-215 |

（12）选择"窗口 > 符号库 > 徽标元素"命令，弹出"徽标元素"面板，选取需要的符号"火箭"，如图 5-216 所示。分别拖曳符号到页面中适当的位置，并调整其大小，效果如图 5-217 所示。

（13）按 Ctrl+O 组合键，打开云盘中的"Ch05 > 素材 > 绘制科技航天插画 > 02"文件。选择"选择"工具 ，选取需要的图形，按 Ctrl+C 组合键，复制图形。选择正在编辑的页面，按 Ctrl+V 组合键，将其粘贴到页面中，并拖曳复制的图形到适当的位置，效果如图 5-218 所示。科技航天插画绘制完成，效果如图 5-219 所示。

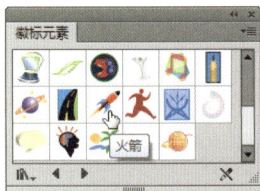

| 图 5-216 | 图 5-217 | 图 5-218 | 图 5-219 |

5.7.2 "符号"面板

"符号"面板具有创建、编辑和存储符号的功能。单击面板右上方的 图标，弹出其下拉菜单，如图 5-220 所示。

在"符号"面板下边有以下 6 个按钮。

符号库菜单按钮 ：包括多种符合库，可以选择调用。

置入符号实例按钮 ：用于将当前选中的一个符号范例放置在页面的中心。

断开符号链接按钮 ：用于将添加到插图中的符号范例与"符号"面板断开链接。

符号选项按钮 ：用于打开"符号选项"对话框，并进行设置。

新建符号按钮 ：用于将选中的要定义为符号的对象添加到"符号"面板中作为符号。

删除符号按钮 ：用于删除"符号"面板中被选中的符号。

图 5-220

5.7.3 创建和应用符号

1. 创建符号

单击"新建符号"按钮 可以将选中的要定义为符号的对象添加到"符号"面板中作为符号。

将选中的对象直接拖曳到"符号"面板中，弹出"符号选项"对话框，单击"确定"按钮，可以创建符号，如图 5-221 所示。

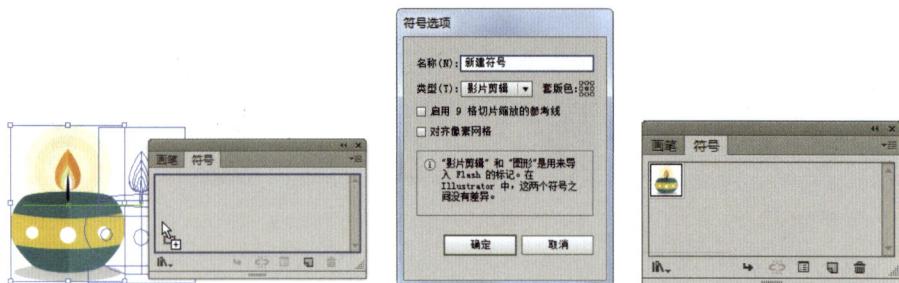

图 5-221

2. 应用符号

在"符号"面板中选中需要的符号，直接将其拖曳到当前插图中，得到一个符号范例，如图 5-222 所示。

图 5-222

选择"符号喷枪"工具可以同时创建多个符号范例，并且可以将它们作为一个符号集合。

5.7.4 使用符号工具

Illustrator 工具箱的符号工具组中提供了 8 个符号工具，展开的符号工具组如图 5-223 所示。

"符号喷枪"工具：用于创建符号集合，可以将"符号"面板中的符号对象应用到插图中。

"符号移位器"工具：用于移动符号范例。

"符号紧缩器"工具：用于对符号范例进行缩紧变形。

"符号缩放器"工具：用于对符号范例进行放大操作。按住 Alt 键，可以对符号范例进行缩小操作。

"符号旋转器"工具：用于对符号范例进行旋转操作。

"符号着色器"工具：使用当前颜色为符号范例填色。

"符号滤色器"工具：用于增加符号范例的透明度。按住 Alt 键，可以减小符号范例的透明度。

"符号样式器"工具：用于将当前样式应用到符号范例中。

用户还可以设置符号工具的属性，双击任意一个符号工具将弹出"符号工具选项"对话框，如图 5-224 所示。

图 5-223

图 5-224

"直径"选项：用于设置笔刷直径的数值。这时的笔刷指的是选取符号工具后，鼠标指针的形状。

"强度"选项：用于设定拖曳鼠标时，符号范例随鼠标变化的速度，数值越大，被操作的符号范例变化得越快。

"符号组密度"选项：用于设定符号集合中包含符号范例的密度，数值越大，符号集合所包含的符号范例数目就越多。

"显示画笔大小和强度"复选框：勾选该复选框，在使用符号工具时可以看到笔刷；不勾选该复选框则隐藏笔刷。

使用符号工具应用符号的具体操作如下。

选择"符号喷枪"工具 ，鼠标指针将变成一个中间有喷壶的圆形，如图 5-225 所示。在"符号"面板中选取一种需要的符号对象，如图 5-226 所示。

在页面上按住鼠标左键不放并拖曳鼠标，符号喷枪工具将沿着鼠标拖曳的轨迹喷射出多个符号范例，这些符号范例将组成一个符号集合，如图 5-227 所示。

图 5-225　　　　　　　图 5-226　　　　　　　图 5-227

使用"选择"工具 选中符号集合，再选择"符号移位器"工具 ，将鼠标指针移到要移动的符号范例上，按住鼠标左键不放并拖曳鼠标，在鼠标指针范围内的符号范例随着鼠标移动，如图 5-228 所示。

使用"选择"工具 选中符号集合，选择"符号紧缩器"工具 ，将鼠标指针移到要使用符号紧缩器工具的符号范例上，按住鼠标左键不放并拖曳鼠标，符号范例被紧缩，如图 5-229 所示。

使用"选择"工具 选中符号集合，选择"符号缩放器"工具 ，将鼠标指针移到要调整的符号范例上，按住鼠标左键不放并拖曳鼠标，在鼠标指针范围内的符号范例变大，如图 5-230 所示。按住 Alt 键，则可缩小符号范例。

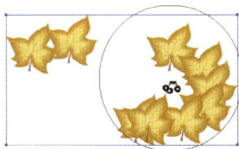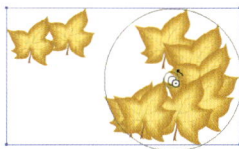

图 5-228　　　　　　　图 5-229　　　　　　　图 5-230

使用"选择"工具 选中符号集合，选择"符号旋转器"工具 ，将鼠标指针移到要旋转的符号范例上，按住鼠标左键不放并拖曳鼠标，在鼠标指针范围内的符号范例发生了旋转，如图 5-231 所示。

在"色板"面板或"颜色"面板中设定一种颜色作为当前色，使用"选择"工具 选中符号集合，选择"符号着色器"工具 ，将鼠标指针移到要填充颜色的符号范例上，按住鼠标左键不放并拖曳鼠标，在鼠标指针范围内的符号范例被填充上当前色，如图 5-232 所示。

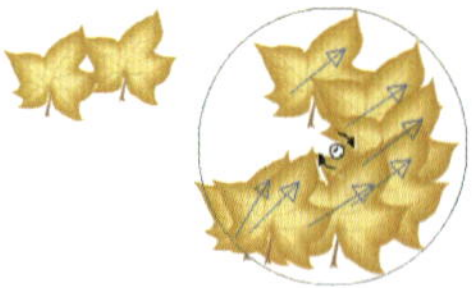

图 5-231

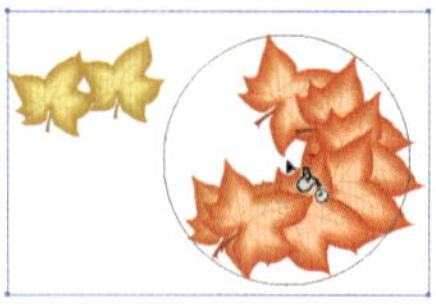

图 5-232

使用"选择"工具 🔺 选中符号集合，选择"符号滤色器"工具 ⊙，将鼠标指针移到要改变透明度的符号范例上，按住鼠标左键不放并拖曳鼠标，在鼠标指针范围内的符号范例的透明度被增大，如图 5-233 所示。如果同时按住 Alt 键，可以减小符号范例的透明度。

使用"选择"工具 🔺 选中符号集合，选择"符号样式器"工具 ⊙，在"图形样式"面板中选中一种样式，将鼠标指针移到要改变样式的符号范例上，按住鼠标左键不放并拖曳鼠标，在鼠标指针中的符号范例被改变样式，如图 5-234 所示。

使用"选择"工具 🔺 选中符号集合，选择"符号喷枪"工具 📷，按住 Alt 键，在要删除的符号范例上按住鼠标左键不放并拖曳鼠标，鼠标指针经过的区域中的符号范例被删除，如图 5-235 所示。

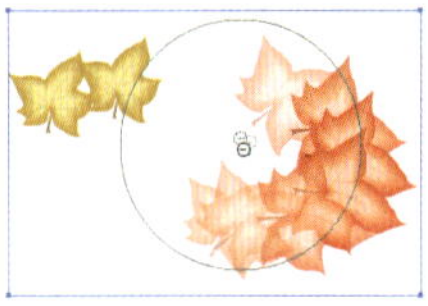

图 5-233

图 5-234

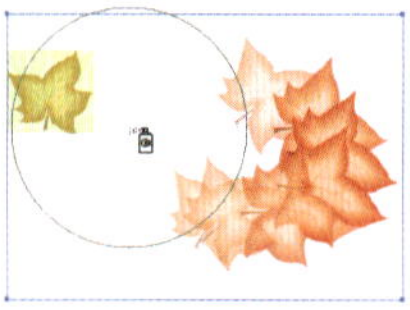

图 5-235

5.8 课堂练习——制作金融理财 App 弹窗

🔗 练习知识要点

使用"矩形"工具、"椭圆"工具、"变换"命令、"路径查找器"命令和"渐变"工具制作红包袋；使用"圆角矩形"工具、"渐变"工具和"文字"工具绘制领取按钮。效果如图 5-236 所示。

微课

制作金融理财 App
弹窗

图 5-236

📷 **素材所在位置**

Ch05\ 素材 \ 制作金融理财 App 弹窗 \01、02。

◎ **效果所在位置**

Ch05\ 效果 \ 制作金融理财 App 弹窗 .ai。

5.9 课后习题——制作化妆品 Banner

🔗 **习题知识要点**

使用"矩形"工具、"直接选择"工具和"填充"工具绘制背景；使用"投影"命令为边框添加投影效果；使用"钢笔"工具、"渐变"工具、"创建渐变网格"命令、"矩形"工具和"圆角矩形"工具绘制香水瓶。效果如图 5-237 所示。

微课

制作化妆品
Banner

图 5-237

📷 **素材所在位置**

Ch05\ 素材 \ 制作化妆品 Banner\01。

◎ **效果所在位置**

Ch05\ 效果 \ 制作化妆品 Banner.ai。

06

第 6 章
文本的编辑

本章介绍

　　Illustrator CS6 提供了强大的文本编辑和图文混排功能，对文本对象和一般图形对象一样可以进行各种变换和编辑。通过本章的学习，学生可以应用各种外观和样式属性，制作出绚丽多彩的文本效果。

学习目标

- ✔ 掌握不同类型文字的输入方法。
- ✔ 熟练掌握字符格式的设置属性。
- ✔ 熟练掌握段落格式的设置属性。
- ✔ 掌握如何将文字转换为图形。
- ✔ 了解分栏和链接文本的技巧。
- ✔ 掌握图文混排的设置。

技能目标

- ✔ 掌握电商广告的制作方法。
- ✔ 掌握陶艺展览海报的制作方法。

素养目标

- ✳ 夯实学生的文字功底。
- ✳ 培养学生细致的工作作风。

6.1 创建文本

当准备创建文本时，单击"文字"工具[T]并按住鼠标左键不放，弹出文字展开式工具栏，单击工具栏后面的按钮，可使文字的展开式工具栏从工具箱中分离出来，如图 6-1 所示。

在工具栏中共有 6 种文字工具，使用它们可以输入各种类型的文字，以满足不同的文字处理需要。6 种文字工具依次为"文字"工具[T]、"区域文字"工具[T]、"路径文字"工具[√]、"直排文字"工具[IT]、"直排区域文字"工具[III]、"直排路径文字"工具[√]。

文字可以直接输入，也可通过选择"文件 > 置入"命令从外部置入。单击各个文字工具，会显示文字工具对应的光标，如图 6-2 所示。从当前文字工具的光标样式可以知道创建文字对象的样式。

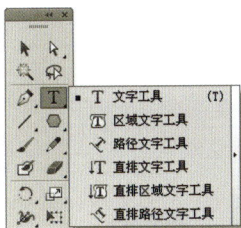

图 6-1   图 6-2

6.1.1 文本工具的使用

利用"文字"工具[T]和"直排文字"工具[IT]可以直接输入沿水平方向和直排方向排列的文本。

1. 输入点文本

选择"文字"工具[T]或"直排文字"工具[IT]，在绘图页面中单击，出现插入文本光标，如图 6-3 所示。换到需要的输入法并输入文本，如图 6-4 所示。

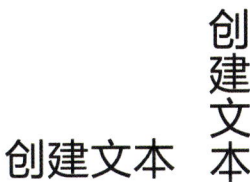

图 6-3   图 6-4

> **提示**
>
> 当输入文字需要换行时，按 Enter 键开始新的一行。

结束文字的输入后，单击"选择"工具[▶]即可选中所输入的文字，这时文字周围将出现一个选择框，文本上的细线是文字基线的位置，效果如图 6-5 所示。

2. 输入文本块

使用"文字"工具[T]或"直排文字"工具[IT]可以绘制一个文本框，然后在文本框中输入文字。

选择"文字"工具[T]或"直排文字"工具[IT]，在页面中需要输入文字的位置单击并按住鼠标左键拖曳，如图 6-6 所示。当绘制的文本框大小符合需要时，释放鼠标，页面上会出现一个蓝色边框的矩形文本框，矩形文本框左上角会出现插入光标，如图 6-7 所示。

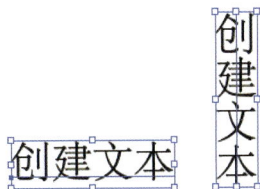

图 6-5

可以在矩形文本框中输入文字，输入的文字将在指定的区域内排列，如图6-8所示。当输入的文字到矩形文本框的边界时，文字将自动换行，文本块的效果如图6-9所示。

 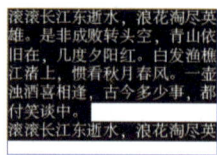 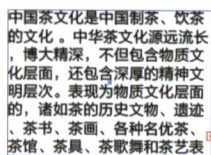

图6-6　　　　　　图6-7　　　　　　图6-8　　　　　　图6-9

6.1.2　区域文本工具的使用

在Illustrator CS6中，还可以创建任意形状的文本对象。

绘制一个填充颜色的图形对象，如图6-10所示。选择"文字"工具 T 或"区域文字"工具 T，当鼠标指针移动到图形对象的边框上时，将变成" T "形状，如图6-11所示，在图形对象上单击，图形对象的填充和描边填充属性被取消，图形对象转换为文本路径，并且在图形对象内出现一个闪烁的插入光标，如图6-12所示。

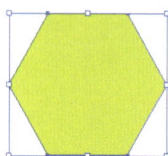 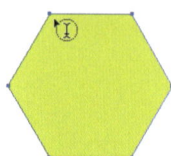 

图6-10　　　　　　图6-11　　　　　　图6-12

在插入光标处输入文字，输入的文本会按水平方向在该对象内排列。如果输入的文字超出了文本路径所能容纳的范围，将出现文本溢出的现象，这时文本路径的右下角会出现一个红色" ⊞ "号标志的小正方形，效果如图6-13所示。

使用"选择"工具 ▶ 选中文本路径，拖曳文本路径周围的控制点来调整文本路径的大小，可以显示所有的文字，效果如图6-14所示。

使用"直排文字"工具 IT 或"直排区域文字"工具 IT 与使用"文字"工具 T 的方法是一样的，但使用"直排文字"工具 IT 或"直排区域文字"工具 IT 在文本路径中创建的是竖排文字，如图6-15所示。

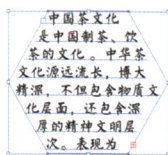  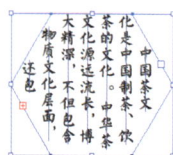

图6-13　　　　　　图6-14　　　　　　图6-15

6.1.3　路径文本工具的使用

使用"路径文字"工具 ～ 和"直排路径文字"工具 ⇘，可以在创建文本时，让文本沿着一个开放或闭合路径的边缘进行水平或垂直方向的排列，路径可以是规则或不规则的。如果使用这两种工具，原来的路径将不再具有填充或描边填充的属性。

1.创建路径文本

（1）沿路径创建水平方向文本

使用"钢笔"工具 ✎，在页面上绘制一个任意形状的开放路径，如图6-16所示。使用"路径文字"工具 ，在绘制好的路径上单击，路径将转换为文本路径，文本插入点将位于文本路径的左侧，如图 6-17 所示。

在光标处输入所需要的文字，文字将会沿着路径排列，文字的基线与路径是平行的，效果如图 6-18 所示。

图 6-16   图 6-17   图 6-18

（2）沿路径创建垂直方向文本

使用"钢笔"工具 ，在页面上绘制一个任意形状的开放路径，使用"直排路径文字"工具 在绘制好的路径上单击，路径将转换为文本路径，文本插入点将位于文本路径的左侧，如图 6-19 所示。在光标处输入所需要的文字，文字将会沿着路径排列，文字的基线与路径是直排的，效果如图 6-20 所示。

图 6-19   图 6-20

2．编辑路径文本

如果对创建的路径文本不满意，可以对其进行编辑。

选择"选择"工具 或"直接选择"工具 ，选取要编辑的路径文本。这时在文本开始处会出现一个"I"形的符号，如图 6-21 所示。

拖曳文字左侧的"I"形符号，可沿路径移动文本，效果如图 6-22 所示。还可以按住"I"形的符号向路径相反的方向拖曳，文本会翻转方向，效果如图 6-23 所示。

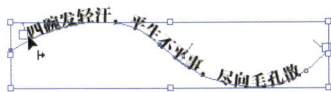 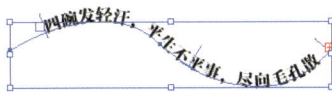 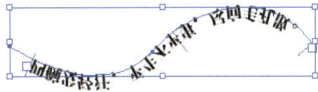

图 6-21   图 6-22   图 6-23

6.2　编辑文本

6.2.1　课堂案例——制作电商广告

案例学习目标

学习使用"文字"工具和"创建轮廓"命令制作电商广告。

案例知识要点

使用"文字"工具输入文字；使用"创建轮廓"命令调整文字基线偏移；使用"椭圆"工具、"矩形"工具、"添加锚点"工具和"直接选择"工具绘制装饰图形。电商广告效果如图 6-24 所示。

图 6-24

微课

制作电商广告

素材所在位置

Ch06\ 素材 \ 制作电商广告 \01~02。

效果所在位置

Ch06\ 效果 \ 制作电商广告 .ai。

（1）按 Ctrl+N 组合键，弹出"新建文档"对话框，设置文档的宽度为 1920 px，高度为 850 px，取向为横向，颜色模式为 RGB，栅格效果为屏幕（72 ppi），单击"确定"按钮，新建一个文档。

（2）选择"矩形"工具，绘制一个与页面大小相等的矩形，设置填充色为桔黄色（其 R、G、B 的值分别为 255、195、81），填充图形，并设置描边色为无，效果如图 6-25 所示。使用"矩形"工具，在右侧再绘制一个矩形，设置填充色为蓝色（其 R、G、B 的值分别为 74、181、255），填充图形，并设置描边色为无，效果如图 6-26 所示。

图 6-25

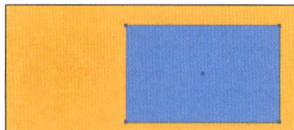

图 6-26

（3）在属性栏中将"不透明度"选项设为 90%，按 Enter 键确定操作，效果如图 6-27 所示。选择"钢笔"工具，在适当的位置绘制一个不规则图形，设置填充色为天蓝色（其 R、G、B 的值分别为 74、181、255），并设置描边色为无，如图 6-28 所示。

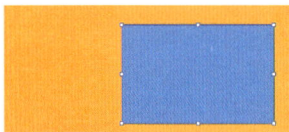

图 6-27

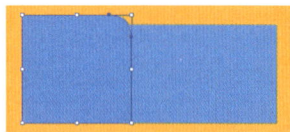

图 6-28

（4）选择"文件 > 置入"命令，弹出"置入"对话框，选择云盘中的"Ch06 > 素材 > 制作电商广告 > 01"文件，单击"置入"按钮，在页面中单击置入图片，单击属性栏中的"嵌入"按钮，嵌入图片。选择"选择"工具，拖曳图片到适当的位置，并调整其大小，效果如图 6-29 所示。按 Ctrl+ [组合键，将图片后移一层，效果如图 6-30 所示。

图 6-29

图 6-30

（5）选择"选择"工具▶，按住 Shift 键的同时，单击上方蓝色圆角矩形将其同时选取，如图 6-31 所示。按 Ctrl+7 组合键，建立剪切蒙版，效果如图 6-32 所示。

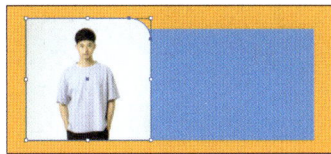

图 6-31　　　　　　　　　　　　　　　图 6-32

（6）选择"文字"工具T，在适当的位置输入需要的文字，选择"选择"工具▶，在属性栏中选择合适的字体并设置文字大小，填充文字为白色，效果如图 6-33 所示。

（7）按 Ctrl+T 组合键，弹出"字符"面板，将"设置所选字符的字距调整"选项VA设为 200，其他选项的设置如图 6-34 所示。按 Enter 键确定操作，效果如图 6-35 所示。

图 6-33　　　　　　　　　　　　　　　图 6-34　　　　　　　　　　　　　　　图 6-35

（8）选中文本，选择"文字 > 创建轮廓"命令，创建文本轮廓，如图 6-36 所示。选择"直接选择"工具▷，用框选的方法将需要的文字同时选取，垂直向下拖曳文字到适当的位置，如图 6-37 所示。松开鼠标，调整文字的基线偏移，效果如图 6-38 所示。

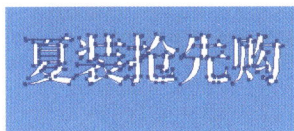

图 6-36　　　　　　　　　　　　　　　图 6-37　　　　　　　　　　　　　　　图 6-38

（9）用相同的方法调整文字"先"，效果如图 6-39 所示。选择"椭圆"工具●，按住 Shift 键的同时，在适当的位置绘制一个圆形，设置填充色为桔黄色（其 R、G、B 的值分别为 255、195、81），填充图形，并设置描边色为无，效果如图 6-40 所示。连续按 Ctrl+ [组合键，将圆形后移至适当的位置，效果如图 6-41 所示。

图 6-39　　　　　　　　　　　　　　　图 6-40　　　　　　　　　　　　　　　图 6-41

（10）选择"文字"工具T，在适当的位置分别输入需要的文字，选择"选择"工具▶，在属性栏中分别选择合适的字体并设置文字大小，填充文字为白色，效果如图 6-42 所示。

（11）选取文字"活动时间：06101—06108"，在"字符"面板中，将"设置所选字符的字距调整"选项VA设为 100，其他选项的设置如图 6-43 所示。按 Enter 键确定操作，效果如图 6-44 所示。

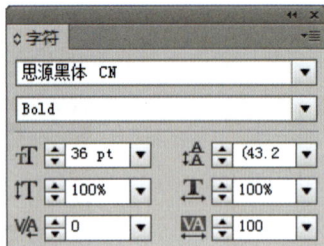

图 6-42　　　　　　　　　　图 6-43　　　　　　　　　　图 6-44

（12）选取需要的文字，设置填充色为海蓝色（其 R、G、B 的值分别为 43、77、161），填充文字，效果如图 6-45 所示。选择"选择"工具 ，按住 Shift 键的同时，单击下方白色文字将其同时选取，在"字符"面板中，将"设置所选字符的字距调整"选项 设为 200，其他选项的设置如图 6-46 所示。按 Enter 键确定操作，效果如图 6-47 所示。

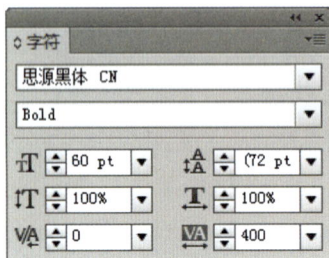

图 6-45　　　　　　　　　　图 6-46　　　　　　　　　　图 6-47

（13）选取文字"夏季换新穿搭"潮"我看"，在"字符"面板中，将"设置所选字符的字距调整"选项 设为 400，其他选项的设置如图 6-48 所示。按 Enter 键确定操作，效果如图 6-49 所示。

图 6-48　　　　　　　　　　　　　　　　图 6-49

（14）选择"矩形"工具 ，在适当的位置绘制一个矩形，设置填充色为海蓝色（其 R、G、B 的值分别为 43、77、161），填充图形，并设置描边色为无，效果如图 6-50 所示。连续按 Ctrl+ [组合键，将矩形后移至适当的位置，效果如图 6-51 所示。

图 6-50　　　　　　　　　　　　图 6-51

（15）使用"矩形"工具 ，在下方适当的位置再绘制一个矩形，按 Shift+X 组合键，互换填色和描边，效果如图 6-52 所示。在属性栏中将"描边粗细"选项设为 3 pt，按 Enter 键确定操作，效果如图 6-53 所示。

图 6-52

图 6-53

（16）按 Ctrl+O 组合键，打开云盘中的"Ch06 > 素材 > 制作电商广告 > 02"文件，选择"选择"工具 ，选取需要的图形，按 Ctrl+C 组合键，复制图形。选择正在编辑的页面，按 Ctrl+V 组合键，将其粘贴到页面中，并拖曳复制的图形到适当的位置，效果如图 6-54 所示。电商广告制作完成，效果如图 6-55 所示。

图 6-54   图 6-55

6.2.2　编辑文本块

通过"选择"工具和菜单命令可以改变文本框的形状以编辑文本。

使用"选择"工具 单击文本，可以选中文本对象。完全选中的文本块包括内部文字与文本框。文本块被选中的时候，文字中的基线就会显示出来，如图 6-56 所示。

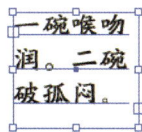
图 6-56

> **知识链接**
>
> 编辑文本之前，必须先选中文本。

当文本对象完全被选中后，将其拖曳可以移动其位置。选择"对象 > 变换 > 移动"命令，弹出"移动"对话框，可以通过设置数值来精确移动文本对象。

选择"选择"工具 ，单击文本框上的控制点并按住鼠标左键不放拖曳鼠标，可以改变文本框的大小，如图 6-57 所示，释放鼠标，效果如图 6-58 所示。

使用"比例缩放"工具 可以对选中的文本对象进行缩放，如图 6-59 所示。选择"对象 > 变换 > 缩放"命令，弹出"比例缩放"对话框，可以通过设置数值来精确缩放文本对象，效果如图 6-60 所示。

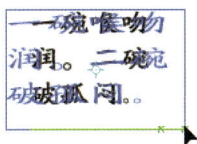   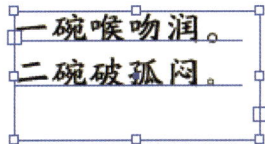   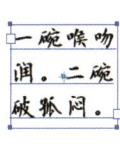

图 6-57   图 6-58   图 6-59   图 6-60

编辑部分文字时，先选择"文字"工具 ，将鼠标指针移动到文本上，单击插入光标并按住鼠标左键拖曳，即可选中部分文本。选中的文本将反白显示，效果如图 6-61 所示。

使用"选择"工具 ▶ 在文本区域内双击，进入文本编辑状态。在文本编辑状态下，双击一句话即可选中这句话。按 Ctrl+A 组合键，可以选中整个段落，如图 6-62 所示。

选择"对象 > 路径 > 清理"命令，弹出"清理"对话框，如图 6-63 所示，勾选"空文本路径"复选框可以删除空的文本路径。

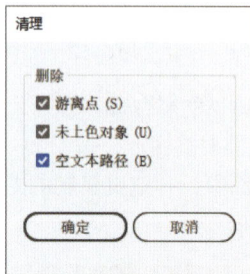

图 6-61　　　　　　　　图 6-62　　　　　　　　图 6-63

> **知识链接**
>
> 在其他的软件中复制文本，再在 Illustrator CS6 中选择"编辑 > 粘贴"命令，可以将其他软件中的文本复制到 Illustrator CS6 中。

6.2.3　创建文本轮廓

选中文本，选择"文字 > 创建轮廓"命令（组合键为 Shift +Ctrl+ O），创建文本轮廓，如图 6-64 所示。将文本转换为轮廓后，可以对文本进行渐变填充，效果如图 6-65 所示，还可以对文本应用效果，如图 6-66 所示。

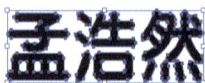

图 6-64　　　　　　　　图 6-65　　　　　　　　图 6-66

文本被转换为轮廓后，将不再具有文本的一些属性，这就需要在文本转换成轮廓之前先按需要调整文本的字体大小。而且将文本转换为轮廓时，会把文本块中的文本全部转换为路径。不能在一行文本内转换单个文字，要想转换一个单独的文字为轮廓，可以创建只包括该字的文本，然后再进行转换。

6.3　设置字符格式

在 Illustrator CS6 中，可以设定字符的格式。这些格式包括文字的字体、字号、颜色、字符间距等。

选择"窗口 > 文字 > 字符"命令（组合键为 Ctrl+T），弹出"字符"面板，如图 6-67 所示。

字体选项：单击选项文本框右侧的 ▼ 按钮，可以从弹出的下拉列表中选择一种需要的字体。

"设置字体大小"选项 T：用于控制文本的大小，单击数值框左侧的上、下微调按钮 ⬍，可以逐级调整字号大小的数值。

"设置行距"选项 🔠：用于控制文本的行距，定义文本中行与行之间的距离。

"水平缩放"选项 🔲：用于使文字的纵向大小保持不变，横向被缩放，缩放比例小于 100% 表示文字被压扁，大于 100% 表示文字被拉伸。

"垂直缩放"选项 🔲：用于使文字尺寸横向保持不变，纵向被缩放，缩放比例小于 100% 表示文字被压扁，大于 100% 表示文字被拉长。

"设置两个字符间的字距微调"选项 🔲：用于调整字符之间的水平间距。输入正值时，字距变大，输入负值时，字距变小。

"设置所选字符的字距调整"选项 🔲：用于细微地调整字符与字符之间的距离。

图 6-67

"设置基线偏移"选项 🔲：用于调节文字的上下位置。可以通过该设置为文字制作上标或下标。正值时表示文字上移，负值时表示文字下移。

6.3.1 课堂案例——制作陶艺展览海报

案例学习目标

学习使用"文字"工具和"字符"面板制作陶艺展览海报。

案例知识要点

使用"置入"命令导入陶瓷图片；使用"文字"工具、"字符"面板添加展览信息；使用"字形"面板添加字形符号。陶艺展览海报效果如图 6-68 所示。

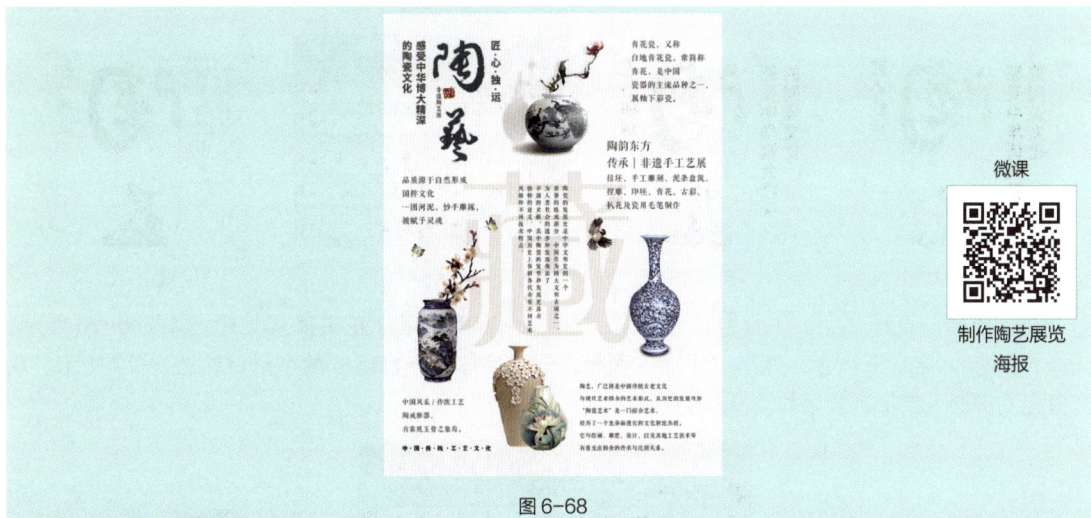

图 6-68

微课

制作陶艺展览
海报

素材所在位置

Ch06\ 素材 \ 制作陶艺展览海报 \01~07。

效果所在位置

Ch06\ 效果 \ 制作陶艺展览海报 .ai。

（1）按 Ctrl+N 组合键，弹出"新建文档"对话框，设置文档的宽度为 210 mm，高度为 285 mm，取向为竖向，颜色模式为 CMYK，栅格效果为屏幕（300 ppi），单击"确定"按钮，新建一个文档。

（2）选择"矩形"工具 ▣，绘制一个与页面大小相等的矩形，设置填充色为浅灰色（其 C、M、Y、K 的值分别为 6、5、5、0），填充图形，并设置描边色为无，效果如图 6-69 所示。

（3）选择"直排文字"工具 ⅠT，在页面中输入需要的文字。选择"选择"工具 ▶，在属性栏中选择合适的字体并设置文字大小，效果如图 6-70 所示。设置填充色为蓝绿色（其 C、M、Y、K 的值分别为 85、62、61、17），填充文字，效果如图 6-71 所示。

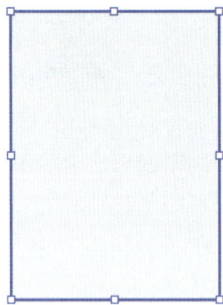

图 6-69　　　　　　图 6-70　　　　　　图 6-71

（4）选择"直排文字"工具 ⅠT，在适当的位置分别输入需要的文字。选择"选择"工具 ▶，在属性栏中分别选择合适的字体并设置文字大小，效果如图 6-72 所示。按住 Shift 键的同时，将输入的文字同时选取，设置填充色为深灰色（其 C、M、Y、K 的值分别为 0、0、0、80），填充文字，效果如图 6-73 所示。

（5）按 Ctrl+T 组合键，弹出"字符"面板，将"设置所选字符的字距调整"选项 ⅤA 设为 50，其他选项的设置如图 6-74 所示。按 Enter 键确定操作，效果如图 6-75 所示。

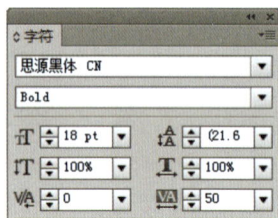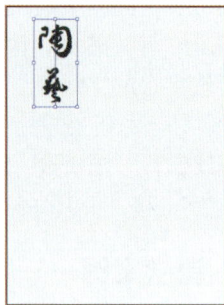

图 6-72　　　　　　图 6-73　　　　　　图 6-74　　　　　　图 6-75

（6）选择"直排文字"工具 ⅠT，在文字"匠"下方单击鼠标左键插入光标，如图 6-76 所示。选择"文字 > 字形"命令，弹出"字形"面板，设置字体并选择需要的字形，如图 6-77 所示。双击鼠标左键插入字形，效果如图 6-78 所示。

图 6-76　　　　　　图 6-77　　　　　　图 6-78

（7）用相同的方法在其他文字处插入相同的字形，效果如图 6-79 所示。选择"文件 > 置入"命令，弹出"置入"对话框，选择云盘中的"Ch06 > 素材 > 制作陶艺展览海报 > 01"文件，单击"置入"按钮，在页面中单击置入图片。单击属性栏中的"嵌入"按钮，嵌入图片。选择"选择"工

具 🔳，拖曳图片到适当的位置，并调整其大小，效果如图 6-80 所示。

（8）选择"直排文字"工具 🔳，在适当的位置输入需要的文字。选择"选择"工具 🔳，在属性栏中选择合适的字体并设置文字大小，设置填充色为深灰色（其 C、M、Y、K 的值分别为 0、0、0、80），填充文字，效果如图 6-81 所示。

（9）在"字符"面板中，将"设置所选字符的字距调整"选项 🔳 设为 120，其他选项的设置如图 6-82 所示。按 Enter 键确定操作，效果如图 6-83 所示。

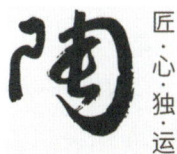 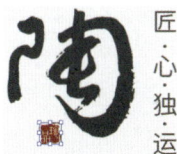 

图 6-79　　　　图 6-80　　　　图 6-81　　　　图 6-82　　　　图 6-83

（10）选择"文件 > 置入"命令，弹出"置入"对话框，选择云盘中的"Ch06 > 素材 > 制作陶艺展览海报 > 02"文件，单击"置入"按钮，在页面中单击置入图片。单击属性栏中的"嵌入"按钮，嵌入图片。选择"选择"工具 🔳，拖曳图片到适当的位置，并调整其大小，效果如图 6-84 所示。

（11）选择"文字"工具 🔳，在适当的位置输入需要的文字。选择"选择"工具 🔳，在属性栏中选择合适的字体并设置文字大小。设置填充色为深灰色（其 C、M、Y、K 的值分别为 0、0、0、80），填充文字，效果如图 6-85 所示。

图 6-84　　　　　　　　　　　图 6-85

（12）在"字符"面板中，将"设置所选字符的字距调整"选项 🔳 设为 50，其他选项的设置如图 6-86 所示。按 Enter 键确定操作，效果如图 6-87 所示。

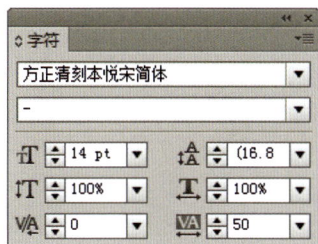

图 6-86　　　　　　　　　　　图 6-87

（13）用相同的方法置入其他图片并添加相应的文字，效果如图 6-88 所示。选择"文字"工具 🔳，在适当的位置输入需要的文字。选择"选择"工具 🔳，在属性栏中选择合适的字体并设置文字大小。设置填充色为浅棕色（其 C、M、Y、K 的值分别为 11、11、12、0），填充文字，效果如图 6-89 所示。

（14）在属性栏中将"不透明度"选项设为 70%，按 Enter 键确定操作，效果如图 6-90 所示。连续按 Ctrl+ [组合键，将文字后移至适当的位置，效果如图 6-91 所示。

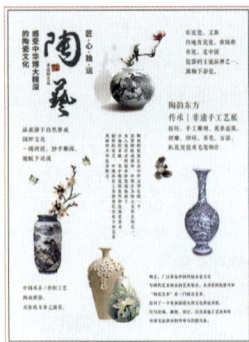 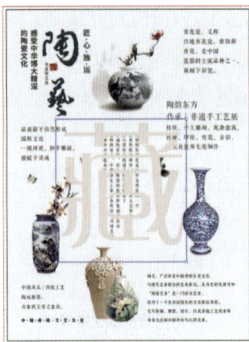 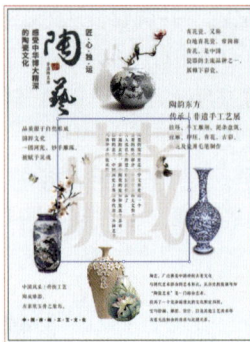 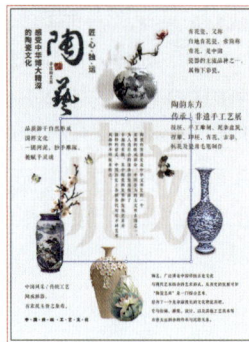

图 6-88 　　　　　　　 图 6-89 　　　　　　　 图 6-90 　　　　　　　 图 6-91

（15）选择"文字"工具 T，在适当的位置输入需要的文字，选择"选择"工具 ，在属性栏中选择合适的字体并设置文字大小。设置填充色为深灰色（其 C、M、Y、K 的值分别为 0、0、0、80），填充文字，效果如图 6-92 所示。选择"文字"工具 T，在文字"中"右侧单击鼠标左键插入光标，如图 6-93 所示。

（16）选择"文字 > 字形"命令，弹出"字形"面板，设置字体并选择需要的字形，如图 6-94 所示，双击鼠标左键插入字形，效果如图 6-95 所示。

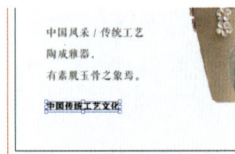 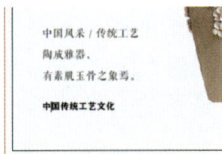  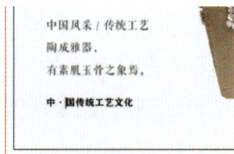

图 6-92 　　　　　　　 图 6-93 　　　　　　　 图 6-94 　　　　　　　 图 6-95

（17）用相同的方法在其他文字处插入相同的字形，效果如图 6-96 所示。陶艺展览海报制作完成，效果如图 6-97 所示。

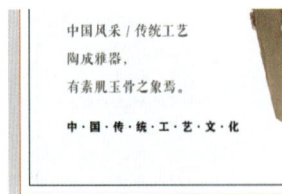

图 6-96

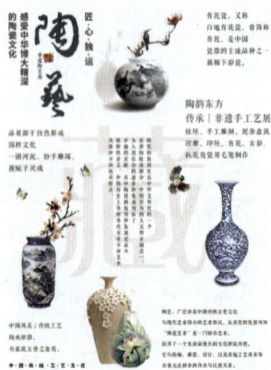

图 6-97

6.3.2　设置字体和字号

选择"字符"面板，在"字体"选项的下拉列表中选择一种字体即可将该字体应用到选中的文字中，各种字体的效果如图 6-98 所示。

Illustrator

文鼎齿轮体

Illustrator

文鼎弹簧体

Illustrator

文鼎花瓣体

Illustrator

Arial

Illustrator

Arial Black

Illustrator

ITC Garamon

图 6-98

Illustrator CS6 提供的每种字体都有一定的字形，如常规、加粗、斜体等，字体的具体选项因字而定。

> **知识链接**
>
> 默认字体单位为 pt，72 pt 相当于 1 英寸（1 英寸 =2.54 厘米）。默认状态下字号为 12 pt，可调整的范围为 0.1 ~ 1296。

设置字体的具体操作如下。

选中部分文本，如图 6-99 所示。选择"窗口 > 文字 > 字符"命令，弹出"字符"面板，从"字体"选项的下拉列表中选择一种字体，如图 6-100 所示。或选择"文字 > 字体"命令，在列出的字体中进行选择，更改文本字体后的效果如图 6-101 所示。

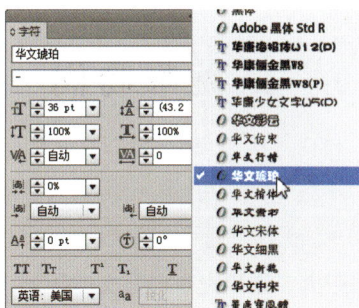

图 6-99   图 6-100   图 6-101

选中文本，如图 6-102 所示。单击"字体大小"选项数值框 后的 ▼ 按钮，在弹出的下拉列表中可以选择合适的字体大小。也可以通过数值框左侧的上、下微调按钮 来调整字号大小。文本字号分别为 20 pt 和 15 pt 时的效果如图 6-103 所示。

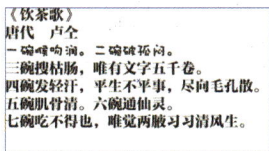

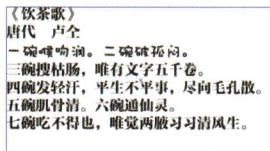

图 6-102   图 6-103

6.3.3　调整字距

当需要调整文字或字符之间的距离时，可使用"字符"面板中的两个选项，即"设置两个字符间的字距微调"选项 和"设置所选字符的字距调整"选项 。"设置两个字符间的字距微调"选项 用于控制两个文字或字母之间的距离，"设置所选字符的字距调整"选项 用于使两个或更多个被选择的文字或字母之间保持相同的距离。

选中要设定字距的文字，在"字符"面板中的"设置两个字符间的字距微调"选项 的下拉列表中选择"自动"选项，这时程序就会以最合适的参数值设置选中文字的距离。

> 知识链接
>
> 在"设置两个字符间的字距微调"选项的数值框中键入 0 时，将关闭自动调整文字距离的功能。

"设置两个字符间的字距微调"选项 只有在两个文字或字符之间插入光标时才能进行设置。将光标插入到需要调整间距的两个文字或字符之间，如图 6-104 所示。在"设置两个字符间的字距微调"选项 的数值框中输入所需要的数值，就可以调整两个文字或字符之间的距离。设置数值为 300，按 Enter 键确认，字距效果如图 6-105 所示；设置数值为 −300，按 Enter 键确认，字距效果如图 6-106 所示。

一碗喉吻润　　一碗喉 吻润　　一碗喉吻润

图 6-104 　　　　　　　图 6-105 　　　　　　图 6-106

"设置所选字符的字距调整"选项 用于同时调整多个文字或字符之间的距离。选中整个文本对象，如图 6-107 所示，在"设置所选字符的字距调整"选项 的数值框中输入所需要的数值，可以调整文本字符间的距离。设置数值为 200，按 Enter 键确认，字距效果如图 6-108 所示；设置数值为 −200，按 Enter 键确认，字距效果如图 6-109 所示。

一碗喉吻润　　　一 碗 喉 吻 润　　　碗喉吻润

图 6-107 　　　　　　　图 6-108 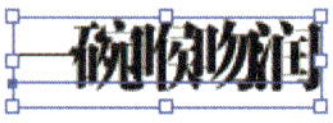　　　　　　　图 6-109

6.3.4　设置行距

行距是指文本中行与行之间的距离。如果没有自定义行距值，系统将使用自动行距，这时系统将以最合适的参数设置行间距。

选中文本，如图 6-110 所示。在"字符"面板中的"行距"选项 数值框中输入所需要的数值，可以调整行与行之间的距离。设置"行距"数值为 55，按 Enter 键确认，行距效果如图 6-111 所示。

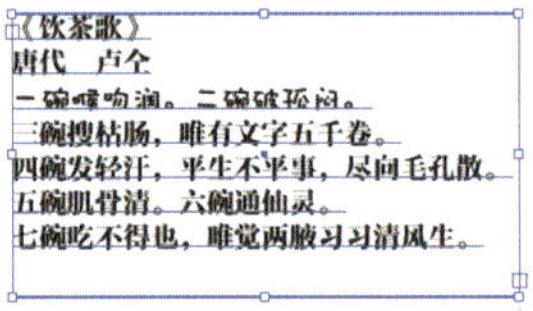

图 6-110 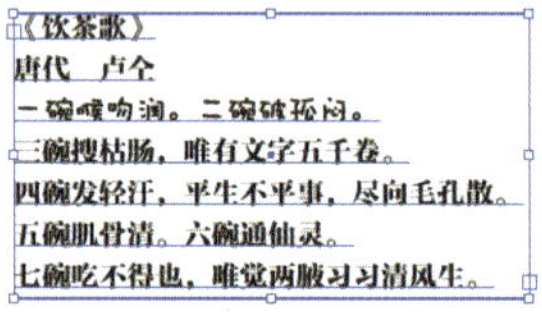　　　　　　　　　　　　图 6-111

6.3.5　水平或垂直缩放

当改变文本的字号时，它的高度和宽度将同时发生改变，而利用"垂直缩放"选项 或"水平缩放"选项 可以单独改变文本的高度和宽度。

默认状态下，对于横排的文本，"垂直缩放"选项 将保持文字的宽度不变，只改变文字的高度；"水平缩放"选项 将在保持文字高度不变的情况下，改变文字宽度；对于竖排的文本，会产生相反的效果，即"垂直缩放"选项 改变文本的宽度，"水平缩放"选项 改变文本的高度。

选中文本，如图 6-112 所示，文本为默认状态下的效果。在"垂直缩放"选项 数值框内设置数值为 150%，按 Enter 键确认，文字的垂直缩放效果如图 6-113 所示。

在"水平缩放"选项 数值框内设置数值为 130%，按 Enter 键确认，文字的水平缩放效果如

图 6-114 所示。

图 6-112 　　　　　　　图 6-113　　　　　　　　图 6-114

6.3.6　基线偏移

基线偏移就是改变文字与基线的距离，从而提高或降低被选中文字相对于其他文字的排列位置，达到突出显示的目的。使用"基线偏移"选项 A‡ 可以创建上标或下标，或者在不改变文本方向的情况下，更改路径文本在路径上的排列位置。

如果"基线偏移"选项 A‡ 在"字符"面板中是隐藏的，可以从"字符"面板的弹出式菜单中选择"显示选项"命令，如图 6-115 所示，显示出"基线偏移"选项 A‡，如图 6-116 所示。

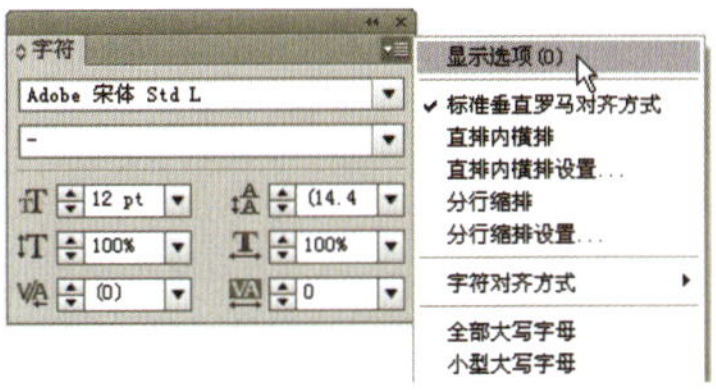

图 6-115 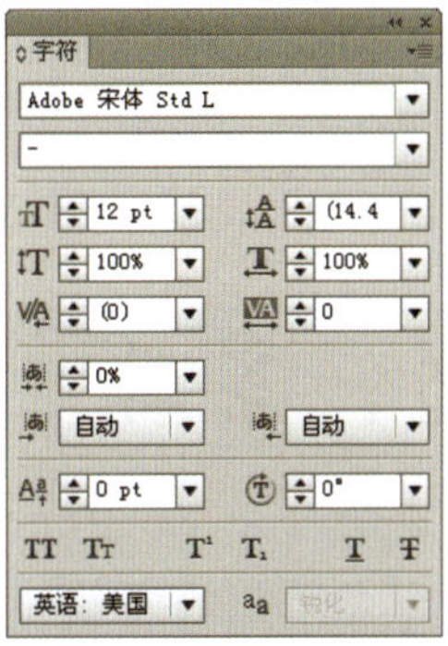　　　　　　　　　　　　　　　　　图 6-116

设置"基线偏移"选项 A‡ 可以改变文本在路径上的位置。文本在路径的外侧时选中文本，如图 6-117 所示。在"基线偏移"选项 A‡ 的数值框中设置数值为 -30，按 Enter 键确认，文本移动到路径的内侧，效果如图 6-118 所示。

图 6-117 　　　　　　　　　　　　图 6-118

通过设置"设置基线偏移"选项 A‡，还可以制作出有上标和下标显示的效果。输入需要的文字，如图 6-119 所示，将表示平方的字符"2"选中并设置较小的字号，如图 6-120 左图所示。再在"设置基线偏移"选项 A‡ 的数值框中设置数值为 12，如图 6-120 右图所示，按 Enter 键确认。设置完成的最终效果如图 6-121 所示。

$$22+52=29 \qquad 22+52=29 \quad 2^2+52=29 \qquad 2^2+5^2=29$$

图 6-119 　　　　　　　　　　图 6-120 　　　　　　　　　图 6-121

知识链接

若要取消设置基线偏移的效果，选择相应的文本后，在"设置基线偏移"选项的数值框中设置数值为 0 即可。

6.3.7　文本的颜色和变换

Illustrator CS6中的文字和图形一样，具有填充和描边属性。文字在默认设置状态下，描边颜色为无色，填充颜色为黑色。

使用工具箱中的"填色"或"描边"按钮，可以将文字设置在填充或描边状态。使用"颜色"面板可以填充或更改文本的填充颜色或描边颜色。使用"色板"面板中的颜色和图案可以为文字上色。

> **知识链接**
>
> 在对文本进行轮廓化处理前，渐变的效果不能应用到文字上。

选中文本，如图6-122所示。在工具箱中单击"填色"按钮，在"色板"面板中单击需要的颜色，如图6-123所示，文字的颜色填充效果如图6-124所示。在"色板"面板中，单击面板右上方的图标，在弹出的菜单中选择"打开色板库 > 图案 > 自然 > 自然_叶子"命令，在弹出的"自然_叶子"面板中单击需要的图案，如图6-125所示，文字的图案填充效果如图6-126所示。

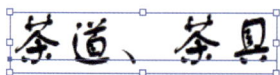

图6-122　　　　　　　　图6-123　　　　　　　　图6-124

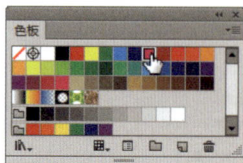

图6-125　　　　　　　　图6-126

选中文本，在工具箱中单击"描边"按钮，在弹出的"自然_叶子"面板中单击需要的图案，如图6-127所示。在"描边"面板中设置描边的宽度，如图6-128所示，文字的描边效果如图6-129所示。

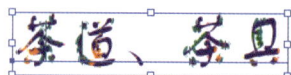

图6-127　　　　　　　　图6-128　　　　　　　　图6-129

选择"对象 > 变换"命令或"变换"工具，可以对文本进行变换。选中要变换的文本，再利用各种变换工具对文本进行旋转、对称、缩放、倾斜等变换操作。对文本使用倾斜效果如图 6-130 所示，旋转效果如图 6-131 所示，对称效果如图 6-132 所示。

图 6-130　　　　　　　　　　图 6-131　　　　　　　　　图 6-132

6.4　设置段落格式

"段落"面板提供了文本对齐、段落缩进、段落间距及制表符等设置，可用于处理较长的文本。选择"窗口 > 文字 > 段落"命令，弹出"段落"面板，如图 6-133 所示。

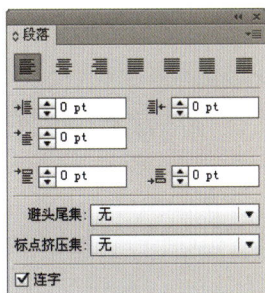

图 6-133

6.4.1　文本对齐

文本对齐是指所有的文字在段落中按一定的标准有序地排列。Illustrator CS6 提供了 7 种文本对齐的方式，分别是左对齐▤、居中对齐▤、右对齐▤、两端对齐末行左对齐▤、两端对齐末行居中对齐▤、两端对齐末行右对齐▤、全部两端对齐▤。

选中要对齐的段落文本，单击"段落"面板中的各个对齐方式按钮，应用不同对齐方式的段落文本效果如图 6-134 所示。

小种红茶是福建省特有的一种红茶，其制造方法特殊，烘干时采用松柴烘熏。
因此茶叶育松烟香味，著名的小种红茶育正山小种、外山小种和烟小种等。

左对齐　　　　　居中对齐　　　　　右对齐　　　　两端对齐末行左对齐

两端对齐末行居中对齐　　　　两端对齐末行右对齐　　　　全部两端对齐

图 6-134

6.4.2　段落缩进与间距

段落缩进是指在一个段落文本开始时需要空出的字符位置。选定的段落文本可以是文本块、区域文本或文本路径。段落缩进有 5 种方式："左缩进"▤、"右缩进"▤、"首行左缩进"▤、"段前间距"▤、"段后间距"▤。

选中段落文本，单击"左缩进"图标▤或"右缩进"图标▤，在缩进数值框内输入合适的数值。单击"左缩进"图标或"右缩进"图标右边的上下微调按钮▤，一次可以调整 1 pt。在缩进数值框内输入正值时，表示文本框和文本之间的距离拉开；输入负值时，表示文本框和文本之间的距离缩小。

单击"首行左缩进"图标▸≣，在第一行左缩进数值框内输入数值可以设置首行缩进后空出的字符位置。应用"段前间距"图标▸≣和"段后间距"图标▸≣，可以设置段落间的距离。

选中要缩进的段落文本，单击"段落"面板中的各个缩进方式按钮，应用不同缩进方式的段落文本效果如图 6-135 所示。

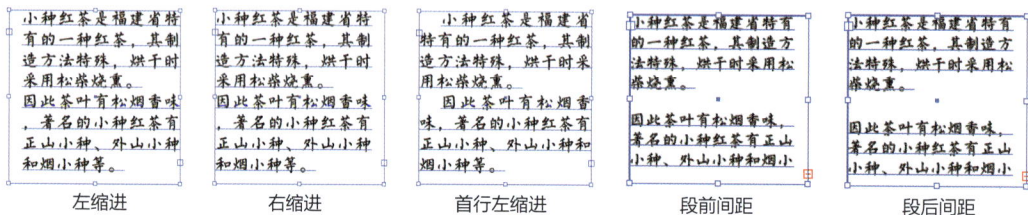

| 左缩进 | 右缩进 | 首行左缩进 | 段前间距 | 段后间距 |

图 6-135

6.5 分栏和链接文本

在 Illustrator CS6 中，大的段落文本经常采用分栏这种页面形式。分栏时，可自动创建链接文本，也可手动创建文本的链接。

6.5.1 创建文本分栏

在 Illustrator CS6 中，可以对一个选中的段落文本块进行分栏。不能对点文本或路径文本进行分栏，也不能对一个文本块中的部分文本进行分栏。

选中要进行分栏的文本块，如图 6-136 所示。选择"文字 > 区域文字选项"命令，弹出"区域文字选项"对话框，如图 6-137 所示。

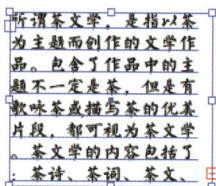

图 6-136

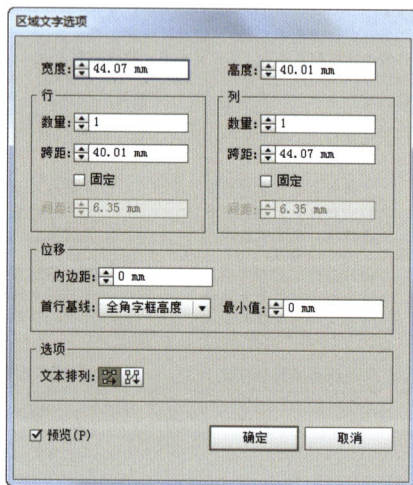

图 6-137

在"行"选项组中的"数量"选项中输入行数，所有的行自动定义为相同的高度，建立文本分栏后可以改变各行的高度。"跨距"选项用于设置行的高度。

在"列"选项组中的"数量"选项中输入栏数，所有的栏自动定义为相同的宽度，建立文本分栏后可以改变各栏的宽度。"跨距"选项用于设置栏的宽度。

单击"文本排列"选项后的图标按钮，如图 6-138 所示。选择一种文本流在链接时的排列方式，每个图标上的方向箭头指明了文本流的方向。

"区域文字选项"对话框按图 6-139 所示进行设定，单击"确定"按钮创建文本分栏，效果如图 6-140 所示。

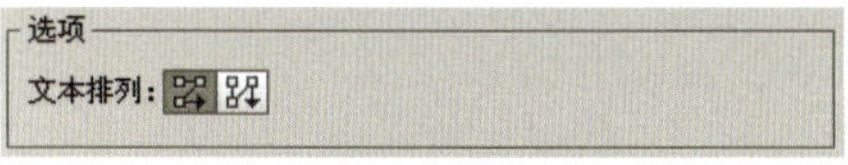

图 6-138 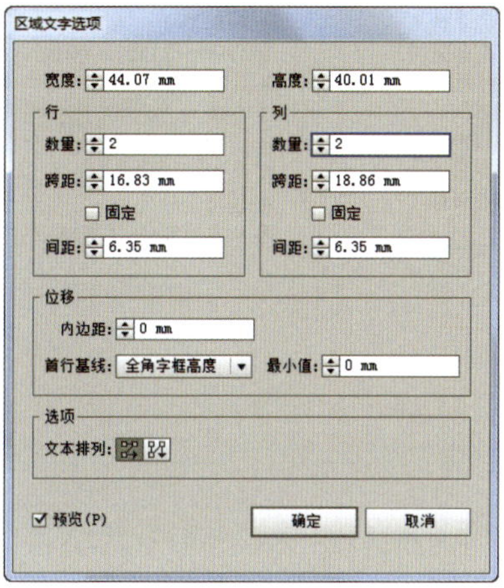　　　　　　　　　　图 6-139 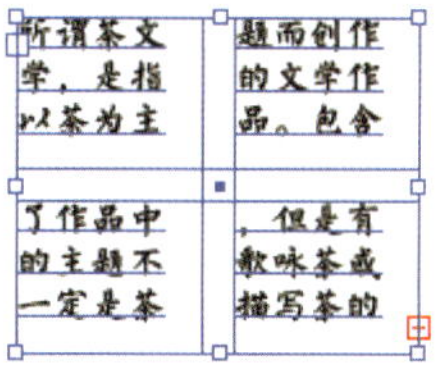　　　　　　　　　　图 6-140

6.5.2　链接文本块

如果文本块出现文本溢出的现象，可以通过调整文本块的大小显示所有的文本，也可以将溢出的文本链接到另一个文本框中，还可以进行多个文本框的链接。点文本和路径文本不能被链接。

选择有文本溢出的文本块，在文本框的右下角出现了 ⊞ 图标，表示因文本框太小有文本溢出，绘制一个闭合路径或创建一个文本框，同时将文本块和闭合路径选中，如图 6-141 所示。

选择"文字 > 串接文本 > 创建"命令，左边文本框中溢出的文本会自动移到右边的闭合路径中，效果如图 6-142 所示。

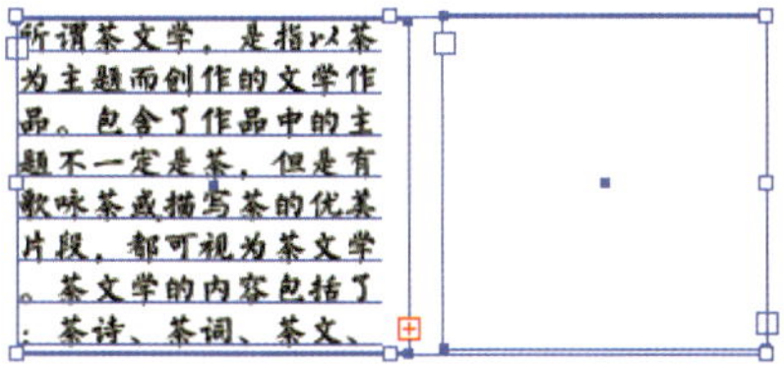

图 6-141 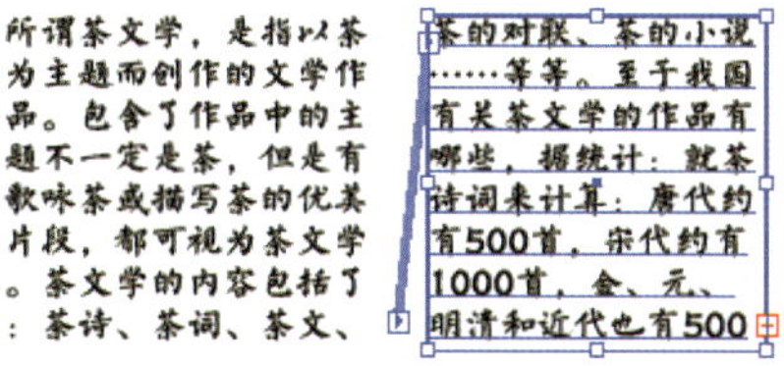　　　　　　　　　　　　　　　图 6-142

如果右边的文本框中还有文本溢出，可以继续添加文本框来链接溢出的文本，方法同上。链接的多个文本框其实还是一个文本块。选择"文字 > 串接文本 > 释放所选文字"命令，可以解除各文本框之间的链接状态。

6.6　图文混排

图文混排效果是版式设计中经常使用的一种效果，使用"文本绕排"命令可以制作出漂亮的图文混排效果。"文本绕排"命令对整个文本块起作用，文本块中的部分文本，以及点文本、路径文本都不能进行文本绕图。

在文本块上放置图形并调整好位置，同时选中文本块和图形，如图 6-143 所示。选择"对象 > 文本绕排 > 建立"命令，建立文本绕排，文本和图形结合在一起，效果如图 6-144 所示。要增加绕排的图形，可先将图形放置在文本块上，再选择"对象 > 文本绕排 > 建立"命令，文本绕图将会重新排列，效果如图 6-145 所示。

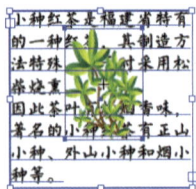

图 6-143

图 6-144

图 6-145

选中文本绕图对象，选择"对象 > 文本绕排 > 释放"命令，可以取消文本绕图。

> **知识链接**
>
> 图形必须放置在文本块之上才能进行文本绕图。

6.7 课堂练习——制作快乐家园标志

🔗 练习知识要点

使用"文字"工具输入文字；使用"创建轮廓"命令将文字转换为轮廓路径；使用"变形"工具和"旋转扭曲"工具制作笔画变形。效果如图 6-146 所示。

图 6-146

微课

制作快乐家园
标志

📷 素材所在位置

Ch06\ 素材 \ 制作快乐家园标志 \01。

📍 效果所在位置

Ch06\ 效果 \ 制作快乐家园标志 .ai。

6.8 课后习题——制作夏装促销海报

习题知识要点

使用“置入”命令置入素材图片；使用“直线段”工具、“描边”面板绘制装饰线条；使用“钢笔”工具、“路径文字”工具制作路径文字；使用“文字”工具、“直排文字”工具和“字符”面板添加海报内容。效果如图 6-147 所示。

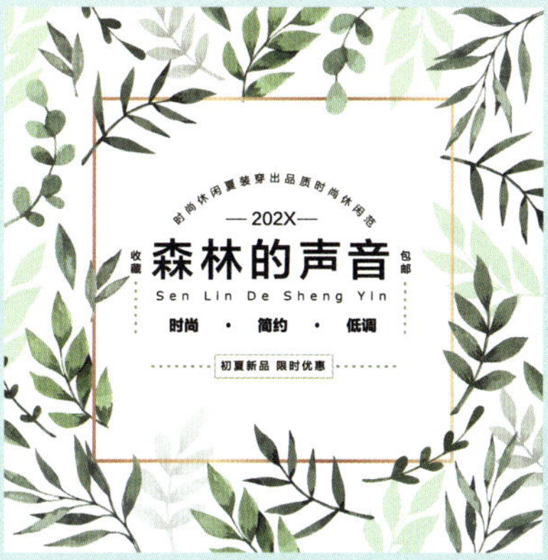

图 6-147

微课
制作夏装促销海报

素材所在位置

Ch06\ 素材 \ 制作夏装促销海报 \01。

效果所在位置

Ch06\ 效果 \ 制作夏装促销海报 .ai。

07

第 7 章
图表的编辑

本章介绍

  Illustrator CS6 不仅具有强大的绘图功能，还具有强大的图表处理功能。本章主要介绍 Illustrator CS6 中提供的 9 种基本图表形式。通过本章的学习，学生可以创建出各种不同类型的表格，以更好地表现复杂的数据。

学习目标

- 掌握图表的创建方法。
- 掌握不同图表之间的转换。
- 掌握图表的属性设置。
- 掌握自定义图表图案的设置。

技能目标

- 掌握餐饮行业收入规模图表的制作方法。
- 掌握新汉服消费统计图表的制作方法。

素养目标

- 提高学生的市场敏感度。
- 培养学生善用工具的意识。

7.1 创建图表

在 Illustrator CS6 中，提供了 9 种不同的图表工具，利用这些工具可以创建不同类型的图表。

7.1.1 课堂案例——制作餐饮行业收入规模图表

案例学习目标

学习使用"图表"工具、"图表类型"对话框制作餐饮行业收入规模图表。

案例知识要点

使用"矩形"工具、"椭圆"工具、"剪切蒙版"命令制作图表底图；使用"柱形图"工具、"图表类型"对话框和"文字"工具制作柱形图表；使用"文字"工具、"字符"面板添加文字信息。餐饮行业收入规模图表效果如图 7-1 所示。

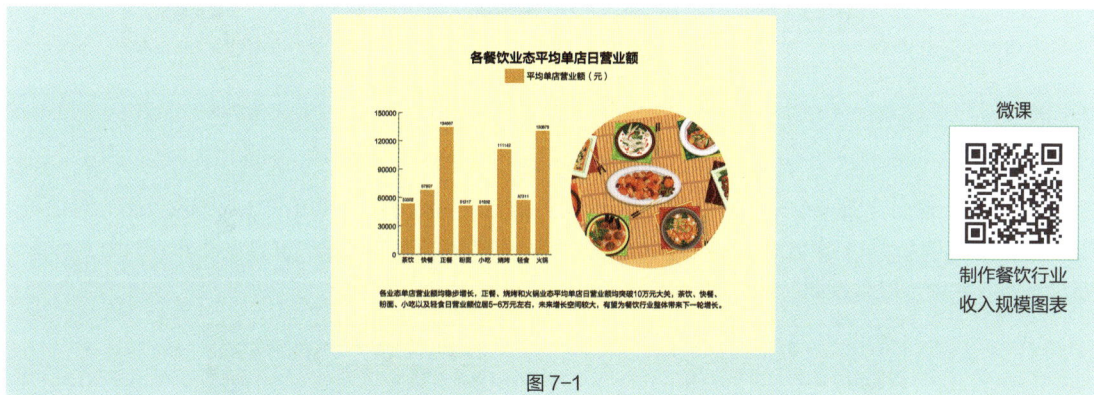

图 7-1

素材所在位置

Ch07\ 素材 \ 制作餐饮行业收入规模图表 \01。

效果所在位置

Ch07\ 效果 \ 制作餐饮行业收入规模图表 .ai。

（1）按 Ctrl+N 组合键，弹出"新建文档"对话框，设置文档的宽度为 254 mm，高度为 190 mm，取向为横向，出血为 3 mm，颜色模式为 CMYK，栅格效果为高（300 ppi），单击"确定"按钮，新建一个文档。

（2）选择"矩形"工具，绘制一个与页面大小相等的矩形，设置填充色为浅黄色（其 C、M、Y、K 的值分别为 2、2、19、0），填充图形，并设置描边色为无，效果如图 7-2 所示。

（3）选择"文件 > 置入"命令，弹出"置入"对话框。选择云盘中的"Ch07 > 素材 > 制作餐饮行业收入规模图表 > 01"文件，单击"置入"按钮，在页面中单击置入图片。单击属性栏中的"嵌入"按钮，嵌入图片。选择"选择"工具，拖曳图片到适当的位置，效果如图 7-3 所示。选择"椭圆"工具，按住 Shift 键的同时，在适当的位置绘制一个圆形，效果如图 7-4 所示。

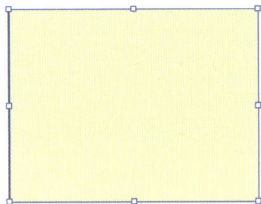
图7-2

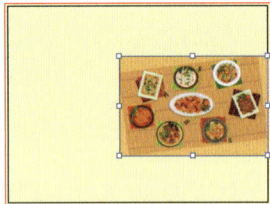
图7-3

图7-4

（4）选择"选择"工具，按住 Shift 键的同时，单击下方图片将其同时选取，如图7-5所示。按 Ctrl+7 组合键，建立剪切蒙版，效果如图7-6所示。

（5）选择"文字"工具，在页面中输入需要的文字。选择"选择"工具，在属性栏中选择合适的字体并设置文字大小，效果如图7-7所示。

图7-5

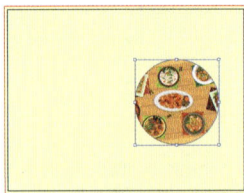
图7-6

图7-7

（6）选择"柱形图"工具，在页面中单击，弹出"图表"对话框，设置如图7-8所示。单击"确定"按钮，弹出"图表数据"对话框，单击"导入数据"按钮，弹出"导入图表数据"对话框。选择云盘中的"Ch07 > 素材 > 制作餐饮行业收入规模图表 > 数据信息"文件，单击"打开"按钮，导入需要的数据，效果如图7-9所示。

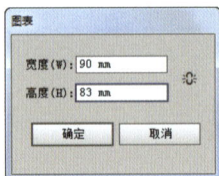
图7-8

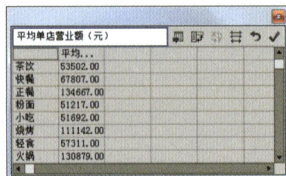
图7-9

（7）导入完成后，单击"应用"按钮，再关闭"图表数据"对话框，建立柱形图表，效果如图7-10所示。双击"柱形图"工具，弹出"图表类型"对话框，设置如图7-11所示。单击"确定"按钮，效果如图7-12所示。

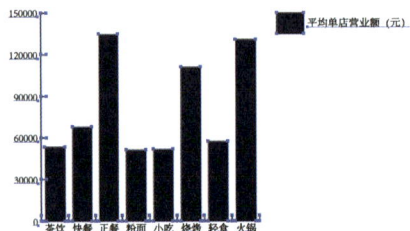
图7-10

图7-11

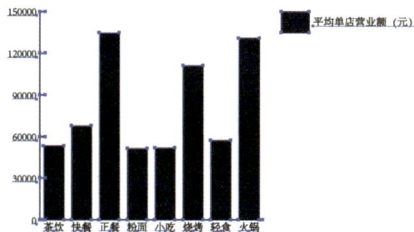

图 7-12

（8）选择"选择"工具 ![选择工具]，在属性栏中选择合适的字体并设置文字大小，效果如图 7-13 所示。选择"编组选择"工具 ![编组选择工具]，按住 Shift 键的同时，依次单击选取需要的矩形，设置填充色为桔黄色（其 C、M、Y、K 的值分别为 8、34、81、0），填充图形，并设置描边色为无，效果如图 7-14 所示。

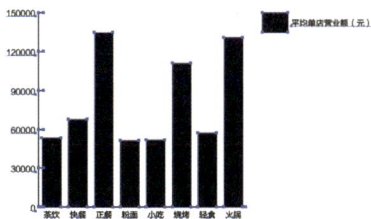

图 7-13

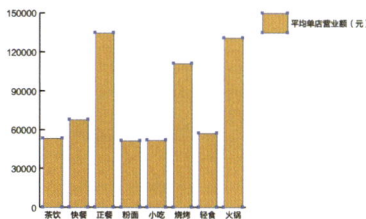

图 7-14

（9）使用"编组选择"工具 ![编组选择工具]，按住 Shift 键的同时，依次单击选取需要的刻度线，设置描边色为深灰色（其 C、M、Y、K 的值分别为 0、0、0、80），填充描边，效果如图 7-15 所示。选取下方需要的刻度线，按 Shift+Ctrl+] 组合键，将刻度线置于顶层，效果如图 7-16 所示。

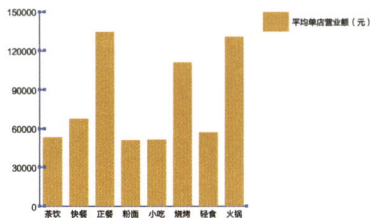

图 7-15

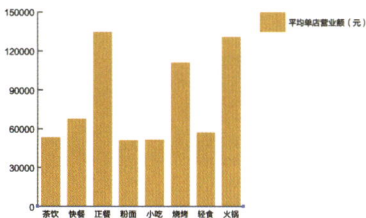

图 7-16

（10）选择"选择"工具 ![选择工具]，将柱形图表拖曳到页面中适当的位置，效果如图 7-17 所示。选择"编组选择"工具 ![编组选择工具]，按住 Shift 键的同时，选取需要的图形和文字，如图 7-18 所示，并拖曳图形和文字到适当的位置，效果如图 7-19 所示。选取右侧的文字，在属性栏中设置文字大小，效果如图 7-20 所示。

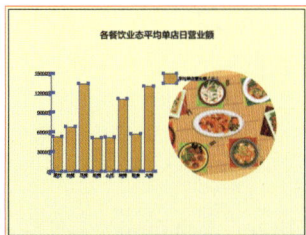

图 7-17

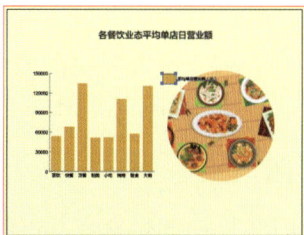

图 7-18

（11）选择"文字"工具 ![文字工具]，在适当的位置分别输入需要的数据。选择"选择"工具 ![选择工具]，在属性栏中选择合适的字体并设置文字大小，效果如图 7-21 所示。

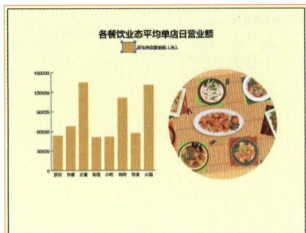

图 7-19

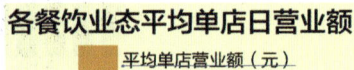

图 7-20

（12）选择"文字"工具 T，在适当的位置输入需要的文字。选择"选择"工具 ▲，在属性栏中选择合适的字体并设置文字大小，效果如图 7-22 所示。

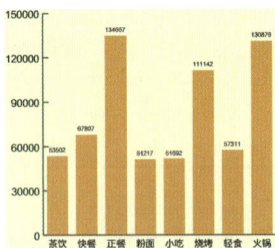

图 7-21

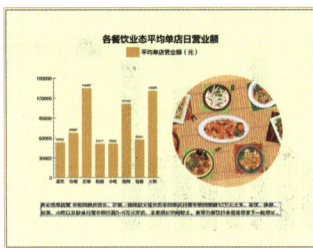

图 7-22

（13）按 Ctrl+T 组合键，弹出"字符"面板，将"设置行距"选项 A 设为 18 pt，其他选项的设置如图 7-23 所示。按 Enter 键确定操作，效果如图 7-24 所示。餐饮行业收入规模图表制作完成，效果如图 7-25 所示。

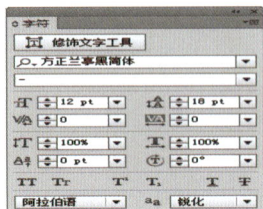

图 7-23

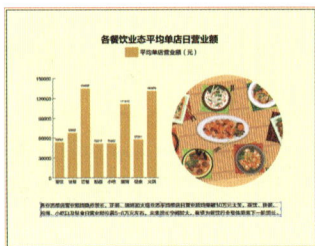

图 7-24

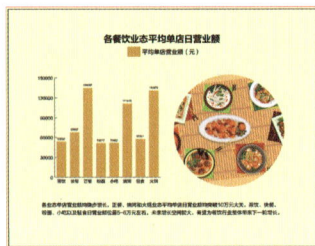

图 7-25

7.1.2　图表工具

在工具箱中的"柱形图"工具按钮 ▥ 上单击并按住鼠标左键不放，将弹出图表工具组。工具组中包含的图表工具依次为"柱形图"工具 ▥、"堆积柱形图"工具 ▥、"条形图"工具 ▤、"堆积条形图"工具 ▤、"折线图"工具 ▨、"面积图"工具 ▨、"散点图"工具 ▨、"饼图"工具 ◉ 和"雷达图"工具 ⊕，如图 7-26 所示。

图 7-26

7.1.3　柱形图

柱形图是较为常用的一种图表类型，它使用一些竖排的、高度可变的矩形柱来表示各种数据，矩形的高度与数据大小成正比。创建柱形图的具体步骤如下。

选择"柱形图"工具 ▥，在页面中拖曳鼠标绘出一个矩形区域来设置图表大小，或在页面上任意位置单击，弹出"图表"对话框，如图 7-27 所示。在"宽度"选项和"高度"选项的数值框中输入图表的宽度和高度数值，设定完成后，单击"确定"按钮，将自动在页面中建立图表，如图 7-28

所示。同时弹出"图表数据"对话框，如图 7-29 所示。

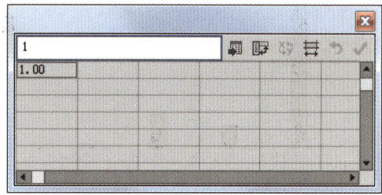

图 7-27   图 7-28   图 7-29

  在"图表数据"对话框左上方的文本框中可以直接输入各种文本或数值，然后按 Tab 键或 Enter 键确认，文本或数值将会自动添加到"图表数据"对话框的单元格中。用鼠标单击可以选取各个单元格，输入要更改的文本或数据值后，再按 Enter 键确认。

  在"图表数据"对话框右上方有一组按钮。单击"导入数据"按钮，可以从外部文件中导入数据信息。单击"换位行\列"按钮，可将横排和竖排的数据相互交换位置。单击"切换 X\Y 轴"按钮，将调换 x 轴和 y 轴的位置。单击"单元格样式"按钮，弹出"单元格样式"对话框，可以设置单元格的样式。单击"恢复"按钮，在没有单击"应用"按钮前使文本框中的数据恢复到前一个状态。单击"应用"按钮，确认输入的数值并生成图表。

  单击"单元格样式"按钮，将弹出"单元格样式"对话框，如图 7-30 所示。在该对话框中可以设置小数点的位置和单元格的宽度。可以在"小数位数"和"列宽度"选项的文本框中输入所需的数值。另外，将鼠标指针放置在各单元格竖表线上时，鼠标指针会变成两条横线和双向箭头的形状，这时拖曳鼠标可调整其左侧列的宽度。

  双击"柱形图"工具，将弹出"图表类型"对话框，如图 7-31 所示。柱形图表是默认的图表，其他参数也是采用默认设置，单击"确定"按钮。

图 7-30   图 7-31

  在"图表数据"对话框中文本表格的第一格上单击，删除默认数值 1。按照文本表格的组织方式输入数据。例如，比较分数情况，如图 7-32 所示。

  单击"应用"按钮，生成图表，所输入的数据被应用到图表上，柱形图效果如图 7-33 所示，从图中可以看到，柱形图是对每一行中的数据进行比较。

  在"图表数据"对话框中单击"换位行\列"按钮，互换行、列数据得到新的柱形图，效果如图 7-34 所示。在"图表数据"对话框中单击"关闭"按钮将对话框关闭。

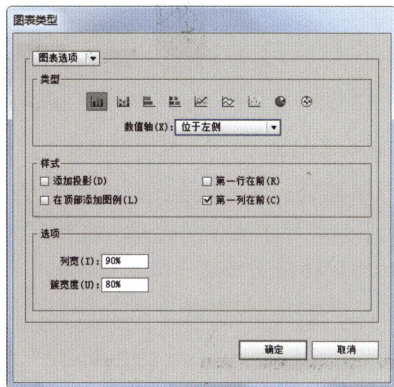

图 7-32

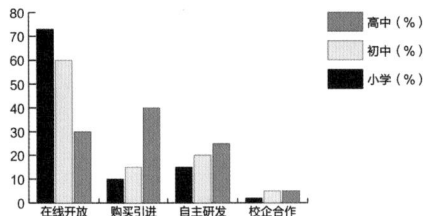

图 7-33

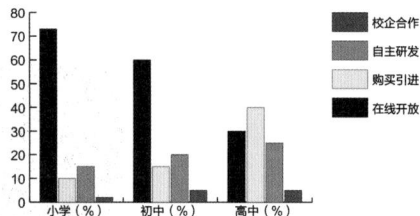

图 7-34

当需要对柱形图中的数据进行修改时，先选取要修改的图表，选择"对象 > 图表 > 数据"命令，弹出"图表数据"对话框。在对话框中可以修改数据，设置数据后，单击"应用"按钮✓，将修改后的数据应用到选定的图表中。

选取图表，用鼠标右键单击页面，在弹出的菜单中选择"类型"命令，弹出"图表类型"对话框，可以在对话框中选择其他的图表类型。

7.1.4　其他图表效果

1．堆积柱形图

堆积柱形图与柱形图类似，只是显示方式不同。柱形图表显示为单一的数据比较，而堆积柱形图显示的是全部数据总和的比较。因此，在进行数据总量的比较时，多用堆积柱形图来表示，效果如图 7-35 所示。

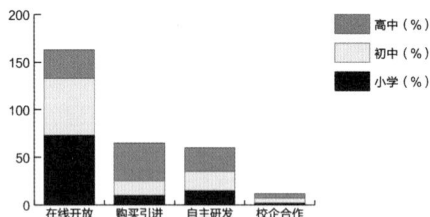

图 7-35

2．条形图和堆积条形图

条形图与柱形图类似，只是柱形图是以垂直方向上的矩形显示图表中的各组数据，而条形图是以水平方向上的矩形来显示图表中的数据，效果如图 7-36 所示。

堆积条形图与堆积柱形图类似，但是堆积条形图是以水平方向的矩形条来显示数据总量的，正好与堆积柱形图相反。堆积条形图效果如图 7-37 所示。

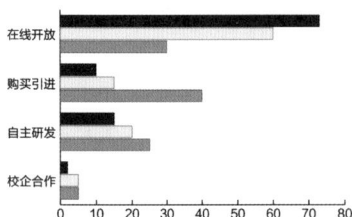

图 7-36

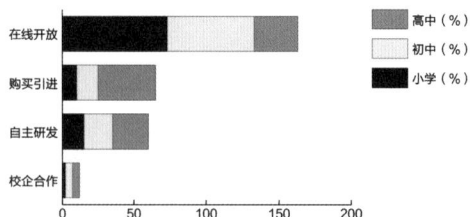

图 7-37

3．折线图

折线图可以显示出某种事物随时间变化的发展趋势，很明显地表现出数据的变化走向。折线图也是一种比较常见的图表，给人以直接明了的视觉效果。

与创建柱形图的步骤相似，选择"折线图"工具 ⬈，拖曳鼠标绘制出一个矩形区域，或在页面上任意位置单击鼠标，在弹出的"图表数据"对话框中输入相应的数据，最后单击"应用"按钮☑，折线图效果如图 7-38 所示。

4．面积图

面积图可以用来表示一组或多组数据。通过不同折线连接图表中的点，形成面积区域，并且折线内部可填充为不同的颜色。面积图表其实与折线图表类似，是一个填充了颜色的线段图表，效果如图 7-39 所示。

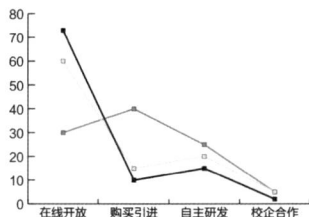

图 7-38

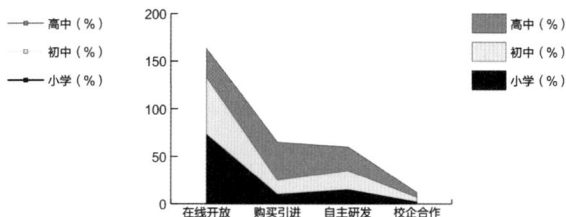

图 7-39

5．散点图

散点图是一种比较特殊的数据图表。散点图的横坐标和纵坐标都是数据坐标，两组数据的交叉点形成了坐标点。因此，它的数据点由横坐标和纵坐标确定。图表中的数据点位置所创建的线能贯穿自身却无具体方向，效果如图 7-40 所示。散点图不适合用于太复杂的内容，它只适合显示图例的说明。

6．饼图

饼图适用于一个整体中各组成部分的比较。该类图表应用的范围比较广。饼图的数据整体显示为一个圆，每组数据按照其在整体中所占的比例，以不同颜色的扇形区域显示出来。但是它不能准确地显示出各部分的具体数值，效果如图 7-41 所示。

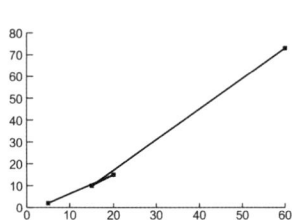

图 7-40

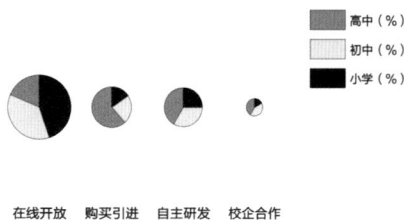

图 7-41

7．雷达图

雷达图是一种较为特殊的图表类型，它以一种环形的形式对图表中的各组数据进行比较，形成比较明显的数据对比，适用于多项指标的全面分析，效果如图 7-42 所示。

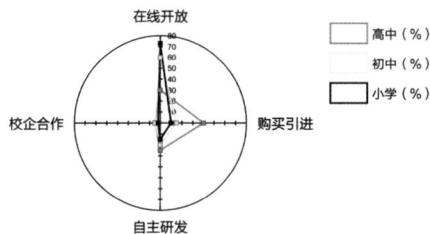

图 7-42

7.2 设置图表

在 Illustrator CS6 中，可以调整各种类型图表的选项，可以更改某一组数据，还可以解除图表组合，应用填色或描边。

7.2.1 设置"图表数据"对话框

选取图表，单击鼠标右键，在弹出的菜单中选择"数据"命令，或直接选择"对象 > 图表 > 数据"命令，弹出"图表数据"对话框。在对话框中可以进行数据的修改。

编辑一个单元格：选取该单元格，在文本框中输入新的数据，按 Enter 键确认并下移到另一个单元格。

删除数据：选取数据单元格，删除文本框中的数据，按 Enter 键确认并下移到另一个单元格。

删除多个数据：选取要删除数据的多个单元格，选择"编辑 > 清除"命令，即可删除多个数据。

更改图表选项：选取图表，双击"图表工具"或选择"对象 > 图表 > 类型"命令，弹出"图表类型"对话框，如图 7-43 所示。在"数值轴"选项的下拉列表中包括"位于左侧""位于右侧"和"位于两侧"选项，分别用于表示图表中坐标轴的位置，可根据需要选择（对饼形图表来说此选项不可用）。

图 7-43

"样式"选项组包括 4 个选项。勾选"添加投影"复选框可以为图表添加一种阴影效果；勾选"在顶部添加图例"复选框，可以将图表中的图例说明放到图表的顶部；勾选"第一行在前"复选框，图表中的各个柱形或其他对象将会重叠地覆盖行，并按照从左到右的顺序排列；勾选"第一列在前"复选框，将按默认的放置柱形的方式，从左到右依次放置柱形。

"选项"选项组包括两个选项。"列宽""簇宽度"两个选项分别用于控制图表的横栏宽和组宽。横栏宽是指图表中每个柱形条的宽度，组宽是指所有柱形所占据的可用空间。

选择折线图、散点图和雷达图时，"选项"选框组如图 7-44 所示。勾选"标记数据点"复选框，使数据点显示为正方形，否则直线段中间的数据点不显示；勾选"连接数据点"复选框，在每组数据点之间进行连线，否则只显示一个个孤立的点；勾选"线段边到边跨 X 轴"复选框，将线条从图表左边和右边伸出，它对分散图表无作用；勾选"绘制填充线"复选框，将激活其下方的"线宽"选项。

选择饼形图时，"选项"选项组如图 7-45 所示。对于饼形图，"图例"选项用于控制图例的显示，在其下拉列表中，"无图例"选项即用来设置不要图例；"标准图例"选项用于将图例放在图表的外围；"楔形图例"选项用于将图例插入相应的扇形中。"位置"选项用于控制饼形图形及扇形块的摆放位置，在其下拉列表中，"比例"选项用于按比例显示各个饼形图的大小；"相等"选项用于使所有饼形图的直径相等；"堆积"选项用于将所有的饼形图叠加在一起。"排序"选项用于控制图表元素的排列顺序，在其下拉列表中，"全部"选项用于将元素信息由大到小顺时针排列；"第一个"选项用于将最大值元素信息放在顺时针方向的第一个，其余按输入顺序排列；"无"选项用于按元素的输入顺序顺时针排列。

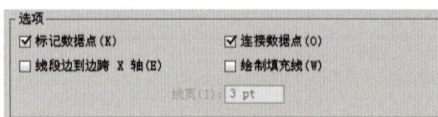

图 7-44

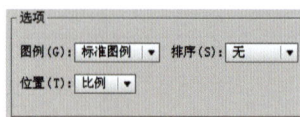

图 7-45

7.2.2 设置坐标轴

在"图表类型"对话框左上方选项的下拉列表中选择"数值轴"选项，转换为相应的对话框，如图 7-46 所示。

"刻度值"选项组：当勾选"忽略计算出的值"复选框时，下面的 3 个数值框被激活。"最小值"选项中的数值表示坐标轴的起始值，也就是图表原点的坐标值，它不能大于"最大值"选项的数值；"最大值"选项中的数值表示坐标轴的最大刻度值；"刻度"选项中的数值用于决定将坐标轴上下分为多少部分。

"刻度线"选项组："长度"选项的下拉列表中包括 3 项，选择"无"选项，表示不使用刻度标记；选择"短"选项，表示使用短的刻度标记；选择"全宽"选项，刻度线将贯穿整个图表，效果如图 7-47 所示。"绘制"选项数值框中的数值表示每一个坐标轴间隔的区分标记。

图 7-46

"添加标签"选项组："前缀"选项用于在数值前加符号，"后缀"选项用于在数值后加符号。例如，在"后缀"选项的文本框中输入"%"后，图表效果如图 7-48 所示。

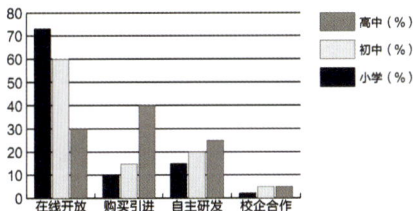

图 7-47

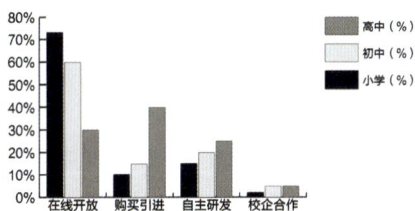

图 7-48

7.3 自定义图表

除了提供图表的创建和编辑这些基本的操作，Illustrator CS6 还可以对图表中的局部进行编辑和修改，并可以自己定义图表的图案，使图表中所表现的数据更加生动。

"柱形图"命令：用于使用定义的图案替换图表中的柱形和标记。

7.3.1 课堂案例——制作新汉服消费统计图表

案例学习目标

学习使用"条形图"工具、"设计"命令和"柱形图"命令制作统计图表。

案例知识要点

使用"条形图"工具建立条形图表；使用"设计"命令定义图案；使用"柱形图"命令制作图案图表；使用"钢笔"工具、"直接选择"工具和"编组选择"工具编辑卡通图案；使用"文字"工具、"字符"面板添加标题及统计信息。新汉服消费统计图表效果如图 7-49 所示。

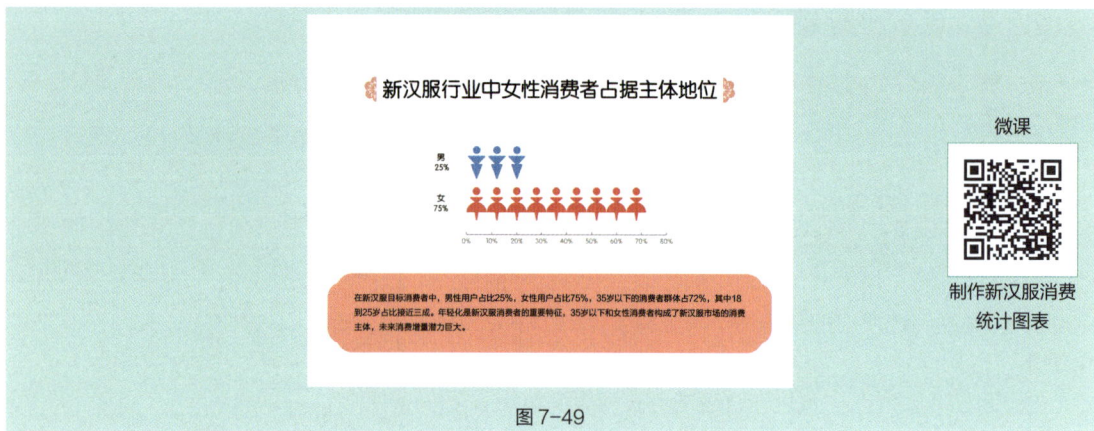

图 7-49

微课

制作新汉服消费
统计图表

素材所在位置

Ch07\ 素材 \ 制作新汉服消费统计图表 \01。

效果所在位置

Ch07\ 效果 \ 制作新汉服消费统计图表 .ai。

（1）按 Ctrl+N 组合键，弹出"新建文档"对话框，设置文档的宽度为 285 mm，高度为 210 mm，取向为横向，出血为 3 mm，颜色模式为 CMYK，栅格效果为高（300 ppi），单击"确定"按钮，新建一个文档。

（2）选择"文字"工具 T，在页面中输入需要的文字。选择"选择"工具，在属性栏中选择合适的字体并设置文字大小，效果如图 7-50 所示。

（3）选择"椭圆"工具，在页面外单击鼠标左键，弹出"椭圆"对话框，选项的设置如图 7-51 所示。单击"确定"按钮，出现一个圆形，效果如图 7-52 所示。

图 7-50

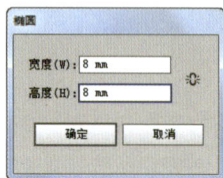

图 7-51

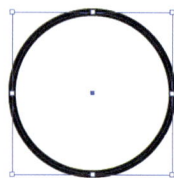

图 7-52

（4）保持图形的选取状态。设置描边色为粉红色（其 C、M、Y、K 的值分别为 4、42、22、0），填充描边，并设置填充色为无，效果如图 7-53 所示。选择"剪刀"工具，在圆形上下两个锚点处分别单击鼠标左键，剪断路径，如图 7-54 所示。选择"选择"工具，用框选的方法将两条剪断的路径同时选取，如图 7-55 所示。

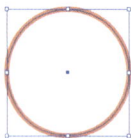

图 7-53

图 7-54

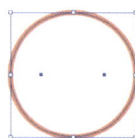

图 7-55

（5）选择"窗口 > 画笔库 > 装饰 > 典雅的卷曲和花形画笔组"命令，在弹出的"典雅的卷曲和花形画笔组"面板中，选择需要的画笔"丝带 2"，如图 7-56 所示。用画笔为路径描边，效果如

图 7-57 所示。在属性栏中将"描边粗细"选项设为 0.75 pt，按 Enter 键确定操作，效果如图 7-58 所示。

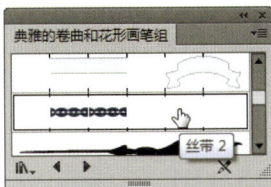
图 7-56

图 7-57

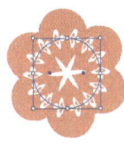
图 7-58

（6）选择"选择"工具▶，分别拖曳花瓣图形到页面中适当的位置，效果如图 7-59 所示。

新汉服行业中女性消费者占据主体地位

图 7-59

（7）选择"条形图"工具▣，在页面中单击，弹出"图表"对话框，设置如图 7-60 所示。单击"确定"按钮，弹出"图表数据"对话框，输入需要的数据，如图 7-61 所示。输入完成后，单击"应用"按钮✓，关闭"图表数据"对话框，建立柱形图表，并将其拖曳到页面中适当的位置，效果如图 7-62 所示。

图 7-60

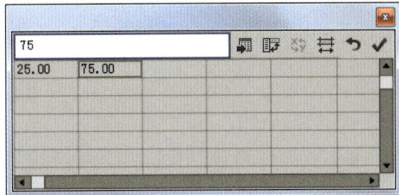
图 7-61

图 7-62

（8）选择"对象 > 图表 > 类型"命令，弹出"图表类型"对话框，选项的设置如图 7-63 所示。单击"图表选项"选项右侧的▼按钮，在弹出的下拉列表中选择"数值轴"选项，切换到相应的对话框中进行设置，如图 7-64 所示。单击"数值轴"选项右侧的▼按钮，在弹出的下拉列表中选择"类别轴"选项，切换到相应的对话框中进行设置，如图 7-65 所示。设置完成后，单击"确定"按钮，效果如图 7-66 所示。

图 7-63

图 7-64

（9）按 Ctrl+O 组合键，打开云盘中的"Ch07 > 素材 > 制作新汉服消费统计图表 > 01"文件，选择"选择"工具 ，选取需要的图形，如图 7-67 所示。

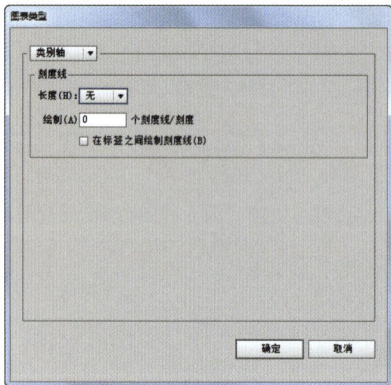

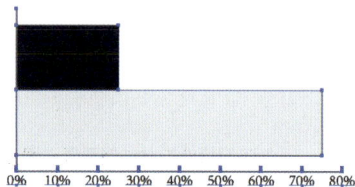

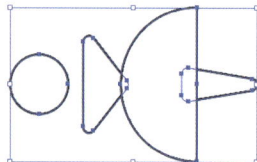

| 图 7-65 | 图 7-66 | 图 7-67 |

（10）选择"对象 > 图表 > 设计"命令，弹出"图表设计"对话框，单击"新建设计"按钮，显示所选图形的预览，如图 7-68 所示。单击"重命名"按钮，在弹出的"图表设计"对话框中输入名称，如图 7-69 所示。单击"确定"按钮，返回到"图表设计"对话框，如图 7-70 所示。单击"确定"按钮，完成图表图案的定义。

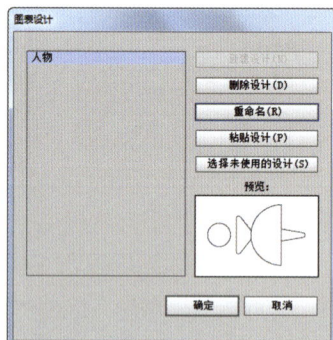

| 图 7-68 | 图 7-69 | 图 7-70 |

（11）返回到正在编辑的页面，选取图表，选择"对象 > 图表 > 柱形图"命令，弹出"图表列"对话框，选择新定义的图案名称，其他选项的设置如图 7-71 所示。单击"确定"按钮，如图 7-72 所示。

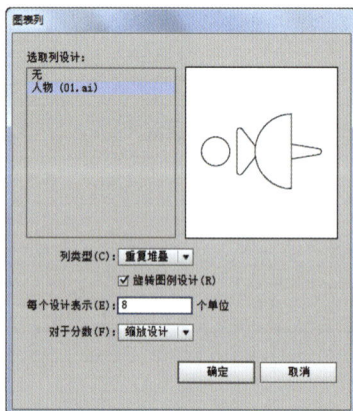

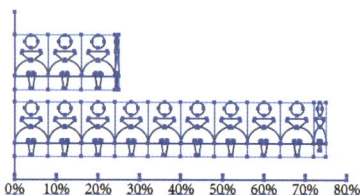

| 图 7-71 | 图 7-72 |

（12）选择"编组选择"工具，按住 Shift 键的同时，依次单击选取不需要的图形，如图 7-73 所示。按 Delete 键将其删除，效果如图 7-74 所示。

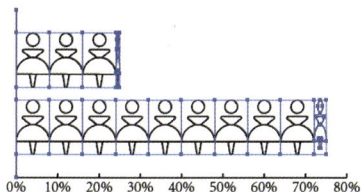

图 7-73

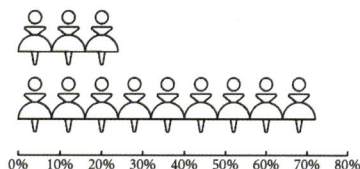

图 7-74

（13）使用"编组选择"工具，按住 Shift 键的同时，依次单击选取需要的图形，如图 7-75 所示。设置填充色为桃红色（其 C、M、Y、K 的值分别为 0、75、36、0），填充图形，并设置描边色为无，效果如图 7-76 所示。

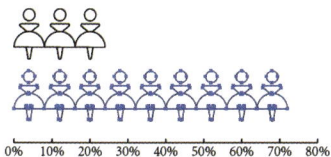

图 7-75

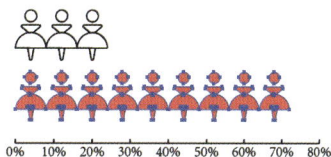

图 7-76

（14）使用"编组选择"工具，用框选的方法将刻度线同时选取，设置描边色为灰色（其 C、M、Y、K 的值分别为 0、0、0、60），填充描边，效果如图 7-77 所示。

（15）使用"编组选择"工具，用框选的方法将下方百分比同时选取，在属性栏中选择合适的字体并设置文字大小。设置填充色为灰色（其 C、M、Y、K 的值分别为 0、0、0、60），填充文字，效果如图 7-78 所示。

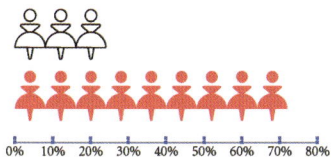

图 7-77

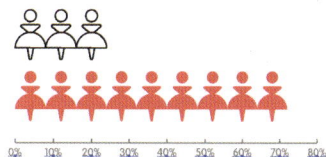

图 7-78

（16）使用"编组选择"工具，在上方选取不需要的半圆形，如图 7-79 所示。按 Delete 键将其删除，效果如图 7-80 所示。

图 7-79

图 7-80

（17）选择"直接选择"工具，用框选的方法选取需要的锚点，如图 7-81 所示。按住 Shift 键的同时，垂直向上拖曳锚点到适当的位置，如图 7-82 所示。

（18）使用"直接选择"工具，框选左侧的锚点，如图 7-83 所示。按住 Shift 键的同时，水平向左拖曳锚点到适当的位置，如图 7-84 所示。框选右侧的锚点，水平向右拖曳锚点到适当的位置，如图 7-85 所示。用相同的方法调整其他锚点，效果如图 7-86 所示。

（19）选择"编组选择"工具，用框选的方法选取需要的图形，设置填充色为蓝色（其 C、M、Y、K 的值分别为 65、21、0、0），填充图形，并设置描边色为无，效果如图 7-87 所示。

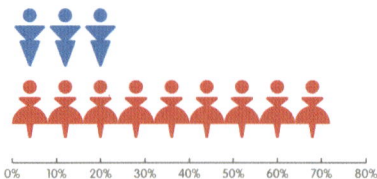

图 7-81　　　图 7-82　　　图 7-83　　　图 7-84　　　图 7-85　　　图 7-86　　　图 7-87

（20）用相同的方法调整其他图形，并填充相同的颜色，效果如图 7-88 所示。选择"文字"工具 T，在适当的位置分别输入需要的文字。选择"选择"工具 ，在属性栏中选择合适的字体并设置文字大小。单击"居中对齐"按钮 ，将文字居中对齐，如图 7-89 所示。

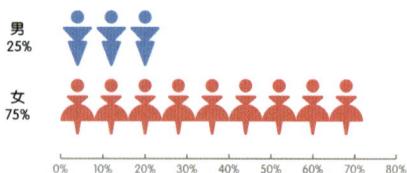

图 7-88　　　　　　　　　　　　　　　　　　图 7-89

（21）选择"圆角矩形"工具 ，在页面中单击鼠标左键，弹出"圆角矩形"对话框，选项的设置如图 7-90 所示。单击"确定"按钮，出现一个圆角矩形。选择"选择"工具 ，拖曳圆角矩形到适当的位置，设置填充色为粉红色（其 C、M、Y、K 的值分别为 4、42、22、0），填充图形，并设置描边色为无，效果如图 7-91 所示。

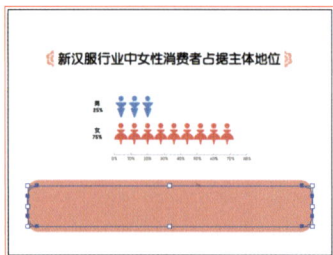

图 7-90　　　　　　　　　　　　　　　　　　图 7-91

（22）按 Ctrl+C 组合键，复制图形，按 Ctrl+F 组合键，将复制的图形粘贴在前面。选择"选择"工具 ，按住 Alt 键的同时，向下拖曳圆角矩形上边中间的控制柄到适当的位置，调整其大小，效果如图 7-92 所示。

（23）用相同的方法按住 Alt 键的同时，向右拖曳圆角矩形右侧中间的控制柄到适当的位置，调整其大小，效果如图 7-93 所示。

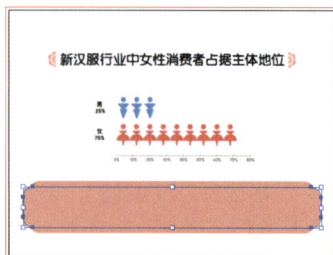

图 7-92　　　　　　　　　　　　　　　　　　图 7-93

（24）选择"文字"工具 T，在适当的位置分别输入需要的文字。选择"选择"工具 ，在属性栏中选择合适的字体并设置文字大小。单击"左对齐"按钮 ▤，将文字左对齐，效果如图 7-94 所示。

（25）按 Ctrl+T 组合键，弹出"字符"面板，将"设置行距"选项 ▵ 设为 24 pt，其他选项的设置如图 7-95 所示。按 Enter 键确定操作，效果如图 7-96 所示。新汉服消费统计图表制作完成。

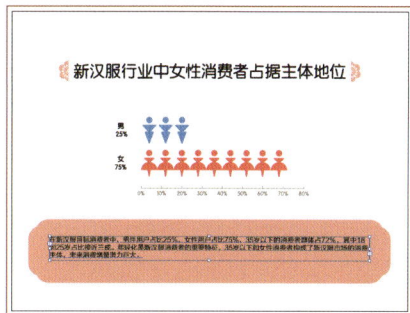
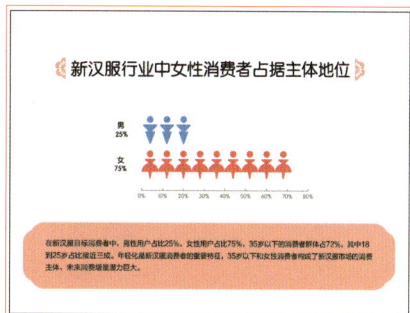

图 7-94　　　　　　　　　　图 7-95　　　　　　　　　　图 7-96

7.3.2　自定义图表图案

在页面中绘制图形，效果如图 7-97 所示。选中图形，选择"对象 > 图表 > 设计"命令，弹出"图表设计"对话框。单击"新建设计"按钮，在预览框中将会显示所绘制的图形，对话框中的"删除设计"按钮、"粘贴设计"按钮和"选择未使用的设计"按钮将被激活，如图 7-98 所示。

单击"重命名"按钮，弹出"图表设计"对话框，在对话框中输入自定义图案的名称，如图 7-99 所示。单击"确定"按钮，完成命名。

图 7-97　　　　　　　　　　图 7-98　　　　　　　　　　图 7-99

在"图表设计"对话框中单击"粘贴设计"按钮，可以将图案粘贴到页面中，对其重新进行修改和编辑。编辑修改后的图案，还可以再将其重新定义。在对话框中编辑完成后，单击"确定"按钮，完成对一个图表图案的定义。

7.3.3　应用图表图案

用户可以将自定义的图案应用到图表中。选择要应用图案的图表，再选择"对象 > 图表 > 柱形图"命令，弹出"图表列"对话框。

在"图表列"对话框中，"列类型"选项包括 4 种缩放图案的类型："垂直缩放"选项表示根据数据的大小，对图表的自定义图案进行垂直方向上的放大与缩小，水平方向上保持不变；"一致缩放"选项表示图表将按照图案的比例并结合图表中数据的大小对图案进行放大和缩小；"重复堆叠"

选项表示把图案的一部分拉伸或压缩。"重复堆叠"选项要和"每个设计表示"选项、"对于分数"选项结合使用。"每个设计表示"选项表示每个图案代表几个单位，如果在数值框中输入 50，表示 1 个图案就代表 50 个单位；在"对于分数"选项的下拉列表中，"截断设计"选项表示不足一个图案由图案的一部分来表示；"缩放设计"选项表示不足一个图案时，通过对最后那个图案成比例地压缩来表示。设置完成后，如图 7-100 所示，单击"确定"按钮，将自定义的图案应用到图表中，如图 7-101 所示。

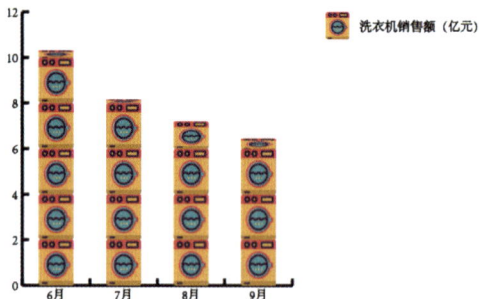

图 7-100 图 7-101

7.4 课堂练习——制作微度假旅游年龄分布图表

练习知识要点

使用"文字"工具、"字符"面板添加标题及介绍文字；使用"矩形"工具、"变换"面板和"直排文字"工具制作分布模块；使用"饼图"工具建立饼图。效果如图 7-102 所示。

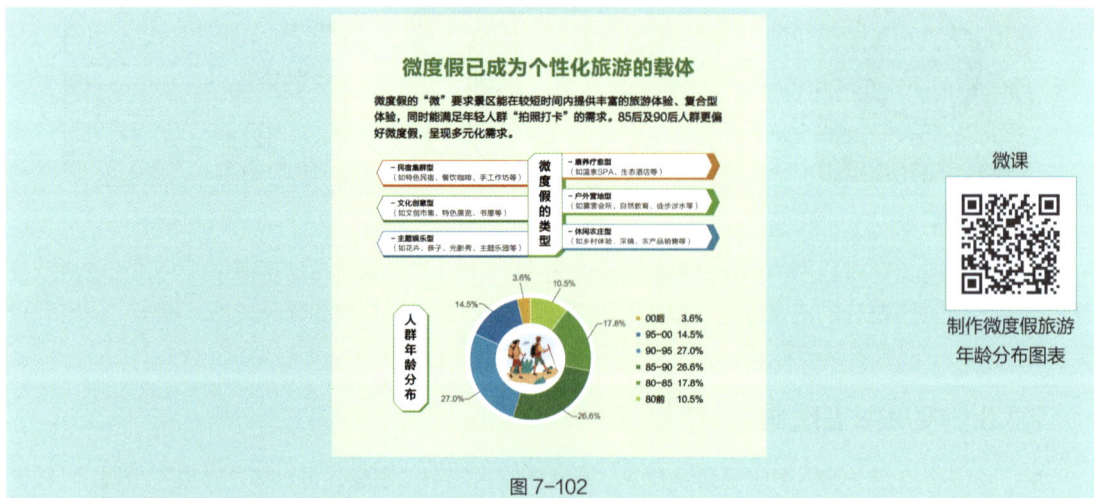

图 7-102

素材所在位置

Ch07\ 素材 \ 制作微度假旅游年龄分布图表 \01。

效果所在位置

Ch07\ 效果 \ 制作微度假旅游年龄分布图表 .ai。

7.5 课后习题——制作获得运动指导方式图表

习题知识要点

使用"柱形图"工具建立柱形图表；使用"设计"命令定义图案；使用"柱形图"命令制作图案图表。效果如图 7-103 所示。

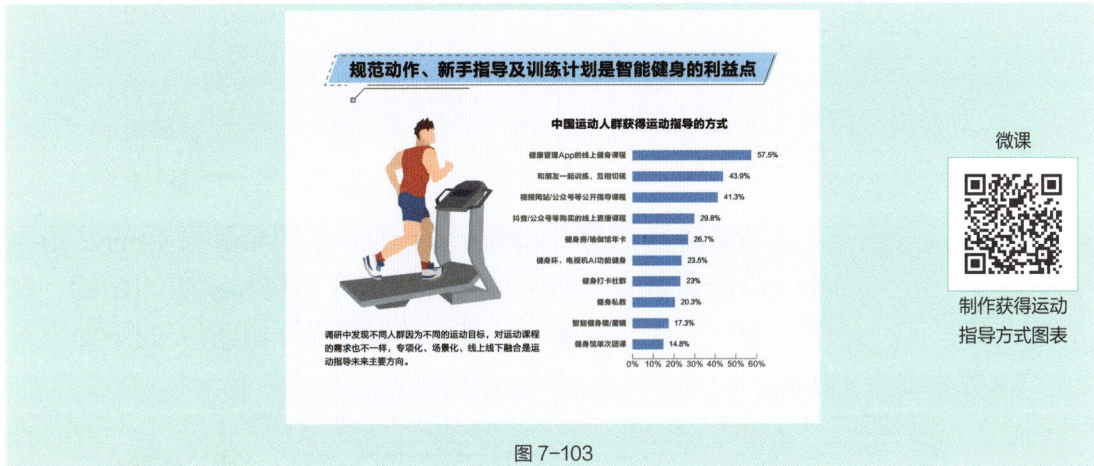

图 7-103

素材所在位置

Ch07\ 素材 \ 制作获得运动指导方式图表 \01。

效果所在位置

Ch07\ 效果 \ 制作获得运动指导方式图表 .ai。

08

第 8 章
图层和蒙版的使用

本章介绍

　　本章将重点介绍 Illustrator CS6 中图层和蒙版的使用方法。通过本章的学习，学生可以掌握图层和蒙版的功能，在图形设计中提高效率，快速、准确地制作出精美的平面设计作品。

学习目标

- 了解图层的含义与"图层"面板。
- 掌握图层的基本操作方法。
- 掌握蒙版的创建和编辑方法。
- 掌握"透明度"面板的使用方法。

技能目标

- 掌握脐橙线下海报的制作方法。
- 掌握自驾游海报的制作方法。

素养目标

- 培养学生精益求精的工作作风。
- 加深学生对祖国美好风光的热爱。

8.1 图层的使用

在平面设计中，特别是包含复杂图形的设计中，需要在页面上创建多个对象，由于每个对象的大小不一致，小的对象可能隐藏在大的对象下面。这样，选择和查看对象就很不方便。使用图层来管理对象，就可以很好地解决这个问题。图层就像一个文件夹，它可包含多个对象，也可以对图层进行多种编辑。

选择"窗口 > 图层"命令（快捷键为 F7），弹出"图层"面板，如图 8-1 所示。

图 8-1

8.1.1 了解图层的含义

选择"文件 > 打开"命令，弹出"打开"对话框，选择图像文件，如图 8-2 所示。单击"打开"按钮，打开的图像效果如图 8-3 所示。

图 8-2

图 8-3

打开图像后，观察"图层"面板，可以发现在"图层"面板中显示出 5 个图层，如图 8-4 所示。如果只想看到"图层 1"上的图像，依次单击其他图层的眼睛图标 ◉，其他图层上的眼睛图标 ◉ 将关闭，如图 8-5 所示。这样就只显示图层 1，此时图像效果如图 8-6 所示。

图 8-4

图 8-5

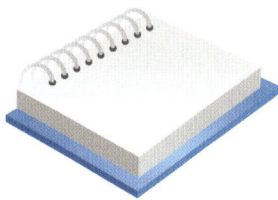

图 8-6

Illustrator CS6 的图层是透明层，在每一层中可以放置不同的图像，上面的图层将影响下面的图层，修改其中的某一图层不会改动其他的图层，将这些图层叠在一起显示在图像视窗中，就形成了一幅完整的图像。

8.1.2 认识"图层"面板

下面来介绍"图层"面板。选择"窗口 > 图层"命令，弹出"图层"面板，如图 8-7 所示。

在"图层"面板的右上方有两个系统按钮，分别是"最小化"按钮和"关闭"按钮。单击"最小化"按钮，可以将"图层"面板最小化；单击"关闭"按钮，可以关闭"图层"面板。

图层名称显示在当前图层中。默认状态下，在新建图层时，如果未指定名称，程序将以数字的递增为图层指定名称，如图层 1、图层 2 等，也可以根据需要为图层重新命名。

图 8-7

单击图层名称前的三角形按钮▶，可以展开或折叠图层。当按钮为▶时，表示此图层中的内容处于未显示状态，单击此按钮就可以展开当前图层中所有的选项；当按钮为▼时，表示显示了图层中的选项，单击此按钮，可以将图层折叠起来，这样可以节省"图层"面板的空间。

眼睛图标◉用于显示或隐藏图层；图层右上方的黑色三角形图标▮表示当前正被编辑的图层；锁定图标🔒表示当前图层和透明区域被锁定，不能被编辑。

在"图层"面板的最下面有 5 个按钮，如图 8-8 所示，它们从左至右依次是"定位对象"按钮、"建立 / 释放剪切蒙版"按钮、"创建新子图层"按钮、"创建新图层"按钮、"删除所选图层"按钮。

"定位对象"按钮 🔍：用于选中所选对象所在的图层。

"建立 / 释放剪切蒙版"按钮 ▣：用于在当前图层上建立或释放一个蒙版。

图 8-8

"创建新子图层"按钮 ◱：用于为当前图层新建一个子图层。

"创建新图层"按钮 ▣：用于在当前图层上面新建一个图层。

"删除所选图层"按钮 🗑：将不想要的图层拖到此处即可删除。

单击"图层"面板右上方的黑色三角形图标▦，将弹出其下拉式菜单。

8.1.3 编辑图层

使用图层时，可以通过"图层"面板对图层进行编辑，如新建图层、新建子图层、为图层设定选项、合并图层、建立图层蒙版等，这些操作都可以通过选择"图层"面板下拉式菜单中的命令来完成。

1. 新建图层

（1）使用"图层"面板下拉式菜单

单击"图层"面板右上方的▦图标，在弹出的菜单中选择"新建图层"命令，弹出"图层选项"对话框，如图 8-9 所示。"名称"选项用于设定当前图层的名称；"颜色"选项用于设定新图层的颜色，设置完成后，单击"确定"按钮，可以得到一个新建的图层。

（2）使用"图层"面板按钮或快捷键

单击"图层"面板下方的"创建新图层"按钮 ▣，可以创建一个新图层。按住 Alt 键，单击面板下方的"创建新图层"按钮 ▣，将弹出"图层选项"对话框，如图 8-9 所示。

按住 Ctrl 键，单击"图层"面板下方的"创建新图层"按钮 ▣，不管当前选择的是哪一个图层，都可以在图层列表的最上层新建一个图层。

如果要在当前选中的图层中新建一个子图层，可以单击"建立新子图层"按钮 ◱，或从"图层"面板下拉式菜单中选择"新建子图层"命令，还可以在按住 Alt 键的同时，单击"建立新子图层"按钮 ◱，弹出"图层选项"对话框，它的设定方法和新建图层是一样的。

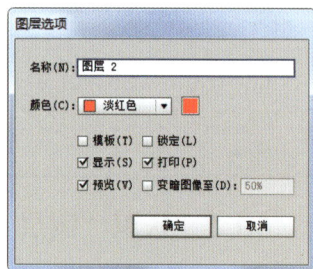

图 8-9

2．选择图层

单击图层名称，图层会显示为深灰色，并在名称后出现一个当前图层指示图标，即黑色三角形图标 ，表示此图层被选择为当前图层。

按住 Shift 键，分别单击两个图层，即可选择两个图层之间的多个连续的图层。按住 Ctrl 键，逐个单击想要选择的图层，可以选择多个不连续的图层。

3．复制图层

复制图层时，会复制图层中所包含的所有对象，包括路径、编组，以至于整个图层。

（1）使用"图层"面板下拉式菜单

选择要复制的图层"图层 2"，如图 8-10 所示。单击"图层"面板右上方的 图标，在弹出的菜单中选择"复制'图层 2'"命令，复制出的图层在"图层"面板中显示为被复制图层的副本。复制图层后，"图层"面板的效果如图 8-11 所示。

图 8-10   图 8-11

（2）使用"图层"面板按钮

将"图层"面板中需要复制的图层拖曳到下方的"创建新图层"按钮 上，就可以将所选的图层复制为一个新图层。

4．删除图层

（1）使用"图层"面板的下拉式命令

选择要删除的图层"图层 2"，如图 8-12 所示。单击"图层"面板右上方的 图标，在弹出的菜单中选择"删除'图层 2'"命令，如图 8-13 所示，图层即可被删除，删除图层后的"图层"面板如图 8-14 所示。

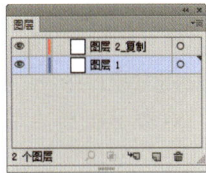

图 8-12   图 8-13   图 8-14

（2）使用"图层"面板按钮

选择要删除的图层，单击"图层"面板下方的"删除所选图层"按钮 ，可以将图层删除。用鼠标将需要删除的图层拖曳到"删除所选图层"按钮 上，也可以删除图层。

5．隐藏或显示图层

隐藏一个图层时，此图层中的对象在绘图页面上不显示，在"图层"面板中可以设置隐藏或显示图层。在制作或设计复杂作品时，可以快速隐藏图层中的路径、编组和对象。

（1）使用"图层"面板的下拉式菜单

选中一个图层，如图 8-15 所示的图层 4。单击"图层"面板右上方的 图标，在弹出的菜单中选择"隐藏其他图层"命令，"图层"面板中除当前选中的图层外，其他图层都被隐藏（眼睛图标消失），效果如图 8-16 所示。

图 8-15 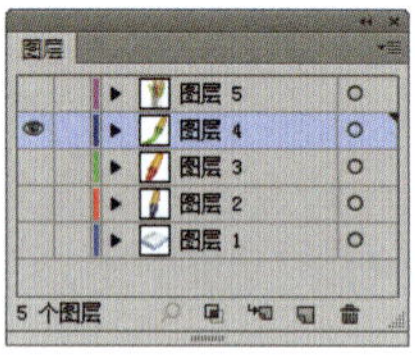　　　　　　　　　　　　　　　　图 8-16

（2）使用"图层"面板中的眼睛图标 👁

在"图层"面板中，单击想要隐藏的图层左侧的眼睛图标 👁，图层被隐藏。再次单击眼睛图标所在位置的方框，会重新显示此图层。

如果在一个图层的眼睛图标 👁 上单击，隐藏图层，并按住鼠标左键不放，向上或向下拖曳鼠标指针，鼠标指针经过的图标就会被隐藏，这样可以快速隐藏多个图层。

（3）使用"图层选项"对话框

在"图层"面板中双击图层或图层名称，可以弹出"图层选项"对话框，取消勾选"显示"复选框，单击"确定"按钮，图层被隐藏。

6. 锁定图层

当锁定图层后，此图层中的对象不能再被选择或编辑，使用"图层"面板，能够快速锁定多个路径、编组和子图层。

（1）使用"图层"面板的下拉式菜单

选中一个图层，如图 8-17 所示的图层 4。单击"图层"面板右上方的 图标，在弹出的菜单中选择"锁定其他图层"命令，"图层"面板中除当前选中的图层外，其他所有图层都被锁定，效果如图 8-18 所示。选择"解锁所有图层"命令，可以解除所有图层的锁定。

图 8-17 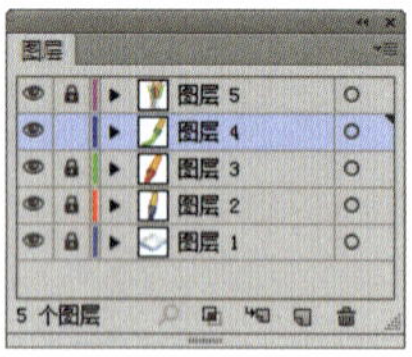　　　　　　　　　　　　　　　　图 8-18

（2）使用对象命令

选择"对象 > 锁定 > 其他图层"命令，可以锁定其他未被选中的图层。

（3）使用"图层"面板中的锁定图标

在想要锁定的图层左侧的方框中单击，出现锁定图标 🔒，图层被锁定。再次单击锁定图标 🔒，图标消失，即解除对此图层的锁定状态。

如果在一个图层左侧的方框中单击鼠标，锁定图层，并按住鼠标左键不放，向上或向下拖曳鼠标指针，鼠标指针经过的方框中出现锁定图标 🔒，就可以快速锁定多个图层。

（4）使用"图层选项"对话框

在"图层"面板中双击图层或图层名称，可以弹出"图层选项"对话框，勾选"锁定"复选框，单击"确定"按钮，图层被锁定。

7. 合并图层

在"图层"面板中选择需要合并的图层，如图 8-19 所示。单击"图层"面板右上方的 图标，在弹出的菜单中选择"合并所选图层"命令，所有被选择的图层将合并到最后一个选择的图层或编组中，效果如图 8-20 所示。

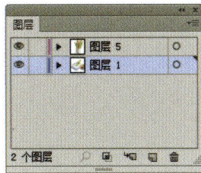

图 8-19   图 8-20

选择下拉式菜单中的"拼合图稿"命令，所有可见的图层将合并为一个图层，合并图层时，不会改变对象在绘图页面上的排序。

8.1.4 使用图层

使用"图层"面板，可以选择绘图页面中的对象，还可以切换对象的显示模式，更改对象的外观属性。

1. 选择对象

（1）使用"图层"面板中的目标图标

在同一图层中的几个图形对象处于未选取状态，如图 8-21 所示。单击"图层"面板中要选择对象所在图层右侧的目标图标 ○，如图 8-22 所示。目标图标变为 ◎，此时，图层中的对象被全部选中，效果如图 8-23 所示。

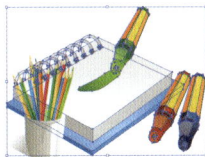

图 8-21   图 8-22   图 8-23

（2）结合快捷键并使用"图层"面板

按住 Alt 键的同时，单击"图层"面板中的图层名称，此图层中的对象将被全部选中。

（3）使用"选择"菜单下的命令

使用"选择"工具 ▶ 选中同一图层中的一个对象，如图 8-24 所示。选择"选择 > 对象 > 同一图层上的所有对象"命令，此图层中的对象被全部选中，如图 8-25 所示。

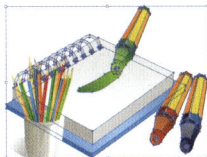

图 8-24   图 8-25

2. 更改对象的外观属性

使用"图层"面板可以轻松地改变对象的外观。如果对一个图层应用一种特殊效果，则在该图层中的所有对象都将应用这种效果。如果将图层中的对象移动到此图层之外，对象将不再具有这种效果。因为效果仅仅作用于该图层，而不是对象。

选中一个想要改变对象外观属性的图层，如图 8-26 所示。选取图层中的对象，效果如图 8-27 所示。选择"效果 > 变形 > 弧形"命令，在弹出的"变形选项"对话框中进行设置，如图 8-28 所示。单击"确定"按钮，选中的图层中所包括的对象全部变成弧形效果，如图 8-29 所示，也就改变了此图层中对象的外观属性。

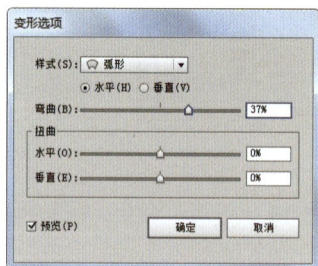

| 图 8-26 | 图 8-27 | 图 8-28 | 图 8-29 |

在"图层"面板中，图层的目标图标也是变化的。当目标图标显示为 ⊙ 时，表示当前图层在绘图页面上没有对象被选择，并且没有外观属性；当目标图标显示为 ◉ 时，表示当前图层在绘图页面上有对象被选择，且没有外观属性；当目标图标显示为 ◉ 时，表示当前图层在绘图页面上没有对象被选择，但有外观属性；当目标图标显示为 ◉ 时，表示当前图层在绘图页面上有对象被选择，也有外观属性。

选择具有外观属性的对象所在的图层，拖曳此图层的目标图标到需要应用的图层的目标图标上，就可以移动对象的外观属性。在拖曳的同时按住 Alt 键，可以复制图层中对象的外观属性。

选择具有外观属性的对象所在的图层，拖曳此图层的目标图标到"图层"面板底部的"删除所选图层"按钮 🗑 上，这时可以取消此图层中对象的外观属性。如果此图层中包括路径，将会保留路径的填充和描边填充。

3. 移动对象

在设计制作的过程中，有时需要调整各图层之间的顺序，而图层中对象的位置也会相应地发生变化。选择需要移动的图层，按住鼠标左键将该图层拖曳到需要的位置，释放鼠标，图层被移动。移动图层后，图层中的对象在绘图页面上的排列次序也会被移动。

选择想要移动的"图层 5"中的对象，如图 8-30 所示。再选择"图层"面板中需要放置对象的"图层 1"，如图 8-31 所示。选择"对象 > 排列 > 发送至当前图层"命令，可以将对象移动到当前选中的"图层 1"中，效果如图 8-32 所示。

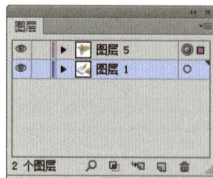

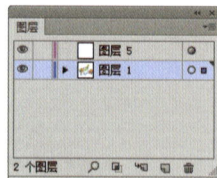

| 图 8-30 | 图 8-31 | 图 8-32 |

保持图形的选取状态，单击"图层 1"右边的方形图标 ■，按住鼠标左键不放，将该图标 ■ 拖曳到"图层 2"中，如图 8-33 所示。可以将对象移动到"图层 5"中，效果如图 8-34 所示。

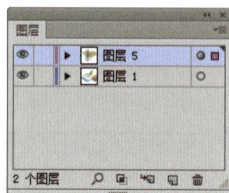

| 图 8-33 | 图 8-34 |

图层和蒙版的使用

8.2 制作图层蒙版

将一个对象制作为蒙版后，对象的内部变得完全透明，这样就可以显示下面的被蒙版对象，同时也可以遮挡住不需要显示或打印的部分。

8.2.1 课堂案例——制作脐橙线下海报

案例学习目标

学习使用"图形"工具、"置入"命令和"建立剪切蒙版"命令制作脐橙线下海报。

案例知识要点

使用"矩形"工具、"钢笔"工具、"置入"命令和"建立剪切"蒙版命令制作海报底图；使用"文字"工具、"字符"面板添加宣传文字。脐橙线下海报效果如图 8-35 所示。

微课

制作脐橙线下
海报

图 8-35

素材所在位置

Ch08\ 素材 \ 制作脐橙线下海报 \01、02。

效果所在位置

Ch08\ 效果 \ 制作脐橙线下海报 .ai。

（1）按 Ctrl+N 组合键，弹出"新建文档"对话框，设置文档的宽度为 150 mm，高度为 223 mm，取向为竖向，颜色模式为 CMYK，栅格效果为高（300 ppi），单击"确定"按钮，新建一个文档。

（2）选择"矩形"工具▣，绘制一个与页面大小相等的矩形。设置填充色为浅绿色（其 C、M、Y、K 的值分别为 15、4、16、0），填充图形，并设置描边色为无，效果如图 8-36 所示。

（3）选择"钢笔"工具✐，在适当的位置绘制一个不规则图形，如图 8-37 所示。设置填充色为橙色（其 C、M、Y、K 的值分别为 0、60、77、0），填充图形，并设置描边色为无，效果如图 8-38 所示。

图 8-36

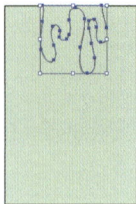
图 8-37

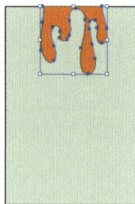
图 8-38

（4）选择"钢笔"工具 ☑，在适当的位置分别绘制不规则图形，如图 8-39 所示。选择"选择"工具 ▶，按住 Shift 键的同时，依次单击将绘制的图形同时选取，填充图形为黑色，并设置描边色为无，效果如图 8-40 所示。

（5）用相同的方法绘制其他图形，并填充相应的颜色，效果如图 8-41 所示。选择"选择"工具 ▶，按住 Shift 键的同时，依次单击将所绘制的图形同时选取。按 Ctrl+G 组合键，将其编组，如图 8-42 所示。

图 8-39

图 8-40

图 8-41

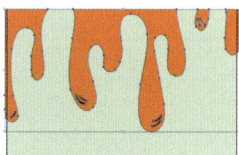
图 8-42

（6）选择"文件 > 置入"命令，弹出"置入"对话框，选择云盘中的"Ch08 > 素材 > 制作脐橙线下海报 > 01"文件，单击"置入"按钮，将图片置入页面中。单击属性栏中的"嵌入"按钮，嵌入图片。选择"选择"工具 ▶，拖曳图片到适当的位置，效果如图 8-43 所示。选取下方的背景矩形，按 Ctrl+C 组合键，复制图形，按 Shift+Ctrl+V 组合键，原位粘贴图形，如图 8-44 所示。

（7）选择"选择"工具 ▶，按住 Shift 键的同时，依次单击将所绘制的图形同时选取，如图 8-45 所示。按 Ctrl+7 组合键，建立剪切蒙版，效果如图 8-46 所示。

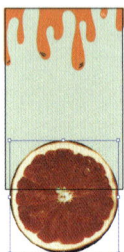
图 8-43

图 8-44

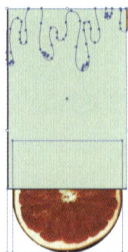
图 8-45

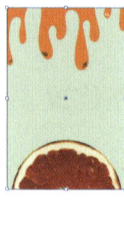
图 8-46

（8）选择"文字"工具 T，在适当的位置输入需要的文字。选择"选择"工具 ▶，在属性栏中选择合适的字体并设置文字大小，效果如图 8-47 所示。设置填充色和描边色均为绿色（其 C、M、Y、K 的值分别为 91、55、100、28），填充文字，效果如图 8-48 所示。

（9）按 Ctrl+T 组合键，弹出"字符"面板，将"设置所选字符的字距调整"选项 ⅦA 设为 -60，其他选项的设置如图 8-49 所示。按 Enter 键确定操作，效果如图 8-50 所示。

（10）选择"文字"工具 T，在适当的位置分别输入需要的文字。选择"选择"工具 ▶，在属性栏中分别选择合适的字体并设置文字大小，效果如图 8-51 所示。将输入的文字同时选取，设置填充色均为橙色（其 C、M、Y、K 的值分别为 6、52、93、0），填充文字，效果如图 8-52 所示。

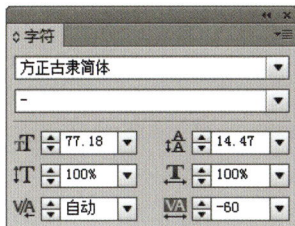

图 8-47　　　　　　图 8-48　　　　　　图 8-49　　　　　　图 8-50

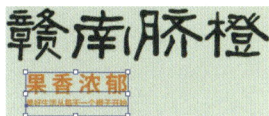

图 8-51　　　　　　　　　　　　　图 8-52

（11）选取文字"果香浓郁"，在"字符"面板中，将"设置所选字符的字距调整"选项 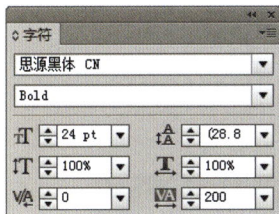设为 200，其他选项的设置如图 8-53 所示。按 Enter 键确定操作，效果如图 8-54 所示。

（12）选择"钢笔"工具，在适当的位置绘制一个不规则图形，设置填充色为橙色（其 C、M、Y、K 的值分别为 6、52、93、0），填充图形，并设置描边色为无，效果如图 8-55 所示。

图 8-53　　　　　　　　　图 8-54　　　　　　　图 8-55

（13）选择"椭圆"工具，按住 Shift 键的同时，在适当的位置绘制一个圆形，设置填充色为橙色（其 C、M、Y、K 的值分别为 6、52、93、0），填充图形，并设置描边色为无，效果如图 8-56 所示。

（14）选择"选择"工具，按住 Alt+Shift 组合键的同时，水平向右拖曳圆形到适当的位置，复制圆形，效果如图 8-57 所示。

图 8-56　　　　　　　　　　　　　图 8-57

（15）选择"文字"工具，在适当的位置输入需要的文字。选择"选择"工具，在属性栏中选择合适的字体并设置文字大小，填充文字为白色，效果如图 8-58 所示。在"字符"面板中，将"设置所选字符的字距调整"选项设为 540，其他选项的设置如图 8-59 所示。按 Enter 键确定操作，效果如图 8-60 所示。

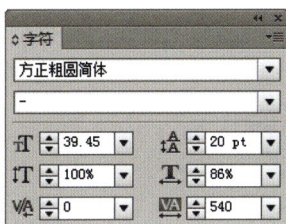

图 8-58　　　　　　　图 8-59　　　　　　　图 8-60

（16）按 Ctrl+O 组合键，打开云盘中的"Ch08 > 素材 > 制作脐橙线下海报 > 02"文件。选择"选择"工具▶，选取需要的图形。按 Ctrl+C 组合键，复制图形。选择正在编辑的页面，按 Ctrl+V 组合键，将复制的图形粘贴到页面中，并拖曳到适当的位置，效果如图 8-61 所示。脐橙线下海报制作完成，效果如图 8-62 所示。

图 8-61

图 8-62

8.2.2 制作图像蒙版

1. 使用"建立"命令制作

打开素材图片，如图 8-63 所示。选择"椭圆"工具◉，在图像上绘制一个椭圆形作为蒙版，如图 8-64 所示。

图 8-63

图 8-64

使用"选择"工具▶，同时选中图像和椭圆形，如图 8-65 所示（作为蒙版的图形必须在图像的上面）。选择"对象 > 剪切蒙版 > 建立"命令（组合键为 Ctrl+7），制作出蒙版效果，如图 8-66 所示。图像在椭圆形蒙版外面的部分被隐藏，取消选取状态，蒙版效果如图 8-67 所示。

图 8-65

图 8-66

图 8-67

2. 使用鼠标右键的弹出式命令制作蒙版

使用"选择"工具▶，选中图像和椭圆形，在选中的对象上单击鼠标右键，在弹出的菜单中选择"建立剪切蒙版"命令，制作出蒙版效果。

3. 用"图层"面板中的命令制作蒙版

使用"选择"工具▶，选中图像和椭圆形，单击"图层"面板右上方的▤图标，在弹出的菜单中选择"建立剪切蒙版"命令，制作出蒙版效果。

8.2.3 编辑图像蒙版

制作蒙版后，还可以对蒙版进行编辑，如查看、选择蒙版、增加或减少蒙版区域等。

1. 查看蒙版

使用"选择"工具 ⬆ 选中蒙版图像，如图 8-68 所示。单击"图层"面板右上方的 ▾ 图标，在弹出的菜单中选择"定位对象"命令，"图层"面板如图 8-69 所示，可以在该面板中查看蒙版状态，也可以编辑蒙版。

2. 锁定蒙版

使用"选择"工具 ⬆ 选中需要锁定的蒙版图像，如图 8-70 所示。选择"对象 > 锁定 > 所选对象"命令，可以锁定蒙版图像，效果如图 8-71 所示。

 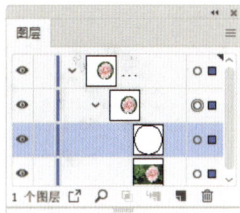  

| 图 8-68 | 图 8-69 | 图 8-70 | 图 8-71 |

3. 添加对象到蒙版

选中要添加的对象，如图 8-72 所示。选择"编辑 > 剪切"命令，剪切该对象。使用"直接选择"工具 ⬆ 选中被蒙版图形中的对象，如图 8-73 所示。选择"编辑 > 贴在前面、贴在后面"命令，就可以将要添加的对象粘贴到相应的蒙版图形的前面或后面，并成为图形的一部分，贴在前面的效果如图 8-74 所示。

| 图 8-72 | 图 8-73 | 图 8-74 |

4. 删除被蒙版的对象

选中被蒙版的对象，选择"编辑 > 清除"命令或按 Delete 键，即可删除被蒙版的对象。

在"图层"面板中选中被蒙版对象所在图层，再单击"图层"面板下方的"删除所选图层"按钮 🗑，也可删除被蒙版的对象。

8.3 制作文本蒙版

在 Illustrator CS6 中，可以将文本制作为蒙版。根据设计需要来制作文本蒙版，可以使文本产生丰富的效果。

8.3.1 制作文本蒙版

1. 使用"对象"命令制作文本蒙版

使用"矩形"工具 ▢，绘制一个矩形，在"色板"面板中选择需要的图案样式，如图 8-75 所示。

矩形被填充上此样式，效果如图 8-76 所示。

图 8-75

图 8-76

选择"文字"工具 T，在矩形上输入文字。使用"选择"工具 ，选中文字和矩形，如图 8-77 所示。选择"对象 > 剪切蒙版 > 建立"命令（组合键为 Ctrl+7），制作出蒙版效果，如图 8-78 所示。

图 8-77

图 8-78

2. 使用鼠标右键的弹出菜单命令制作文本蒙版

使用"选择"工具 ，选中图像和文字，在选中的对象上单击鼠标右键，在弹出的菜单中选择"建立剪切蒙版"命令，制作出蒙版效果。

3. 使用"图层"面板中的命令制作蒙版

使用"选择"工具 ，选中图像和文字。单击"图层"面板右上方的 图标，在弹出的菜单中选择"建立剪切蒙版"命令，制作出蒙版效果。

8.3.2 编辑文本蒙版

使用"选择"工具 ，选取被蒙版的文本，如图 8-79 所示。选择"文字 > 创建轮廓"命令，将文本转换为路径，路径上出现了许多锚点，效果如图 8-80 所示。

使用"直接选择"工具 ，选取路径上的锚点，就可以编辑修改被蒙版的文本，如图 8-81 所示。

图 8-79

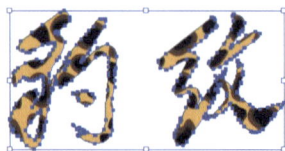

图 8-80

图 8-81

8.4 "透明度"面板

在"透明度"面板中可以为对象添加透明度，还可以设置透明度的混合模式。

8.4.1 课堂案例——制作自驾游海报

案例学习目标

学习使用"透明度"面板制作海报背景。

案例知识要点

使用"矩形"工具、"钢笔"工具和"旋转"工具制作海报背景;使用"透明度"面板调整图片混合模式和不透明度。自驾游海报效果如图 8-82 所示。

图 8-82

微课

制作自驾游
海报

素材所在位置

Ch08\ 素材 \ 制作自驾游海报 \01。

效果所在位置

Ch08\ 效果 \ 制作自驾游海报 .ai。

(1)按 Ctrl+N 组合键,弹出"新建文档"对话框,设置文档的宽度为 600 px,高度为 800 px,取向为竖向,颜色模式为 RGB,栅格效果为屏幕(72 ppi),单击"确定"按钮,新建一个文档。

(2)选择"矩形"工具,绘制一个与页面大小相等的矩形。设置填充色为浅黄色(其 R、G、B 的值分别为 255、211、133),填充图形,并设置描边色为无,效果如图 8-83 所示。

(3)选择"矩形"工具,在页面中绘制一个矩形,如图 8-84 所示。选择"钢笔"工具,在矩形下边中间的位置单击鼠标左键,添加一个锚点,如图 8-85 所示。分别在左右两侧不需要的锚点上单击鼠标左键,删除锚点,效果如图 8-86 所示。

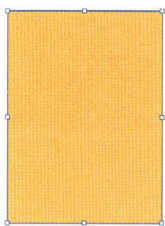
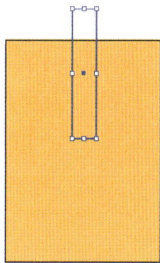
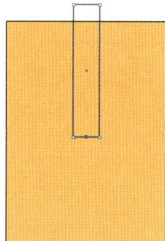
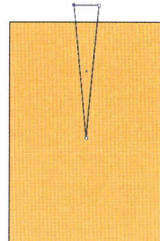

图 8-83   图 8-84   图 8-85   图 8-86

(4)选择"选择"工具,选取图形,选择"旋转"工具,按住 Alt 键的同时,在三角形底部锚点上单击,如图 8-87 所示,弹出"旋转"对话框,选项的设置如图 8-88 所示。单击"复制"按钮,旋转并复制图形,效果如图 8-89 所示。

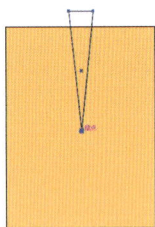

图 8-87

图 8-88

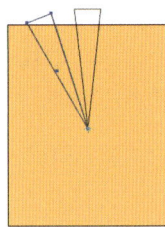

图 8-89

（5）连续按 Ctrl+D 组合键，复制出多个三角形，效果如图 8-90 所示。选择"选择"工具，按住 Shift 键的同时，依次单击复制的三角形将其同时选取。按 Ctrl+G 组合键，将其编组，如图 8-91 所示。

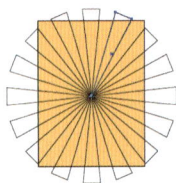

图 8-90

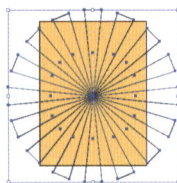

图 8-91

（6）填充图形为白色，并设置描边色为无，效果如图 8-92 所示。选择"窗口 > 透明度"命令，弹出"透明度"面板，将混合模式设为"柔光"，其他选项的设置如图 8-93 所示。按 Enter 键确定操作，效果如图 8-94 所示。

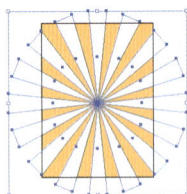

图 8-92

图 8-93

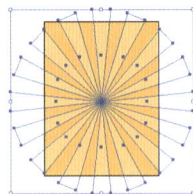

图 8-94

（7）选择"选择"工具，选取下方浅黄色矩形，按 Ctrl+C 组合键，复制矩形，按 Shift+Ctrl+V 组合键，就地粘贴矩形，如图 8-95 所示。按住 Shift 键的同时，单击下方白色编组图形将其同时选取，如图 8-96 所示。按 Ctrl+7 组合键，建立剪切蒙版，效果如图 8-97 所示。

图 8-95

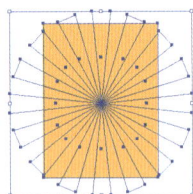

图 8-96

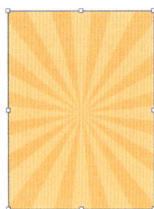

图 8-97

（8）按 Ctrl+O 组合键，打开云盘中的"Ch08 > 素材 > 制作自驾游海报 > 01"文件。选择"选择"工具，选取需要的图形。按 Ctrl+C 组合键，复制图形。选择正在编辑的页面，按 Ctrl+V 组合键，将其粘贴到页面中，并拖曳复制的图形到适当的位置，效果如图 8-98 所示。自驾游海报制作完成，效果如图 8-99 所示。

图 8-98

图 8-99

8.4.2　认识"透明度"面板

透明度是 Illustrator 中对象的一个重要外观属性。Illustrator CS6 可将绘图页面上的对象设置为完全透明、半透明或不透明 3 种状态。在"透明度"面板中，可以给对象添加不透明度，还可以改变混合模式，从而制作出新的效果。

选择"窗口 > 透明度"命令（组合键为 Shift+Ctrl+F10），弹出"透明度"面板，如图 8-100所示。单击面板右上方的图标，在弹出的菜单中选择"显示缩览图"命令，可以将"透明度"面板中的缩览图显示出来，如图 8-101 所示。在弹出的菜单中选择"显示选项"命令，可以将"透明度"面板中的选项显示出来，如图 8-102 所示。

图 8-100

图 8-101

图 8-102

1. "透明度"面板的表面属性

在图 8-102 所示的"透明度"面板中，当前选中对象的缩览图出现在其中。当将"不透明度"选项设置为不同的数值时，效果如图 8-103 所示（默认状态下，对象是完全不透明的）。

不透明度值为 0 时　　　不透明度值为 50 时　　　不透明度值为 100 时

图 8-103

勾选"隔离混合"复选框，可以使不透明度设置只影响当前组合或图层中的其他对象。

勾选"挖空组"复选框，可以使不透明度设置不影响当前组合或图层中的其他对象，但背景对象仍然受影响。

勾选"不透明度和蒙版用来定义挖空形状"复选框，可以使用不透明度蒙版来定义对象的不透明度所产生的效果。

选中"图层"面板中要改变不透明度的图层，单击图层右侧的图标，将其定义为目标图层。在"透明度"面板的"不透明度"选项中调整不透明度的数值，此时的调整会影响到整个图层不透明度的设置，包括此图层中已有的对象和将来绘制的任何对象。

**2.	"透明度"面板的下拉式命令**

单击"透明度"面板右上方的▼≡图标，弹出其下拉菜单，如图 8-104 所示。

"建立不透明蒙版"命令用于将蒙版的不透明度设置应用到它所覆盖的所有对象中。

在绘图页面中选中两个对象，如图 8-105 所示，选择"建立不透明蒙版"命令，"透明度"面板显示的效果如图 8-106 所示，制作不透明蒙版的效果如图 8-107 所示。

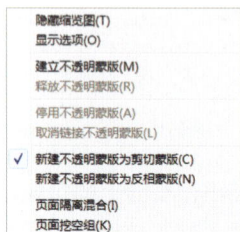 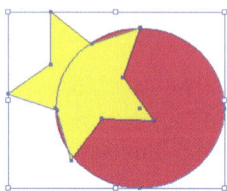  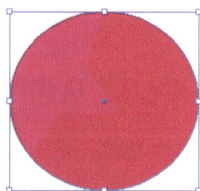

图 8-104　　　　　　　图 8-105　　　　　　　图 8-106　　　　　　　图 8-107

选择"释放不透明蒙版"命令，制作的不透明蒙版将被释放，对象恢复原来的效果。选中制作的不透明蒙版，选择"停用不透明蒙版"命令，不透明蒙版被禁用，"透明度"面板的变化如图 8-108 所示。

选中制作的不透明蒙版，选择"取消链接不透明蒙版"命令，蒙版对象和被蒙版对象之间的链接关系被取消。在"透明度"面板中，蒙版对象和被蒙版对象缩略图之间的链接符号▒不再显示，如图 8-109 所示。

图 8-108　　　　　　　　　　　　　　　图 8-109

选中制作的不透明蒙版，勾选"透明度"面板中的"剪切"复选框，如图 8-110 所示，不透明蒙版的变化效果如图 8-111 所示。勾选"透明度"面板中的"反相蒙版"复选框，如图 8-112 所示，不透明蒙版的变化效果如图 8-113 所示。

 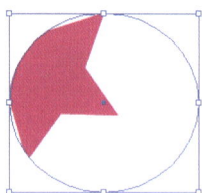  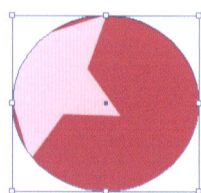

图 8-110　　　　　　　图 8-111　　　　　　　图 8-112　　　　　　　图 8-113

8.4.3　"透明度"面板中的混合模式

在"透明度"面板中提供了 16 种混合模式，如图 8-114 所示。打开一张图像，如图 8-115 所示。在图像上选择需要的图形，如图 8-116 所示。分别选择不同的混合模式，可以观察图像的不同变化，效果如图 8-117 所示。

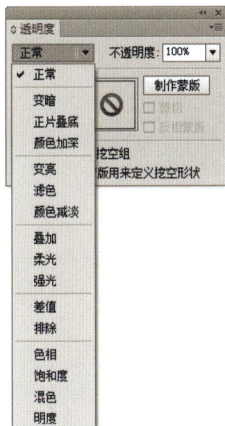

图 8-114   图 8-115   图 8-116

正常模式   变暗模式   正片叠底模式   颜色加深模式

变亮模式   滤色模式   颜色减淡模式   叠加模式

柔光模式   强光模式   差值模式   排除模式

色相模式   饱和度模式   混色模式   明度模式

图 8-117

8.5 课堂练习——制作时尚杂志封面

🔗 练习知识要点

  使用"置入"命令、"矩形"工具和"剪切蒙版"命令制作杂志背景；使用"椭圆"工具、"直线段"工具、"文字"工具和"填充"工具添加杂志名称和栏目信息。效果如图 8-118 所示。

微课

制作时尚杂志
封面

图 8-118

📷 **素材所在位置**

Ch08\ 素材 \ 制作时尚杂志封面 \01。

◎ **效果所在位置**

Ch08\ 效果 \ 制作时尚杂志封面 .ai。

8.6 课后习题——制作礼券

🔗 **习题知识要点**

使用"置入"命令置入底图；使用"椭圆"工具、"缩放"命令、"渐变"工具和"圆角矩形"工具制作装饰图形；使用"矩形"工具、"剪切蒙版"命令制作图片的剪切蒙版效果；使用"文字"工具、"字符"面板和"段落"面板添加内页文字。礼券效果如图 8-119 所示。

正面   背面

微课

制作礼券 1

微课

制作礼券 2

图 8-119

📷 **素材所在位置**

Ch08\ 素材 \ 制作礼券 \01~04。

◎ **效果所在位置**

Ch08\ 效果 \ 制作礼券 .ai。

09

第 9 章
使用混合与封套效果

本章介绍

　　本章将重点讲解混合和封套效果的制作方法。使用"混合"命令可以产生颜色和形状的混合，生成中间对象的逐级变形。通过本章的学习，学生可以使用"封套"命令用图形对象轮廓来约束其他对象的行为。

学习目标

✓ 熟练掌握混合效果的创建方法。
✓ 掌握封套变形命令的使用技巧。

技能目标

✓ 掌握艺术设计展海报的制作方法。
✓ 掌握音乐节海报的制作方法。

素养目标

✳ 提高学生的审美水平。
✳ 提高学生的艺术修养。

9.1 混合效果的使用

"混合"命令用于创建一系列处于两个自由形状之间的路径，也就是一系列样式递变的过渡图形。该命令可以在两个或两个以上的图形对象之间使用。

9.1.1 课堂案例——制作艺术设计展海报

案例学习目标

学习使用"混合"工具制作文字混合效果。

案例知识要点

使用"矩形"工具、"渐变"工具绘制背景；使用"文字"工具、"渐变"工具、"混合"工具制作文字混合效果。艺术设计展海报效果如图 9-1 所示。

图 9-1

微课

制作艺术设计展
海报

素材所在位置

Ch09\ 素材 \ 制作艺术设计展海报 \01。

效果所在位置

Ch09\ 效果 \ 制作艺术设计展海报 .ai。

（1）按 Ctrl+N 组合键，弹出"新建文档"对话框，设置文档的宽度为 600 px，高度为 800 px，取向为竖向，颜色模式为 RGB，栅格效果为屏幕（72 ppi），单击"确定"按钮，新建一个文档。

（2）选择"矩形"工具，绘制一个与页面大小相等的矩形。双击"渐变"工具，弹出"渐变"面板，在"类型"选项的下拉列表中选择"线性"渐变类型，在色带上设置两个渐变滑块，分别将渐变滑块的位置设为 0、100，并设置 R、G、B 的值分别为 0（0、64、151）、100（154、124、181），其他选项的设置如图 9-2 所示。图形被填充为渐变色，并设置描边色为无，效果如图 9-3 所示。

（3）选择"文字"工具，在页面中输入需要的文字。选择"选择"工具，在属性栏中选择合适的字体并设置文字大小，效果如图 9-4 所示。选择"文字 > 创建轮廓"命令，将文字转换为轮廓，效果如图 9-5 所示。

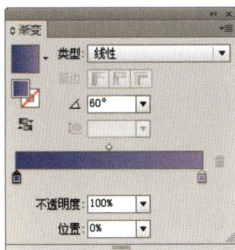   

图 9-2　　　　　　图 9-3　　　　　　图 9-4　　　　　　图 9-5

（4）双击"渐变"工具■，弹出"渐变"面板，在"类型"选项的下拉列表中选择"线性"渐变类型，在色带上设置 3 个渐变滑块，分别将渐变滑块的位置设为 0、50、100，并设置 R、G、B 的值分别为 0（168、44、255）、50（255、128、225）、100（66、176、253），其他选项的设置如图 9-6 所示。文字被填充为渐变色，效果如图 9-7 所示。按 Shift+X 组合键，互换填色和描边，效果如图 9-8 所示。

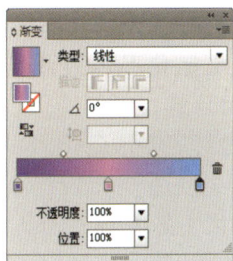  

图 9-6　　　　　　图 9-7　　　　　　图 9-8

（5）选择"选择"工具▶，按 Ctrl+C 组合键，复制文字，按 Ctrl+F 组合键，将复制的文字粘贴在前面。微调复制的文字到适当的位置，效果如图 9-9 所示。按 Ctrl+C 组合键，复制文字（此复制文字作为备用）。按住 Shift 键的同时，单击原渐变文字将其同时选取，如图 9-10 所示。

图 9-9　　　　　　图 9-10

（6）双击"混合"工具，在弹出的"混合选项"对话框中进行设置，如图 9-11 所示，单击"确定"按钮。按 Alt+Ctrl+B 组合键，生成混合，取消选取状态，效果如图 9-12 所示。

（7）选择"选择"工具▶，按 Shift+Ctrl+V 组合键，就地粘贴文字（备用），如图 9-13 所示。按 Shift+X 组合键，互换填色和描边，效果如图 9-14 所示。

图 9-11　　　　　　图 9-12　　　　　　图 9-13　　　　　　图 9-14

（8）双击"渐变"工具 ▥，弹出"渐变"面板，在"类型"选项的下拉列表中选择"线性"渐变类型，在色带上设置两个渐变滑块，分别将渐变滑块的位置设为 0、100，并设置 R、G、B 的值分别为 0（0、64、151）、100（154、124、181），其他选项的设置如图 9-15 所示。文字被填充为渐变色，效果如图 9-16 所示。

（9）选择"选择"工具 ▸，按 Ctrl+C 组合键，复制文字，按 Ctrl+F 组合键，将复制的文字粘贴在前面。微调复制的文字到适当的位置，填充文字为白色，效果如图 9-17 所示。

图 9-15　　　　　　　　　图 9-16　　　　　　　　　图 9-17

（10）按 Ctrl+O 组合键，打开云盘中的"Ch09 > 素材 > 制作艺术设计展海报 > 01"文件。选择"选择"工具 ▸，选取需要的图形，按 Ctrl+C 组合键，复制图形。选择正在编辑的页面，按 Ctrl+V 组合键，将其粘贴到页面中，并拖曳复制的图形到适当的位置，效果如图 9-18 所示。

（11）连续按 Ctrl+[组合键，将图形向后移至适当的位置，效果如图 9-19 所示。艺术设计展海报制作完成，效果如图 9-20 所示。

图 9-18　　　　　　　　　图 9-19　　　　　　　　　图 9-20

9.1.2　创建混合对象

选择"混合"命令可以对整个图形、部分路径或控制点进行混合。混合对象后，中间各级路径上的点的数量、位置及点之间线段的性质取决于起始对象和终点对象上的点的数目，同时还取决于在每个路径上指定的特定的点。

"混合"命令试图匹配起始对象和终点对象上的所有点，并在每对相邻的点间画条线段。起始对象和终点对象最好包含相同数目的控制点。如果两个对象含有不同数目的控制点，Illustrator CS6 将在中间级中增加或减少控制点。

1．创建混合对象

（1）应用"混合"工具创建混合对象

选择"选择"工具 ▸，选取要进行混合的两个对象，如图 9-21 所示。选择"混合"工具 ▧，单击要混合的起始图像，如图 9-22 所示。

图 9-21   图 9-22

在另一个要混合的图像上单击，将它设置为目标图像，如图 9-23 所示，绘制出的混合图像效果如图 9-24 所示。

图 9-23   图 9-24

（2）应用命令创建混合对象

选择"选择"工具 ，选取要进行混合的对象。选择"对象 > 混合 > 建立"命令（组合键为 Alt +Ctrl+ B ），绘制出混合图像。

2．创建混合路径

选择"选择"工具 ，选取要进行混合的对象，如图 9-25 所示。选择"混合"工具 ，单击要混合的起始路径上的某一节点，空心节点变为实心，如图 9-26 所示。单击另一个要混合的目标路径上的某一节点，将它设置为目标路径，如图 9-27 所示。

 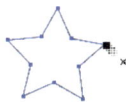

图 9-25   图 9-26   图 9-27

绘制出混合路径，如图 9-28 所示。

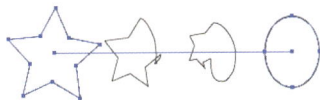

图 9-28

知识链接

在起始路径和目标路径上单击的节点不同，所得出的混合效果也不同。

3．继续混合其他对象

选择"混合"工具 ，单击混合路径中最后一个混合对象路径上的节点，如图 9-29 所示。

单击想要添加的其他对象路径上的节点，如图 9-30 所示。继续混合对象后的效果如图 9-31 所示。

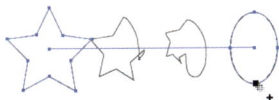 

图 9-29   图 9-30

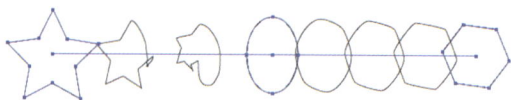

图 9-31

4. 释放混合对象

选择"选择"工具 ，选取一组混合对象，如图 9-32 所示。选择"对象 > 混合 > 释放"命令（组合键为 Alt + Shift +Ctrl+B），释放混合对象，效果如图 9-33 所示。

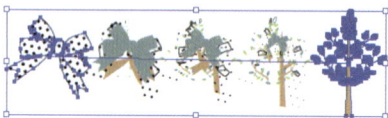

图 9-32

图 9-33

5. 使用"混合选项"对话框

选择"选择"工具 ，选取要进行混合的对象，如图 9-34 所示。选择"对象 > 混合 > 混合选项"命令，弹出"混合选项"对话框，在对话框中"间距"选项的下拉列表中选择"平滑颜色"选项，可以使混合的颜色保持平滑，如图 9-35 所示。

图 9-34

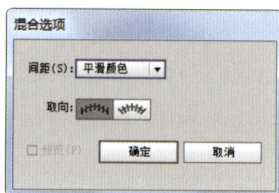

图 9-35

在对话框中"间距"选项的下拉列表中选择"指定的步数"选项，可以设置混合对象的步骤数，如图 9-36 所示。在对话框中"间距"选项的下拉列表中选择"指定的距离"选项，可以设置混合对象间的距离，如图 9-37 所示。

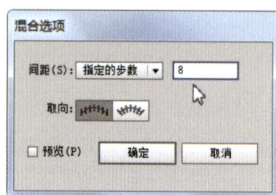

图 9-36

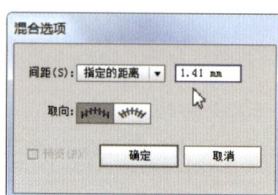

图 9-37

在对话框的"取向"选项组中有两个选项可以选择："对齐页面"选项和"对齐路径"选项，如图 9-38 所示。设置每个选项后，单击"确定"按钮。选择"对象 > 混合 > 建立"命令，将对象混合，效果如图 9-39 所示。

图 9-38

图 9-39

9.1.3　混合的形状

执行"混合"命令可以将一种形状变形成另一种形状。

1.　多个对象的混合变形

选择"钢笔"工具，在页面上绘制 4 个形状不同的对象，如图 9-40 所示。选择"混合"工具，单击第 1 个对象，接着按照顺时针的方向，依次单击每个对象，这样每个对象都被混合了（此例中，选择的指定步数如图 9-36 所示），如图 9-41 所示。

图 9-40

图 9-41

2.　绘制立体效果

选择"钢笔"工具，在页面上绘制灯笼的上底、下底和边缘线，如图 9-42 所示。选取灯笼的左右两条边缘线，如图 9-43 所示。

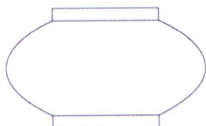

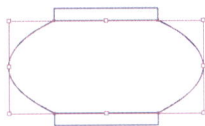

图 9-42

图 9-43

选择"对象 > 混合 > 混合选项"命令，弹出"混合选项"对话框，设置"指定的步数"选项数值框中的数值为 4，在"取向"选项组中选择"对齐页面"选项，如图 9-44 所示，单击"确定"按钮。选择"对象 > 混合 > 建立"命令，灯笼上面的立体竹竿即绘制完成，如图 9-45 所示。

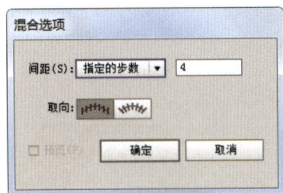

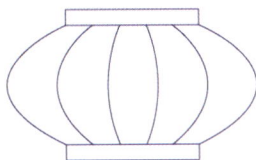

图 9-44

图 9-45

9.1.4　编辑混合路径

在制作混合图形之前，需要修改混合选项的设置，否则系统将采用默认的设置建立混合图形。

混合得到的图形由混合路径相连接，自动创建的混合路径默认是直线，如图 9-46 所示，可以编辑这条混合路径。编辑混合路径可以添加、减少控制点，可以扭曲混合路径，可以将直角控制点转换为曲线控制点。

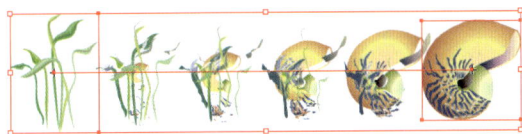

图 9-46

选择"对象 > 混合 > 混合选项"命令，弹出"混合选项"对话框，在"间距"选项组中包括 3 个选项，如图 9-47 所示。

"平滑颜色"选项：用于按进行混合的两个图形的颜色和形状来确定混合的步数，为默认选项，效果如图 9-48 所示。

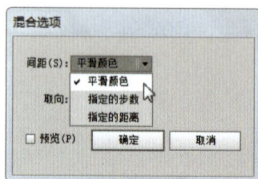

图 9-47

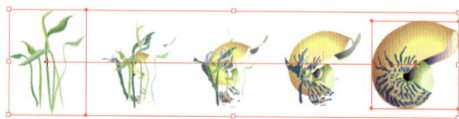

图 9-48

"指定的步数"选项：用于控制混合的步数。当"指定的步数"选项设置为 2 时，效果如图 9-49 所示。当"指定的步数"选项设置为 7 时，效果如图 9-50 所示。

图 9-49

图 9-50

"指定的距离"选项：用于控制每一步混合的距离。当"指定的距离"选项设置为 30 时，效果如图 9-51 所示。当"指定的距离"选项设置为 10 时，效果如图 9-52 所示。

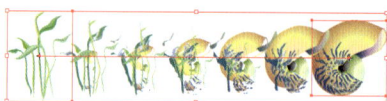

图 9-51

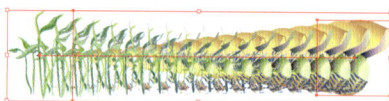

图 9-52

如果想要将混合图形与存在的路径结合，同时选取混合图形和外部路径，选择"对象 > 混合 > 替换混合轴"选项，可以替换混合图形中的混合路径，混合前后的效果对比如图 9-53 和图 9-54 所示。

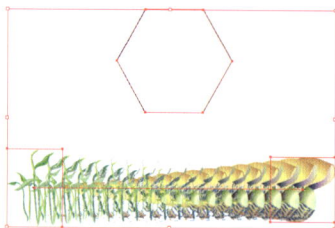

图 9-53

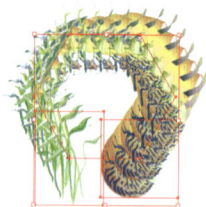

图 9-54

9.1.5 操作混合对象

1. 改变混合图像的重叠顺序

选取混合图像，选择"对象 > 混合 > 反向堆叠"命令，混合图像的重叠顺序将被改变，改变前后的效果对比如图 9-55 和图 9-56 所示。

图 9-55　　　　　　　　　　　　　　图 9-56

2. 打散混合图像

选取混合图像，选择"对象 > 混合 > 扩展"命令，混合图像将被打散，打散前后的效果对比如图 9-57 和图 9-58 所示。

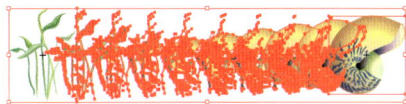

图 9-57　　　　　　　　　　　　　　图 9-58

9.2　封套效果的使用

Illustrator CS6 中提供了不同形状的封套类型，利用不同的封套类型可以改变选定对象的形状。封套不仅可以应用到选定的图形中，还可以应用于路径、复合路径、文本对象、网格、混合或导入的位图当中。

当对一个对象使用封套时，对象就像被放入一个特定的容器中，封套使对象的本身发生相应的变化。同时，对于应用了封套的对象，还可以对其进行一定的编辑，如修改、删除等操作。

9.2.1　课堂案例——制作音乐节海报

案例学习目标

学习使用绘图工具和"封套扭曲"命令制作音乐节海报。

案例知识要点

使用"添加锚点"工具和"锚点"工具添加并编辑锚点；使用"极坐标网格"工具、"渐变"工具、"用网格建立"命令和"直接选择"工具制作装饰图形；使用"矩形"工具、"用变形建立"命令制作琴键。音乐节海报效果如图 9-59 所示。

微课

制作音乐节
海报

图 9-59

素材所在位置

Ch09\ 素材 \ 制作音乐节海报 \01。

效果所在位置

Ch09\ 效果 \ 制作音乐节海报 .ai。

（1）按 Ctrl+N 组合键，弹出"新建文档"对话框，设置文档的宽度为 1080 px，高度为 1440 px，取向为竖向，颜色模式为 RGB，栅格效果为屏幕（72 ppi），单击"确定"按钮，新建一个文档。

（2）选择"矩形"工具■，绘制一个与页面大小相等的矩形。设置填充色为粉色（其 R、G、B 的值分别为 250、233、217），填充图形，并设置描边色为无，效果如图 9-60 所示。

（3）使用"矩形"工具■，在适当的位置再绘制一个矩形。设置填充色、蓝色（其 R、G、B 的值分别为 47、50、139），填充图形，并设置描边色为无，效果如图 9-61 所示。

（4）选择"添加锚点"工具，在矩形上边适当的位置单击鼠标左键，添加一个锚点，如图 9-62 所示。选择"直接选择"工具，按住 Shift 键的同时，单击右侧的锚点将其同时选取，并向下拖曳选中的锚点到适当的位置，如图 9-63 所示。

图 9-60 　　　　 图 9-61 　　　　 图 9-62 　　　　 图 9-63

（5）选择"添加锚点"工具，在斜边适当的位置单击鼠标左键，添加一个锚点，如图 9-64 所示。选择"锚点"工具，单击并拖曳锚点的控制柄，将所选锚点转换为平滑锚点，效果如图 9-65 所示。拖曳下方的控制柄到适当的位置，调整其弧度，效果如图 9-66 所示。

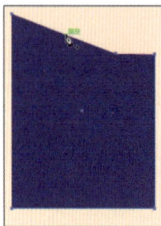  

图 9-64 　　　　　 图 9-65 　　　　　 图 9-66

（6）选择"极坐标网格"工具■，在页面中单击鼠标左键，弹出"极坐标网格工具选项"对话框，设置如图 9-67 所示。单击"确定"按钮，出现一个极坐标网格。选择"选择"工具，拖曳极坐标网格到适当的位置，效果如图 9-68 所示。

（7）在属性栏中将"描边粗细"选项设置为 3 pt，按 Enter 键确定操作，效果如图 9-69 所示。双击"渐变"工具■，弹出"渐变"面板，在"类型"选项的下拉列表中选择"线性"渐变类型，在色带上设置 4 个渐变滑块，分别将渐变滑块的位置设为 0、33、70、100，并设置 R、G、B 的值分别为 0（68、71、153）、33（88、65、150）、70（124、62、147）、100（186、56、147），其他选项的设置如图 9-70 所示。图形描边被填充为渐变色，效果如图 9-71 所示。

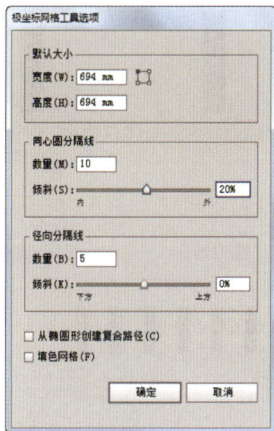

图 9-67

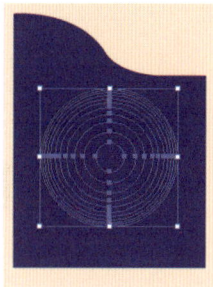

图 9-68

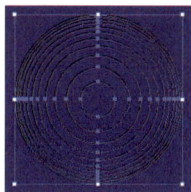

图 9-69

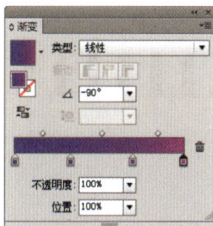

图 9-70

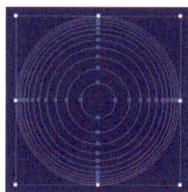

图 9-71

（8）选择"对象 > 封套扭曲 > 用网格建立"命令，弹出"封套网格"对话框，选项的设置如图 9-72 所示。单击"确定"按钮，建立网格封套，效果如图 9-73 所示。

（9）选择"直接选择"工具 ，选中并拖曳封套上需要的锚点到适当的位置，效果如图 9-74 所示。用相同的方法对封套其他锚点进行扭曲变形，效果如图 9-75 所示。

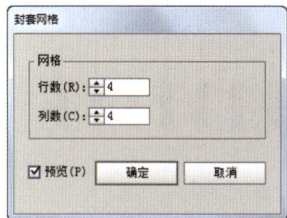

图 9-72

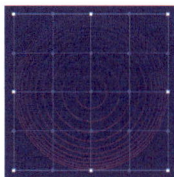

图 9-73

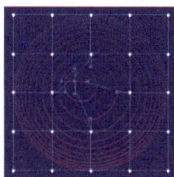

图 9-74

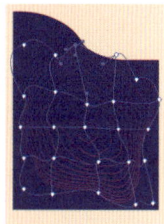

图 9-75

（10）选择"矩形"工具 ，在页面外绘制一个矩形，设置填充色为粉色（其 R、G、B 的值分别为 250、233、217），填充图形，并设置描边色为无，效果如图 9-76 所示。

（11）选择"选择"工具 ，按住 Alt+Shift 组合键的同时，水平向右拖曳矩形到适当的位置，复制矩形，效果如图 9-77 所示。选择"矩形"工具 ，在适当的位置绘制一个矩形，填充图形为黑色，并设置描边色为无，效果如图 9-78 所示。

（12）选择"选择"工具 ，用框选的方法将所绘制的矩形同时选取，按 Ctrl+G 组合键，将其编组，如图 9-79 所示。按住 Alt+Shift 组合键的同时，水平向右拖曳编组图形到适当的位置，复制编组图形，效果如图 9-80 所示。连续按 Ctrl+D 组合键，复制出多个图形，效果如图 9-81 所示。

  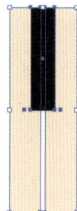 

图9-76   图9-77   图9-78   图9-79   图9-80

图9-81

（13）选择"选择"工具▶，用框选的方法将所复制的图形同时选取，按Ctrl+G组合键，将其编组，如图9-82所示。

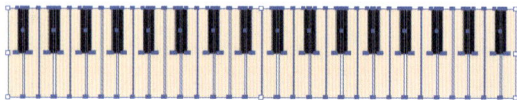

图9-82

（14）双击"镜像"工具，弹出"镜像"对话框，选项的设置如图9-83所示；单击"复制"按钮，镜像并复制图形，效果如图9-84所示。

图9-83   图9-84

（15）选择"选择"工具▶，按住Shift键的同时，垂直向下拖曳复制的图形到适当的位置，效果如图9-85所示。

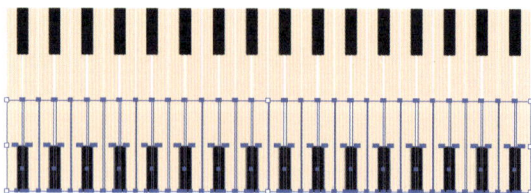

图9-85

（16）选择"选择"工具▶，按住Shift键的同时，单击原编组图形将其同时选取，如图9-86所示。

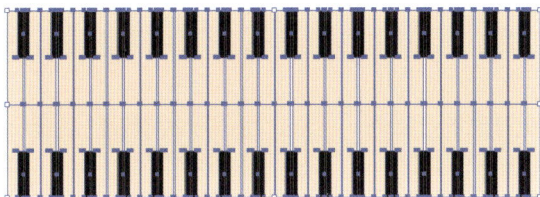

图 9-86

（17）选择"对象 > 封套扭曲 > 用变形建立"命令，弹出"变形选项"对话框，选项的设置如图 9-87 所示，单击"确定"按钮，建立鱼形封套，效果如图 9-88 所示。

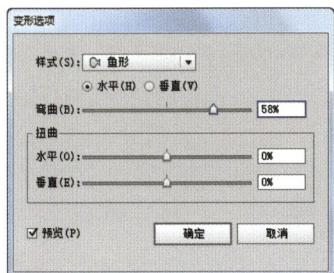

图 9-87

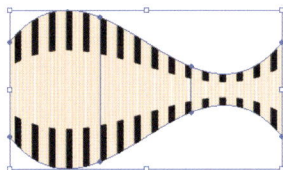

图 9-88

（18）选择"对象 > 封套扭曲 > 扩展"命令，打散封套图形，如图 9-89 所示。按 Shift+Ctrl+G 组合键，取消图形编组。选取下方的鱼形封套，如图 9-90 所示，按 Delete 键将其删除，如图 9-91 所示。

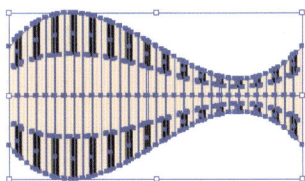

图 9-89

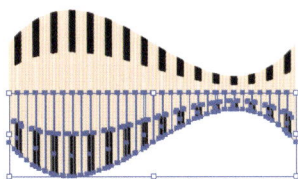

图 9-90

图 9-91

（19）选择"选择"工具，选取上方的鱼形封套，并将其拖曳到页面中适当的位置，效果如图 9-92 所示。选择"矩形"工具，在适当的位置绘制一个矩形，设置描边色为蓝色（其 R、G、B 的值分别为 47、50、139），填充描边，效果如图 9-93 所示。

（20）按 Ctrl+O 组合键，打开云盘中的"Ch09 > 素材 > 制作音乐节海报 > 01"文件。选择"选择"工具，选取需要的图形，按 Ctrl+C 组合键，复制图形。选择正在编辑的页面，按 Ctrl+V 组合键，将其粘贴到页面中，并拖曳复制的图形到适当的位置，效果如图 9-94 所示。音乐节海报制作完成，效果如图 9-95 所示。

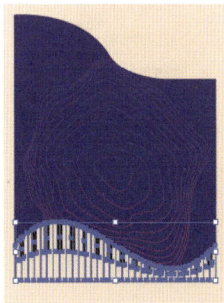

图 9-92

图 9-93

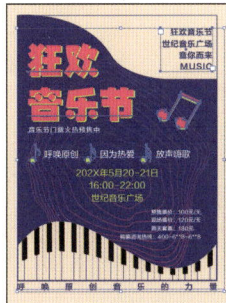

图 9-94

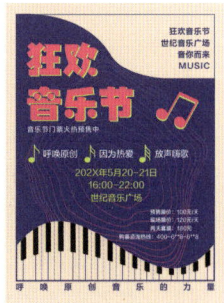

图 9-95

9.2.2 创建封套

当需要使用封套来改变对象的形状时，可以应用程序所预设的封套图形，或者使用网格工具调整对象，还可以使用自定义图形作为封套。但是，该图形必须处于所有对象的最上层。

1. 从应用程序预设的形状创建封套

选中对象，选择"对象 > 封套扭曲 > 用变形建立"命令（组合键为 Alt+Shift+Ctrl+W），弹出"变形选项"对话框，如图 9-96 所示。

在"样式"选项的下拉列表中提供了 15 种封套类型，可根据需要选择，如图 9-97 所示。

"水平"选项和"垂直"选项用于设置指定封套类型的放置位置。选定一个选项，在"弯曲"选项中设置对象的弯曲程度，可以设置应用封套类型在水平或垂直方向上的比例。勾选"预览"复选框，预览设置的封套效果，单击"确定"按钮，将设置好的封套应用到选定的对象中，图形应用封套前后的对比效果如图 9-98 所示。

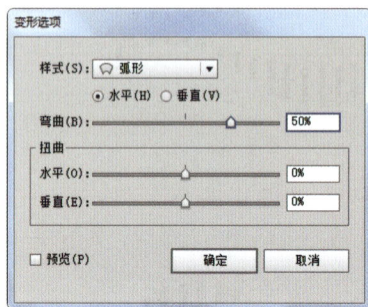
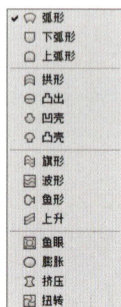
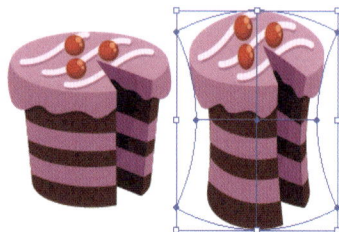

图 9-96   图 9-97   图 9-98

2. 使用网格建立封套

选中对象，选择"对象 > 封套扭曲 > 用网格建立"命令（组合键为 Alt+Ctrl+M），弹出"封套网格"对话框。在"行数"和"列数"选项的数值框中，可以根据需要输入网格的行数和列数，如图 9-99 所示。单击"确定"按钮，设置完成的网格封套将应用到选定的对象中，如图 9-100 所示。

设置完成的网格封套还可以通过"网格"工具 进行编辑。选择"网格"工具 ，单击网格封套对象，即可增加对象上的网格数，如图 9-101 所示。按住 Alt 键的同时，单击对象上的网格点和网格线，可以减少网格封套的行数和列数。用"网格"工具 拖曳网格点可以改变对象的形状，如图 9-102 所示。

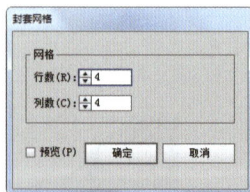
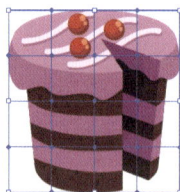
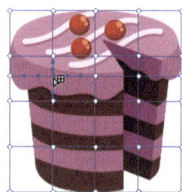
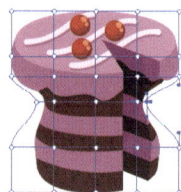

图 9-99   图 9-100   图 9-101   图 9-102

3. 使用路径建立封套

同时选中对象和想要用来作为封套的路径（这时封套路径必须处于所有对象的最上层），如图 9-103 所示。选择"对象 > 封套扭曲 > 用顶层对象建立"命令（组合键为 Alt+Ctrl+C），使用路径创建的封套效果如图 9-104 所示。

图 9-103

图 9-104

9.2.3 编辑封套

用户可以对创建的封套进行编辑。由于创建的封套是将封套和对象组合在一起的，所以，既可以编辑封套，也可以编辑对象，但是两者不能同时编辑。

1. 编辑封套形状

选择"选择"工具 ▶，选取一个含有对象的封套。选择"对象 > 封套扭曲 > 用变形重置"命令或"用网格重置"命令，弹出"变形选项"对话框或"重置封套网格选项"对话框。这时，可以根据需要重新设置封套类型，效果如图 9-105 和图 9-106 所示。

选择"直接选择"工具 ▶ 或使用"网格"工具 ▦ 可以拖曳封套上的锚点进行编辑。还可以使用"变形"工具 ▨ 对封套进行扭曲变形，效果如图 9-107 所示。

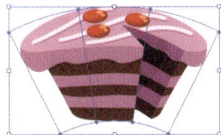
图 9-105

图 9-106

图 9-107

2. 编辑封套内的对象

选择"选择"工具 ▶，选取含有封套的对象，如图 9-108 所示。选择"对象 > 封套扭曲 > 编辑内容"命令（组合键为 Shift+Ctrl+V），对象将会显示原来的选框，如图 9-109 所示。这时在"图层"控制面板中的封套图层左侧将显示一个小三角形，这表示可以修改封套中的内容，如图 9-110 所示。

图 9-108

图 9-109

图 9-110

9.2.4 设置封套属性

设置封套属性，使封套更好地符合图形绘制的要求。

选择一个封套对象，选择"对象 > 封套扭曲 > 封套选项"命令，弹出"封套选项"对话框，如图 9-111 所示。

勾选"消除锯齿"复选框，可以在使用封套变形的时候防止锯齿的产生，保持图形的清晰度。在编辑非直角封套时，可以选择"剪切蒙版"和"透明度"两种方式保护图形。"保真度"选项用于设置对象适合封套的保真度。当勾选"扭曲外观"复选框后，下方的两个选项将被激活。它可使对象具有外观属性，如应用了特殊效果，对象也随之发生扭曲变形。"扭曲线性渐变填充"和"扭曲图案填充"复选框分别用于扭曲对象的直线渐变填充和图案填充。

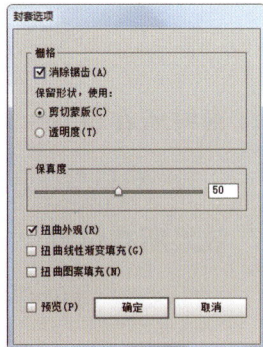
图 9-111

9.3 课堂练习——制作火焰贴纸

🔗 练习知识要点

使用"星形"工具、"圆角"命令绘制多角星形；使用"椭圆"工具、"描边"面板制作虚线；使用"钢笔"工具、"混合"工具制作火焰。效果如图9-112所示。

图9-112

微课

制作火焰贴纸

◎ 效果所在位置

Ch09\ 效果 \ 制作火焰贴纸 .ai。

9.4 课后习题——制作促销海报

🔗 习题知识要点

使用"文字"工具、"封套扭曲"命令、"渐变"工具和"高斯模糊"命令添加并编辑标题文字；使用"文字"工具、"字符"面板添加宣传性文字；使用"圆角矩形"工具、"描边"命令绘制虚线框。效果如图9-113所示。

图9-113

微课

制作促销海报

📷 素材所在位置

Ch09\ 素材 \ 制作促销海报 \01。

◎ 效果所在位置

Ch09\ 效果 \ 制作促销海报 .ai。

10

第 10 章
效果的使用

本章介绍

　　本章将主要介绍 Illustrator CS6 中强大的效果功能。通过本章的学习，学生可以掌握效果命令的使用方法，并将丰富的图形图像效果应用到实践中。

学习目标

- 了解 Illustrator CS6 中的"效果"菜单。
- 掌握重复应用效果命令的方法。
- 掌握 Illustrator 效果命令的使用方法。
- 掌握 Photoshop 效果命令的使用方法。
- 掌握"样式"面板的使用技巧。

技能目标

- 掌握矛盾空间效果 Logo 的制作方法。
- 掌握国画展览海报的制作方法。

素养目标

- 培养学生对中华优秀传统文化的热爱。
- 培养学生对艺术的热爱。

10.1　介绍效果

在 Illustrator CS6 中，使用效果命令可以快速地处理图像，通过对图像的变形和变色来使其更加精美。所有的效果命令都放置在"效果"菜单下，如图 10-1 所示。

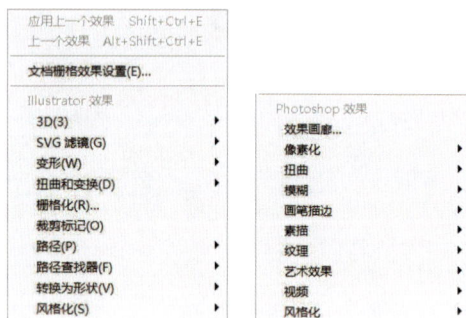

图 10-1

"效果"菜单包括 3 个部分。第 1 部分是重复应用上一个效果的命令，第 2 部分是应用于矢量图的效果命令，第 3 部分是应用于位图的效果命令。

10.2　重复应用效果命令

"效果"菜单的第 1 部分有两个命令，分别是"应用上一个效果"命令和"上一个效果"命令。当没有使用过任何效果时，这两个命令为灰色不可用状态，如图 10-2 所示。当使用过效果后，这两个命令将显示为上次所使用过的效果命令。例如，如果上次使用过"效果 > 扭曲和变换 > 扭转"命令，那么菜单将变为图 10-3 所示的命令。

图 10-2

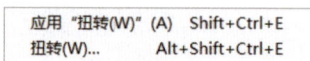

图 10-3

选择"应用上一个效果"命令可以直接使用上次效果操作时所设置好的数值，把效果添加到图像上。打开文件，如图 10-4 所示，使用"效果 > 扭曲和变换 > 扭转"命令，设置扭曲度为 40°，效果如图 10-5 所示。选择"应用'扭转'"命令，可以保持第 1 次设置的数值不变，使图像再次扭曲 40°，如图 10-6 所示。

图 10-4

图 10-5

图 10-6

在上例中，如果选择"扭转"命令，将弹出"扭转"对话框，可以重新输入新的数值，如图 10-7 所示。单击"确定"按钮，得到的效果如图 10-8 所示。

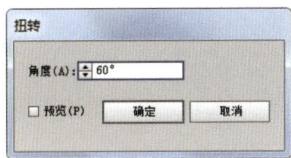

图 10-7

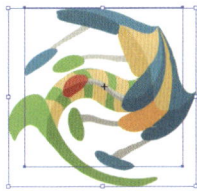

图 10-8

10.3 Illustrator 效果

Illustrator 效果为矢量效果，可以同时应用于矢量图和位图对象，它包括 10 个效果组，有些效果组又包括多个效果。

10.3.1 课堂案例——制作矛盾空间效果 Logo

案例学习目标

学习使用"矩形"工具和"3D"命令制作矛盾空间效果 Logo。

案例知识要点

使用"矩形"工具、"凸出和斜角"命令、"路径查找器"命令和"渐变"工具制作矛盾空间效果 Logo；使用"文字"工具输入 Logo 文字。矛盾空间效果 Logo 如图 10-9 所示。

图 10-9

微课

制作矛盾空间
效果 Logo

效果所在位置

Ch10\ 效果 \ 制作矛盾空间效果 Logo.ai。

（1）按 Ctrl+N 组合键，弹出"新建文档"对话框，设置文档的宽度为 800 px，高度为 600 px，取向为横向，颜色模式为 RGB，栅格效果为屏幕（72 ppi），单击"确定"按钮，新建一个文档。

（2）选择"矩形"工具 ▣，在页面中单击鼠标左键，弹出"矩形"对话框，选项的设置如图 10-10 所示，单击"确定"按钮，出现一个正方形。选择"选择"工具 ▸，拖曳正方形到适当的位置，效果如图 10-11 所示。设置填充色为浅蓝色（其 R、G、B 的值分别为 109、213、250），填充图形，并设置描边色为无，效果如图 10-12 所示。

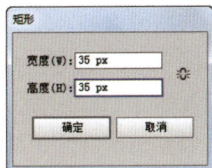

图 10-10

图 10-11

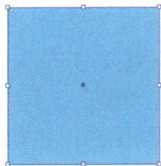

图 10-12

（3）选择"效果 > 3D > 凸出和斜角"命令，弹出"3D 凸出和斜角选项"对话框，设置如图 10-13 所示，单击"确定"按钮，效果如图 10-14 所示。选择"对象 > 扩展外观"命令，扩展图形外观，效果如图 10-15 所示。

（4）选择"直接选择"工具 ↘，用框选的方法将长方体下方需要的锚点同时选取，如图 10-16 所示，并向下拖曳锚点到适当的位置，效果如图 10-17 所示。

（5）选择"选择"工具 ▶，按住 Alt+Shift 组合键的同时，水平向右拖曳图形到适当的位置，复制图形，效果如图 10-18 所示。

图 10-13

图 10-14

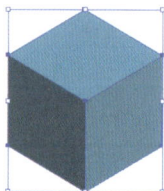
图 10-15

图 10-16

图 10-17

图 10-18

（6）选择"直接选择"工具 ↘，用框选的方法将右侧长方体下方需要的锚点同时选取，如图 10-19 所示，并向上拖曳锚点到适当的位置，效果如图 10-20 所示。

（7）选择"选择"工具 ▶，用框选的方法将两个长方体同时选取，如图 10-21 所示，再次单击左侧长方体将其作为参照对象，如图 10-22 所示。在属性栏中单击"垂直居中对齐"按钮 ▣，对齐效果如图 10-23 所示。

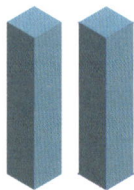
图 10-19

图 10-20

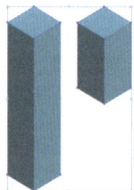
图 10-21

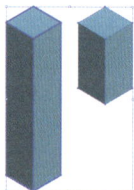
图 10-22

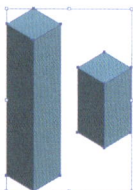
图 10-23

（8）选择"选择"工具 ▶，选取右侧的长方体，如图 10-24 所示，按住 Alt 键的同时，向左上角拖曳图形到适当的位置，复制图形，效果如图 10-25 所示。

（9）选择"窗口 > 变换"命令，弹出"变换"面板，将"旋转"选项设为 60°，如图 10-26 所示。按 Enter 键确定操作，并拖曳旋转后的图形到适当的位置，效果如图 10-27 所示。

（10）双击"镜像"工具 ▷◁，弹出"镜像"对话框，选项的设置如图 10-28 所示；单击"复制"按钮，镜像并复制图形，效果如图 10-29 所示。选择"选择"工具 ▶，按住 Shift 键的同时，垂直向下拖曳复制的图形到适当的位置，效果如图 10-30 所示。

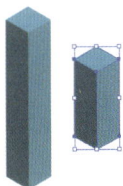
图 10-24

图 10-25

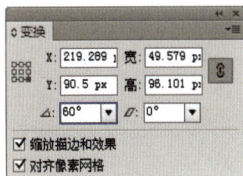
图 10-26

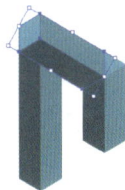
图 10-27

图 10-28

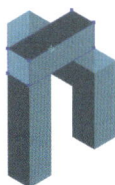
图 10-29

图 10-30

（11）选择"选择"工具 ，用框选的方法将所绘制的图形同时选取，连续 3 次按 Shift+Ctrl+G 组合键，取消图形编组，如图 10-31 所示。选取左侧需要的图形，如图 10-32 所示，按 Shift+Ctrl+] 组合键，将其置于顶层，效果如图 10-33 所示。用相同的方法调整其他图形顺序，效果如图 10-34 所示。

图 10-31

图 10-32

图 10-33

图 10-34

（12）选取上方需要的图形，如图 10-35 所示。选择"吸管"工具 ，将吸管图标 放置在右侧需要的图形上，如图 10-36 所示，单击鼠标左键吸取属性，如图 10-37 所示。选择"选择"工具 ，按 Shift+Ctrl+] 组合键，将其置于顶层，效果如图 10-38 所示。

图 10-35

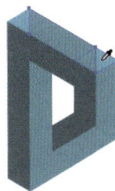
图 10-36

图 10-37

图 10-38

（13）放大显示视图。选择"直接选择"工具 ，分别调整转角处的每个锚点，使其每个角或边对齐，效果如图 10-39 所示。选择"选择"工具 ，用框选的方法将所绘制的图形同时选取，如图 10-40 所示。选择"窗口 > 路径查找器"命令，弹出"路径查找器"面板，单击"分割"按钮 ，如图 10-41 所示，生成新对象，效果如图 10-42 所示。按 Shift+Ctrl+G 组合键，取消图形编组。

图 10-39   图 10-40   图 10-41   图 10-42

（14）选择"选择"工具 ▶，按住 Shift 键的同时，依次单击选取需要的图形，如图 10-43 所示。在"路径查找器"面板中，单击"联集"按钮 ▣，如图 10-44 所示，生成新的对象，效果如图 10-45 所示。

图 10-43   图 10-44   图 10-45

（15）双击"渐变"工具 ▣，弹出"渐变"面板，在"类型"选项的下拉列表中选择"线性"渐变类型，在色带上设置 3 个渐变滑块，分别将渐变滑块的位置设为 0、36、100，并设置 R、G、B 的值分别为 0（41、105、176）、36（41、128、185）、100（109、213、250），其他选项的设置如图 10-46 所示。图形被填充为渐变色，效果如图 10-47 所示。用相同的方法合并其他形状，并填充相应的渐变色，效果如图 10-48 所示。

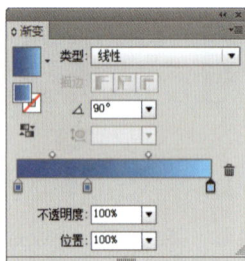

图 10-46   图 10-47   图 10-48

（16）选择"选择"工具 ▶，用框选的方法将所绘制的图形全部选取。按 Ctrl+G 组合键，将其编组，如图 10-49 所示。

（17）选择"文字"工具 T，在页面中分别输入需要的文字。选择"选择"工具 ▶，在属性栏中分别选择合适的字体并设置文字大小，效果如图 10-50 所示。

图 10-49   图 10-50

（18）选取下方英文文字，按 Alt+ → 组合键，适当调整文字间距，效果如图 10-51 所示。矛盾空间效果 Logo 制作完成，效果如图 10-52 所示。

图 10-51   图 10-52

10.3.2 "3D"效果

"3D"效果可以将开放路径、封闭路径或位图对象转换为可以旋转、打光和投影的三维对象，如图 10-53 所示。

图 10-53

"3D"效果组中的效果如图 10-54 所示。

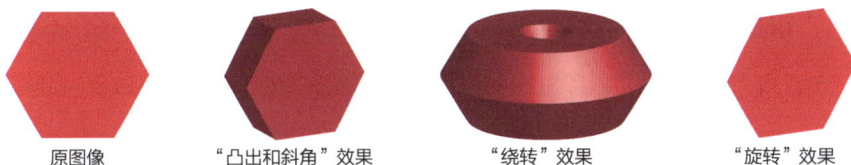

原图像   "凸出和斜角"效果   "绕转"效果   "旋转"效果

图 10-54

10.3.3 "SVG 滤镜"效果

可缩放矢量图形（Scalable Vector Graphics，SVG）是将图像描述为形状、路径、文本和滤镜效果的矢量格式。其生成的文件很小，可在 Web、打印甚至资源有限的手持设备上提供较高品质的图像。用户无须牺牲锐利程度、细节或清晰度，即可在屏幕上放大 SVG 图像的视图。此外，SVG 提供对文本和颜色的高级支持，它可以确保用户看到的图像和 Illustrator 画板上所显示的一样。

SVG 效果是一系列描述各种数学运算的 XML 属性，生成的效果会应用于目标对象而不失源图形。如果对象使用了多个效果，则 SVG 效果必须是最后一个效果。

如果要从 SVG 文件导入效果，需要选择"效果 >SVG 滤镜 > 导入 SVG 滤镜"命令，如图 10-55 所示。选择所需的 SVG 文件，然后单击"打开"按钮。

10.3.4 "变形"效果

"变形"效果组使对象扭曲或变形，可作用的对象有路径、文本、网格、混合和栅格图像，如图 10-56 所示。

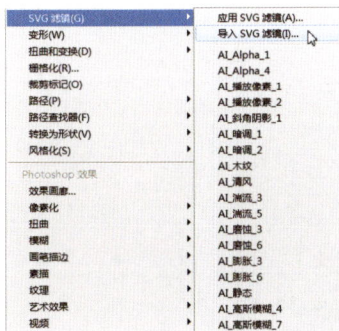

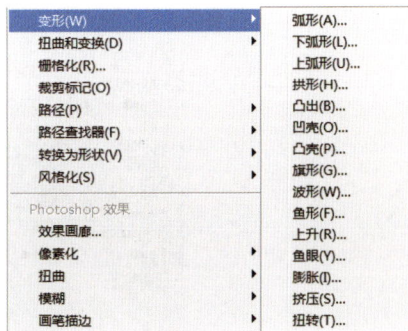

图 10-55   图 10-56

"变形"效果组中的效果如图 10-57 所示。

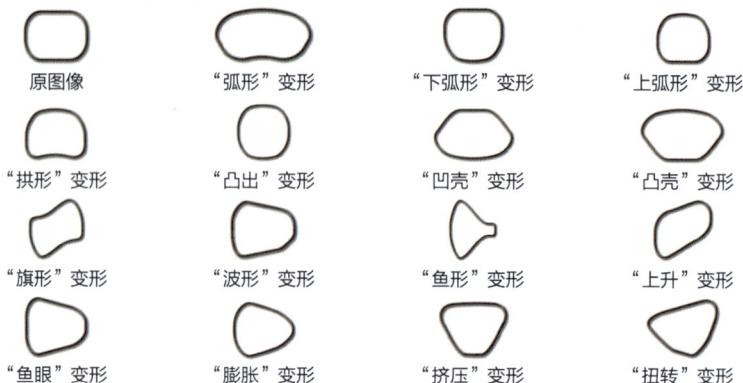

原图像　　"弧形"变形　　"下弧形"变形　　"上弧形"变形

"拱形"变形　　"凸出"变形　　"凹壳"变形　　"凸壳"变形

"旗形"变形　　"波形"变形　　"鱼形"变形　　"上升"变形

"鱼眼"变形　　"膨胀"变形　　"挤压"变形　　"扭转"变形

图 10-57

10.3.5 "扭曲和变换"效果

"扭曲和变换"效果组可以使图像产生各种扭曲变形的效果，它包括 7 个效果命令，如图 10-58 所示。

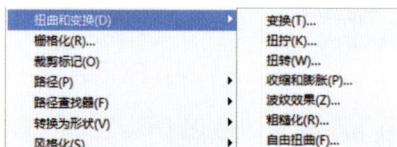

图 10-58

"扭曲"效果组中的效果如图 10-59 所示。

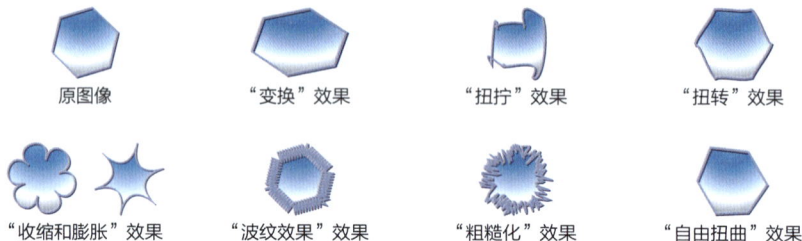

原图像　　"变换"效果　　"扭拧"效果　　"扭转"效果

"收缩和膨胀"效果　　"波纹效果"效果　　"粗糙化"效果　　"自由扭曲"效果

图 10-59

10.3.6 "栅格化"效果

"栅格化"效果用于生成像素（非矢量数据）的效果，可以将矢量图像转换为像素图像。"栅格化"面板如图 10-60 所示。

图 10-60

10.3.7 "裁剪标记"效果

裁剪标记指示了所需的打印纸张剪切的位置，效果如图 10-61 所示。

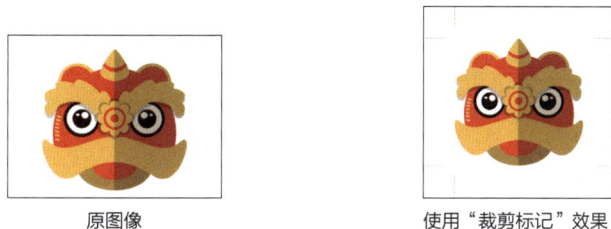

原图像   使用"裁剪标记"效果

图 10-61

10.3.8 "路径"效果

应用"路径"效果组可以将对象路径相对于对象的原始位置进行偏移、将文字转换为如同任何其他图形对象那样可进行编辑和操作的一组复合路径、将所选对象的描边更改为与原始描边相同粗细的填色对象，如图 10-62 所示。

图 10-62

10.3.9 "路径查找器"效果

应用"路径查找器"效果组可以将组、图层或子图层合并到单一的可编辑对象中，如图 10-63 所示。

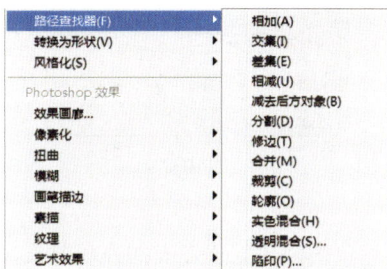

图 10-63

10.3.10 "转换为形状"效果

应用"转换为形状"效果组可以将矢量对象的形状转换为矩形、圆角矩形或椭圆，如图 10-64 所示。

"转换为形状"效果组中的效果如图 10-65 所示。

图 10-64

原图像 "矩形"效果 "圆角矩形"效果 "椭圆"效果

图 10-65

10.3.11 "风格化"效果

应用"风格化"效果组可以快速地向图像添加内发光、投影等效果，如图 10-66 所示。

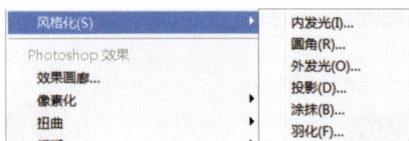

图 10-66

1. "内发光"命令

选择"内发光"命令可以在对象的内部创建发光的外观效果。选中要添加内发光效果的对象，如图 10-67 所示。选择"效果 > 风格化 > 内发光"命令，在弹出的"内发光"对话框中设置数值，如图 10-68 所示。单击"确定"按钮，对象的内发光效果如图 10-69 所示。

图 10-67　　　　　　　　　　图 10-68　　　　　　　　　　图 10-69

2. "圆角"命令

选择"圆角"命令可以为对象添加圆角效果。选中要添加圆角效果的对象，如图 10-70 所示。选择"效果 > 风格化 > 圆角"命令，在弹出的"圆角"对话框中设置数值，如图 10-71 所示。单击"确定"按钮，对象的效果如图 10-72 所示。

 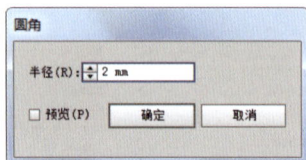 

图 10-70　　　　　　　　　　图 10-71　　　　　　　　　　图 10-72

3. "外发光"命令

选择"外发光"命令可以在对象的外部创建发光的外观效果。选中要添加外发光效果的对象，如图 10-73 所示。选择"效果 > 风格化 > 外发光"命令，在弹出的"外发光"对话框中设置数值，如图 10-74 所示。单击"确定"按钮，对象的外发光效果如图 10-75 所示。

图 10-73　　　　　　　　　　图 10-74　　　　　　　　　　图 10-75

4. "投影"命令

选择"投影"命令可以为对象添加投影。选中要添加投影的对象，如图 10-76 所示。选择"效果 > 风格化 > 投影"命令，在弹出的"投影"对话框中设置数值，如图 10-77 所示。单击"确定"

按钮，对象的投影效果如图 10-78 所示。

 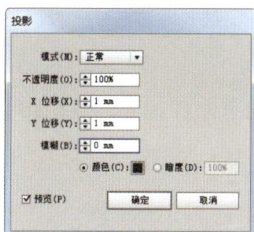 

图 10-76 　　　　　　　　 图 10-77 　　　　　　　　 图 10-78

5. "涂抹"命令

选择"涂抹"命令可以为对象添加涂抹效果。选中要添加涂抹效果的对象，如图 10-79 所示。选择"效果 > 风格化 > 涂抹"命令，在弹出的"涂抹选项"对话框中设置数值，如图 10-80 所示。单击"确定"按钮，对象的效果如图 10-81 所示。

 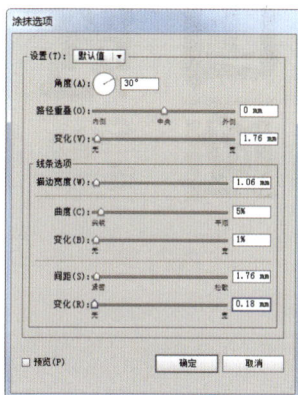 

图 10-79 　　　　　　　　 图 10-80 　　　　　　　　 图 10-81

6. "羽化"命令

选择"羽化"命令可以将对象的边缘从实心颜色逐渐过渡为无色。选中要羽化的对象，如图 10-82 所示。选择"效果 > 风格化 > 羽化"命令，在弹出的"羽化"对话框中设置数值，如图 10-83 所示。单击"确定"按钮，对象的效果如图 10-84 所示。

 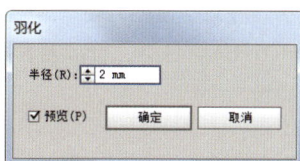 

图 10-82 　　　　　　　　 图 10-83 　　　　　　　　 图 10-84

10.4 Photoshop 效果

Photoshop 效果为栅格效果，也就是用来生成像素的效果。可以同时应用于矢量图或位图对象，它包括一个效果画廊和 9 个效果组，有些效果组又包括多个效果。

10.4.1 课堂案例——制作国画展览海报

✏ 案例学习目标

学习使用"文字"工具、"模糊"命令制作国画展览海报。

🔒 案例知识要点

使用"文字"工具、"创建轮廓"命令，"复合路径"命令和"删除锚点"工具添加并编辑标题文字；使用"高斯模糊"命令为文字笔画添加模糊效果。国画展览海报效果如图 10-85 所示。

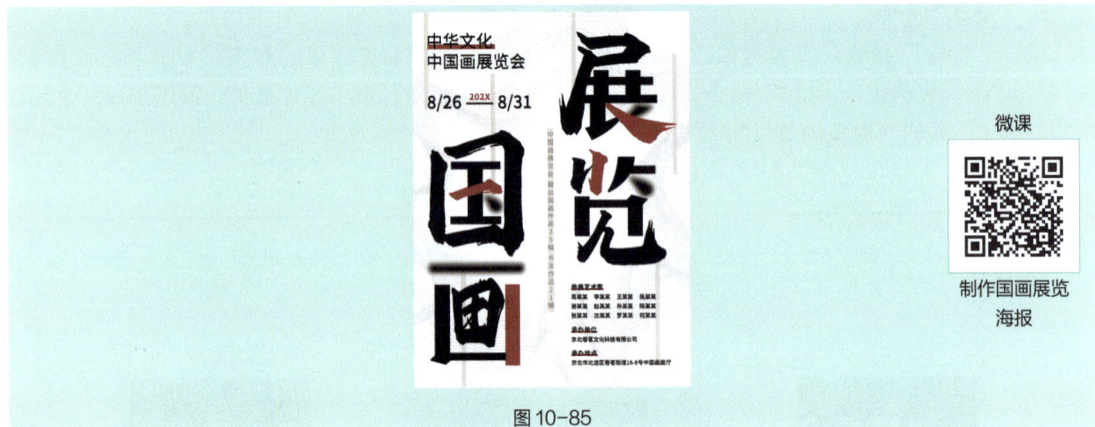

图 10-85

📷 素材所在位置

Ch10\ 素材 \ 制作国画展览海报 \01、02。

◎ 效果所在位置

Ch10\ 效果 \ 制作国画展览海报 .ai。

（1）按 Ctrl+O 组合键，打开云盘中的"Ch10 > 素材 > 制作国画展览海报 > 01"文件，如图 10-86 所示。选择"文字"工具 T ，在页面中输入需要的文字。选择"选择"工具 ▸ ，在属性栏中选择合适的字体并设置文字大小，效果如图 10-87 所示。

（2）选择"文字 > 创建轮廓"命令，将文字转换为轮廓，效果如图 10-88 所示。按 Shift+Ctrl+G 组合键，取消文字编组。按 Alt+Shift+Ctrl+8 组合键，释放复合路径，效果如图 10-89 所示。

| 图 10-86 | 图 10-87 | 图 10-88 | 图 10-89 |

（3）选择"选择"工具 ▸ ，按住 Shift 键的同时，依次单击将"玉"字所有笔画同时选取，如图 10-90 所示。按 Delete 键，将其删除，效果如图 10-91 所示。

（4）选择"文字"工具 T ，在适当的位置输入需要的文字。选择"选择"工具 ▸ ，在属性栏中选择合适的字体并设置文字大小，效果如图 10-92 所示。

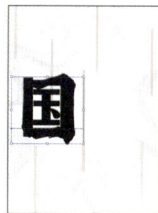

图 10-90 　　　　　　　　图 10-91 　　　　　　　　图 10-92

（5）选择"文字 > 创建轮廓"命令，将文字转换为轮廓，效果如图 10-93 所示。按 Shift+Ctrl+G 组合键，取消文字编组。按 Alt+Shift+Ctrl+8 组合键，释放复合路径，效果如图 10-94 所示。

（6）选择"选择"工具，按住 Shift 键的同时，选取不需要的笔画，如图 10-95 所示。按 Delete 键，将其删除，效果如图 10-96 所示。

图 10-93 　　　　　图 10-94 　　　　　图 10-95 　　　　　图 10-96

（7）选择"删除锚点"工具，分别在"王"字不需要的锚点上单击鼠标左键，删除锚点，效果如图 10-97 所示。选择"选择"工具，选取需要的笔画，如图 10-98 所示。

（8）选择"效果 > 模糊 > 高斯模糊"命令，在弹出的"高斯模糊"对话框中进行设置，如图 10-99 所示。单击"确定"按钮，图像效果如图 10-100 所示。

图 10-97 　　　　　图 10-98 　　　　　　　图 10-99 　　　　　　　图 10-100

（9）选择"文字"工具，在适当的位置输入需要的文字，选择"选择"工具，在属性栏中选择合适的字体并设置文字大小。设置填充色为红色（其 R、G、B 的值分别为 179、52、48），填充文字，效果如图 10-101 所示。用相同的方法制作文字"画""展"和"览"，效果如图 10-102 所示。

（10）按 Ctrl+O 组合键，打开云盘中的"Ch10 > 素材 > 制作国画展览海报 > 02"文件，选择"选择"工具，选取需要的图形，按 Ctrl+C 组合键，复制图形。选择正在编辑的页面，按 Ctrl+V 组合键，将其粘贴到页面中，并拖曳复制的图形到适当的位置，效果如图 10-103 所示。国画展览海报制作完成，效果如图 10-104 所示。

图 10-101 　　　　　图 10-102 　　　　　图 10-103 　　　　　图 10-104

10.4.2 "像素化"效果

应用"像素化"效果组可以将图像中颜色相似的像素合并起来，产生特殊的效果，如图 10-105 所示。

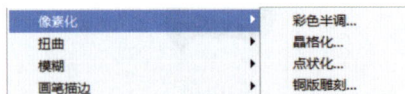

图 10-105

"像素化"效果组中的效果如图 10-106 所示。

原图像　　　"彩色半调"效果　　　"晶格化"效果　　　"点状化"效果　　　"铜版雕刻"效果

图 10-106

10.4.3 "扭曲"效果

应用"扭曲"效果组可以通过对像素进行移动或插值来使图像达到扭曲效果，如图 10-107 所示。

图 10-107

"扭曲"效果组中的效果如图 10-108 所示。

原图像　　　"扩散亮光"效果　　　"海洋波纹"效果　　　"玻璃"效果

图 10-108

10.4.4 "模糊"效果

应用"模糊"效果组可以削弱相邻像素之间的对比度，使图像达到柔化的效果，如图 10-109 所示。

图 10-109

1. "径向模糊"效果

"径向模糊"效果可以使图像产生旋转或运动的效果，模糊的中心位置可以任意调整。

选中图片，如图 10-110 所示。选择"效果 > 模糊 > 径向模糊"命令，在弹出的"径向模糊"

对话框中进行设置，如图 10-111 所示。单击"确定"按钮，图像效果如图 10-112 所示。

 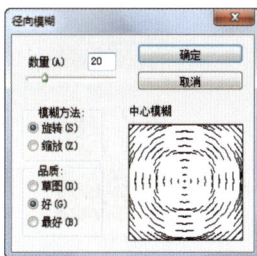 

图 10-110 图 10-111 图 10-112

2."特殊模糊"效果

应用"特殊模糊"效果可以使图像背景产生模糊效果，可以用来制作柔化效果。

选中图片，如图 10-113 所示。选择"效果 > 模糊 > 特殊模糊"命令，在弹出的"特殊模糊"对话框中进行设置，如图 10-114 所示。单击"确定"按钮，效果如图 10-115 所示。

 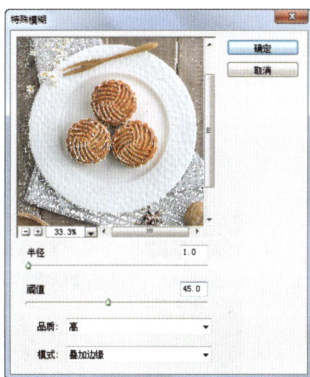 

图 10-113 图 10-114 图 10-115

3."高斯模糊"效果

应用"高斯模糊"效果可以使图像变得柔和，效果模糊，可以用来制作倒影或投影。

选中图像，如图 10-116 所示。选择"效果 > 模糊 > 高斯模糊"命令，在弹出的"高斯模糊"对话框中进行设置，如图 10-117 所示。单击"确定"按钮，图像效果如图 10-118 所示。

图 10-116 图 10-117 图 10-118

10.4.5 "画笔描边"效果

应用"画笔描边"效果组可以通过不同的画笔和油墨设置产生类似绘画的效果，如图 10-119 所示。

"画笔描边"效果组中的各效果如图 10-120 所示。

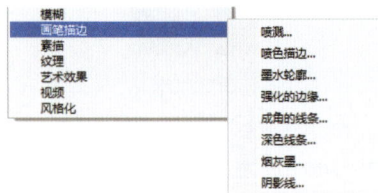
图 10-119

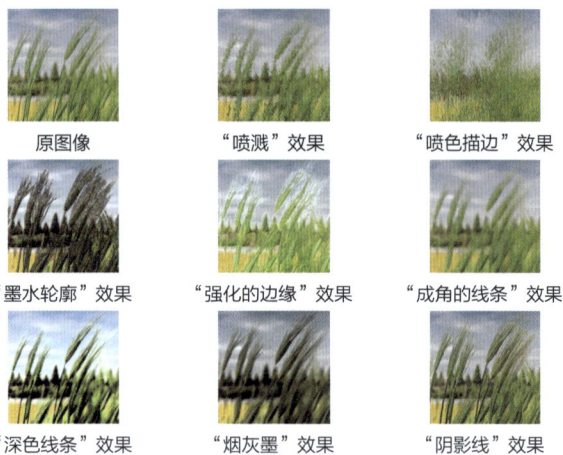
图 10-120

10.4.6 "素描"效果

应用"素描"效果组可以模拟现实中的素描、速写等美术方法对图像进行处理，如图 10-121 所示。"素描"效果组中的各效果如图 10-122 所示。

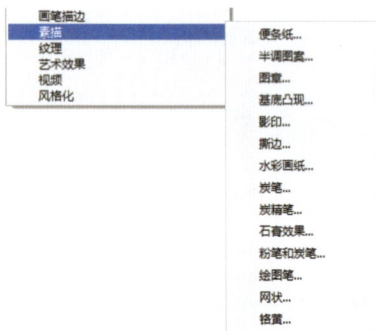
图 10-121

图 10-122

10.4.7 "纹理"效果

应用"纹理"效果组可以使图像产生各种纹理效果，还可以利用前景色在空白的图像上制作纹理图，如图 10-123 所示。

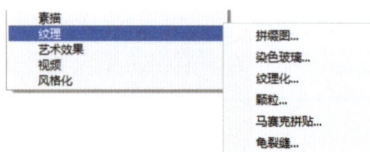
图 10-123

"纹理"效果组中的各效果如图 10-124 所示。

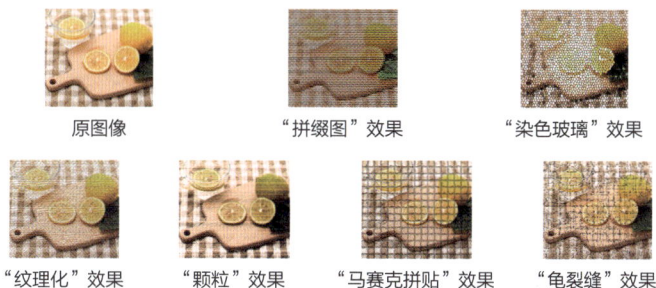

原图像　　　　　　　"拼缀图"效果　　　　　　"染色玻璃"效果

"纹理化"效果　　　"颗粒"效果　　　"马赛克拼贴"效果　　　"龟裂缝"效果

图 10-124

10.4.8 "艺术效果"效果

应用"艺术效果"效果组可以模拟不同的艺术派别，使用不同的工具和介质为图像创造出不同的艺术效果，如图 10-125 所示。

"艺术效果"效果组中的各效果如图 10-126 所示。

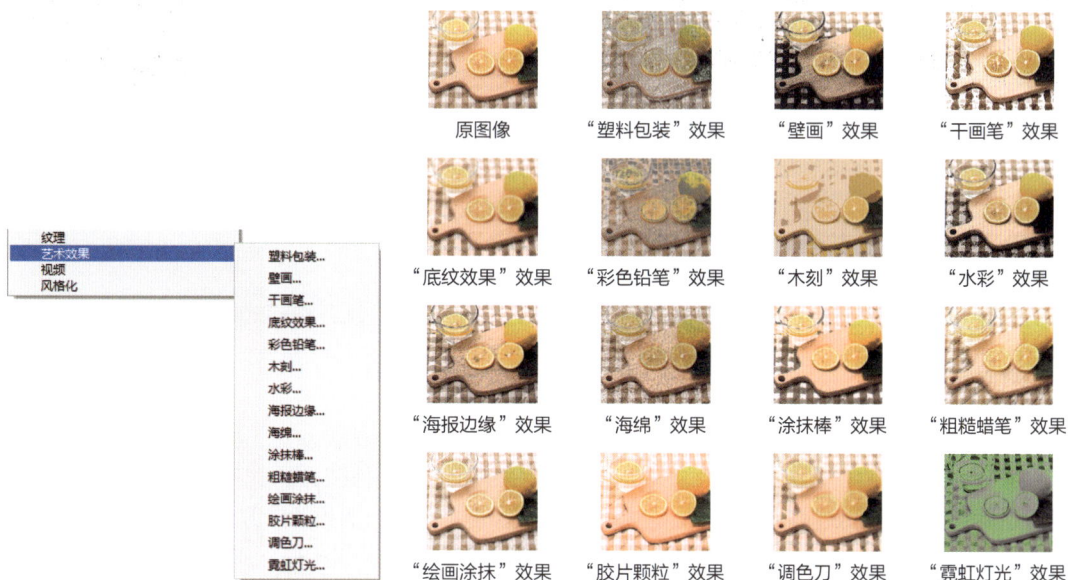

原图像　　　"塑料包装"效果　　　"壁画"效果　　　"干画笔"效果

"底纹效果"效果　　　"彩色铅笔"效果　　　"木刻"效果　　　"水彩"效果

"海报边缘"效果　　　"海绵"效果　　　"涂抹棒"效果　　　"粗糙蜡笔"效果

"绘画涂抹"效果　　　"胶片颗粒"效果　　　"调色刀"效果　　　"霓虹灯光"效果

图 10-125　　　　　　　　　　　　　　　　图 10-126

10.4.9 "视频"效果

应用"视频"效果组可以从摄像机输入图像或将 Illustrator 格式的图像输入到录像带上，主要用于解决 Illustrator 格式图像与视频图像交换时产生的系统差异问题，如图 10-127 所示。

NTSC 颜色：将色域限制在用于电视机重现时的可接受范围内，以防止过饱和颜色渗到电视扫描行中。

逐行：通过移去视频图像中的奇数或偶数扫描行，使在视频上捕捉的运动图像变得更平滑。可以选择通过复制或插值来替换移去的扫描行。

10.4.10 "风格化"效果

"风格化"效果组中只有 1 个效果，如图 10-128 所示。

图 10-127

图 10-128

应用"照亮边缘"效果可以把图像中的低对比度区域变为黑色，高对比度区域变为白色，从而使图像上不同颜色的交界处出现发光效果。

选中图像，如图 10-129 所示，选择"效果 > 风格化 > 照亮边缘"命令，在弹出的"照亮边缘"对话框中进行设置，如图 10-130 所示。单击"确定"按钮，图像效果如图 10-131 所示。

图 10-129

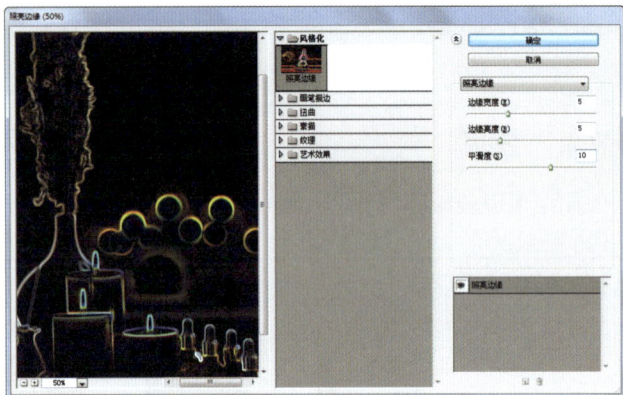

图 10-130

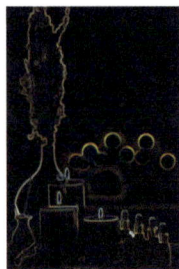

图 10-131

10.5 使用样式

Illustrator CS6 提供了多种样式库供选择和使用。下面具体介绍各种样式的使用方法。

10.5.1 "图形样式"面板

选择"窗口 > 图形样式"命令，弹出"图形样式"面板。在默认状态下，面板的效果如图 10-132 所示。在"图形样式"面板中，系统提供多种预置的样式。在制作图像的过程中，不但可以任意调用面板中的样式，还可以创建、保存、管理样式。在"图形样式"面板的下方，"断开图形样式链接"按钮 用于断开样式与图形之间的链接；"新建图形样式"按钮 用于建立新的样式；"删除图形样式"按钮 用于删除不需要的样式。

Illustrator CS6 提供了丰富的样式库，可以根据需要调出样式库。选择"窗口 > 图形样式库"命令，弹出其子菜单，如图 10-133 所示。可以调出不同的样式库，如图 10-134 所示。

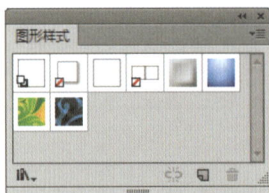

图 10-132

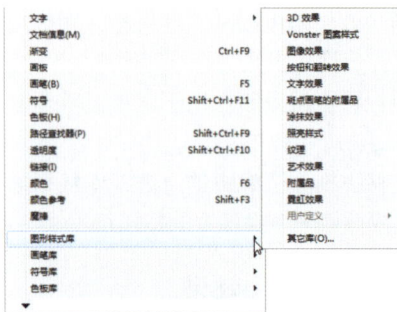

图 10-133

图 10-134

10.5.2　使用样式

选中要添加样式的图形，如图 10-135 所示。在"图形样式"面板中单击要添加的样式，如图 10-136 所示。图形被添加样式后的效果如图 10-137 所示。

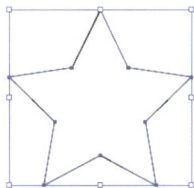
图 10-135

图 10-136

图 10-137

定义图形的外观后，可以将其保存。选中要保存外观的图形，如图 10-138 所示。单击"图形样式"面板中的"新建图形样式"按钮 ▣|，样式被保存到样式库，如图 10-139 所示。

用鼠标将图形直接拖曳到"图形样式"面板中也可以保存图形的样式，如图 10-140 所示。

图 10-138

图 10-139

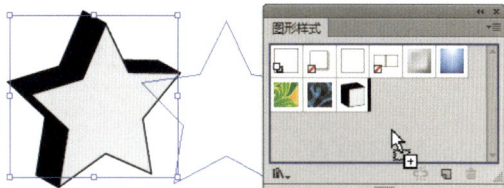
图 10-140

当把"图形样式"面板中的样式添加到图形上时，Illustrator CS6 将在图形和选定的样式之间创建一种链接关系，也就是说，如果"图形样式"面板中的样式发生了变化，那么被添加了该样式的图形也会随之变化。单击"图形样式"面板中的"断开图形样式链接"按钮 ⇔|，可断开链接关系。

10.6　"外观"面板

利用 Illustrator CS6 的"外观"面板可以查看当前对象或图层的外观属性，其中包括应用到对象上的效果、描边颜色、描边粗细、填色、不透明度等。

选择"窗口 > 外观"命令，弹出"外观"面板。选中一个对象，如图 10-141 所示，在"外观"面板中将显示该对象的各项外观属性，效果如图 10-142 所示。

"外观"面板可分为两个部分。

第1部分为显示当前选择，可以显示当前路径或图层的缩略图。

第2部分为当前路径或图层的全部外观属性列表。它包括应用到当前路径上的效果、描边颜色、描边粗细、填色和不透明度等。如果同时选中的多个对象具有不同的外观属性，如图10-143所示，"外观"面板将无法一一显示，只能提示当前选择为混合外观，效果如图10-144所示。

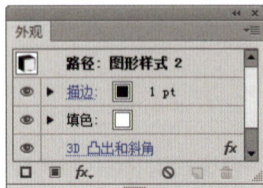

图10-141　　　　　图10-142　　　　　图10-143　　　　　图10-144

在"外观"面板中，各项外观属性是有层叠顺序的。在列举选取区的效果属性时，后应用的效果位于先应用的效果之上。拖曳代表各项外观属性的列表项，可以重新排列外观属性的层叠顺序，从而影响到对象的外观。例如，当图像的描边属性在填色属性之上时，图像效果如图10-145所示。在"外观"面板中将描边属性拖曳到填色属性的下方，如图10-146所示。改变层叠顺序后的图像效果如图10-147所示。

图10-145　　　　　　图10-146　　　　　　图10-147

在创建新对象时，Illustrator CS6将把当前设置的外观属性自动添加到新对象上。

10.7　课堂练习——制作儿童鞋详情页主图

🔗 练习知识要点

使用"矩形"工具和"直接选择"工具制作底图；使用"置入"命令置入素材图片；使用"投影"命令为商品图片添加投影效果；使用"文字"工具添加主图信息。效果如图10-148所示。

微课

制作儿童鞋
详情页主图

图10-148

📷 **素材所在位置**

Ch10\ 素材 \ 制作儿童鞋详情页主图 \01、02。

◎ **效果所在位置**

Ch10\ 效果 \ 制作儿童鞋详情页主图 .ai。

10.8 **课后习题——制作饮品招贴**

🔗 **习题知识要点**

使用"艺术效果"命令、"透明度"面板制作背景图形；使用"风格化"命令制作投影；使用"3D"命令、"符号"面板制作立体包装图效果；使用"文字"工具添加标题文字。效果如图 10-149 所示。

微课

制作饮品招贴

图 10-149

📷 **素材所在位置**

Ch10\ 素材 \ 制作饮品招贴 \01。

◎ **效果所在位置**

Ch10\ 效果 \ 制作饮品招贴 .ai。

11 第 11 章
综合设计实训

本章介绍

　　本章的综合设计实训案例，都选自商业设计项目真实情境。通过本章的学习，学生可以进一步掌握 Illustrator CS6 的使用技巧，并应用所学技能制作出专业的商业设计作品。

学习目标

✔ 掌握软件基础知识的使用方法。
✔ 了解 Illustrator 的常用设计领域。
✔ 掌握 Illustrator 在不同设计领域的使用技巧。

技能目标

✔ 掌握家居宣传单三折页的制作方法。
✔ 掌握阅读平台推广海报的制作方法。
✔ 掌握化妆美容图书封面的制作方法。
✔ 掌握苏打饼干包装的制作方法。
✔ 掌握洗衣机网页 Banner 广告的制作方法。
✔ 掌握餐饮类 App 引导页的制作方法。

素养目标

✳ 培养学生的商业设计思维。
✳ 培养学生学以致用的能力。
✳ 培养学生举一反三的能力。

11.1 宣传单设计——制作家居宣传单三折页

11.1.1 【项目背景及要求】

1. 客户名称

顾凯美家居。

2. 客户需求

顾凯美是一家家居用品零售商，销售主要包括座椅、沙发系列、办公用品，卧室系列，厨房系列，照明系列等多个产品。目前，品牌推出了新款家居产品，要求制作宣传单，用于街头派发、橱窗及公告栏展示。它以宣传新款产品为主体内容，要求内容明确、清晰，展现家居品质。

3. 设计要求

（1）内容以家居实体照片为主，使文字与图片相结合，相互衬托。

（2）色调明亮，清晰地体现出家居的品质，给人舒适的视觉感受。

（3）画面构图饱满，使人的视线被美食所吸引。

（4）整体设计简洁明了，能够第一时间传递给用户最有用的信息。

（5）设计规格为 285 mm（宽）×210 mm（高），分辨率为 300 dpi。

微课
制作家居宣传单
三折页 1

微课
制作家居宣传单
三折页 2

11.1.2 【项目创意及制作】

1. 素材资源

图片素材所在位置：云盘中的"Ch11\素材\制作家居宣传单三折页\01~06"。

文字素材所在位置：云盘中的"Ch11\素材\制作家居宣传单三折页\文字文档"。

2. 作品参考

设计作品参考效果所在位置：云盘中的"Ch11\效果\制作家居宣传单三折页.ai"。效果如图 11-1 所示。

图 11-1

3. 制作要点

使用"置入"命令添加家居图片；使用"矩形"工具和"剪切蒙版"命令制作图片剪切蒙版；使用"文字"工具、"字符"面板、"段落"面板添加正、背面和内页宣传信息；使用"矩形"工具、"直线段"工具绘制装饰图形。

11.2 海报设计——制作阅读平台推广海报

11.2.1 【项目背景及要求】

1. 客户名称

Circle。

2. 客户需求

Circle 是一个以文字、图片、视频等多媒体形式，实现信息即时分享、传播互动的平台。现需要制作一款宣传海报，能够适用于平台传播，以宣传教育咨询为主要内容，要求内容明确、清晰，展现品牌品质。

微课

制作阅读平台
推广海报

3. 设计要求

（1）海报内容是以图书的插画为主，将文字与图片相结合，表明主题。

（2）色调淡雅，带给人平静、放松的视觉感受。

（3）画面干净整洁，使观者体会到阅读的快乐。

（4）设计能够让人感受到品牌风格，产生咨询的欲望。

（5）设计规格为 750 px（宽）×1181 px（高），分辨率为 72 dpi。

11.2.2 【项目创意及制作】

1. 素材资源

图片素材所在位置：云盘中的"Ch11\素材\制作阅读平台推广海报\01、02"。

文字素材所在位置：云盘中的"Ch11\素材\制作阅读平台推广海报\文字文档"。

2. 作品参考

设计作品参考效果所在位置：云盘中的"Ch11\效果\制作阅读平台推广海报.ai"。效果如图 11-2 所示。

图 11-2

3. 制作要点

使用"置入"命令、"不透明度"选项添加海报背景；使用"直排文字"工具、"字符"面板、"创建轮廓"命令、"矩形"工具和"路径查找器"面板添加并编辑标题文字；使用"直接选择"工具、"删除锚点"工具调整文字；使用"直线段"工具、"描边"面板绘制装饰线条。

11.3 图书设计——制作化妆美容图书封面

11.3.1 【项目背景及要求】

1. 客户名称

丽艺出版社。

2. 客户需求

《四季美妆私语》是丽艺出版社出版的一本介绍美妆技巧的图书，书的内容是介绍如何打造符合不同时节的美妆造型与美容护肤教程。在设计上要通过对书名的设计和其他图形的编排，制作出醒目且不失优雅的封面。

3．设计要求

（1）图书封面的设计要以和美妆有关的元素为主导，表现图书特色。

（2）画面色彩以粉色调为主，使画面看起来优雅柔美。

（3）画面设计要富有创意，使用插画元素的点缀为画面增添趣味。

（4）设计风格具有特色，版式活而不散，能够引起学生的好奇，以及阅读兴趣。

（5）设计规格均为 460 mm（宽）×260 mm（高），分辨率为 300 dpi。

11.3.2 【项目创意及制作】

1．素材资源

图片素材所在位置：云盘中的"Ch11\ 素材 \ 制作化妆美容图书封面 \01~07"。

文字素材所在位置：云盘中的"Ch11\ 素材 \ 制作化妆美容图书封面 \ 文字文档"。

2．作品参考

设计作品参考效果所在位置：云盘中的"Ch11\ 效果 \ 制作化妆美容图书封面 .ai"。效果如图 11-3 所示。

图 11-3

微课

制作化妆美容
图书封面

3．制作要点

使用"矩形"工具、"椭圆"工具、"不透明度"选项、"置入"命令和"变换"命令制作封面背景；使用"文字"工具、"偏移路径"命令添加封面信息和介绍性文字；使用"直线段"工具绘制装饰线条。

11.4　包装设计——制作苏打饼干包装

11.4.1 【项目背景及要求】

1．客户名称

好乐奇公司。

2．客户需求

好乐奇是一家以干果、饼干、茶叶和速溶咖啡等食品的研发、分装及销售为主的，致力于为客户提供高品质、高性价比、高便利性的产品。现需要制作苏打饼干包装，在画面制作上要具有创意，符合公司的定位与要求。

微课　　微课　　微课

制作苏打饼干　　制作苏打饼干　　制作苏打饼干
包装 1　　　　包装 2　　　　包装 3

3．设计要求

（1）包装风格要求使用橘黄色，与饼干成分相搭配。

（2）字体要求简洁，配合整体的包装风格，使包装更具特色。

（3）设计要求简洁大气，图文搭配编排合理，视觉效果强烈。

（4）以真实、简洁的方式向观者传达信息内容。

（5）设计规格为 234 mm（宽）×268 mm（高），分辨率为 300 dpi。

11.4.2 【项目创意及制作】

1. 素材资源

图片素材所在位置：云盘中的"Ch11\素材\制作苏打饼干包装\01~03"。

文字素材所在位置：云盘中的"Ch11\素材\制作苏打饼干包装\文字文档"。

2. 设计作品

设置作品参考效果所在位置：云盘中的"Ch10\效果\制作苏打饼干包装.ai"。效果如图 11-4 所示。

3. 制作要点

使用"置入"命令添加产品图片，使用"投影"命令为产品图片添加阴影效果，使用"矩形"工具、"渐变"工具、"变换"面板、"镜像"工具、"添加锚点"工具和"直接选择"工具制作包装平面展开图，使用"文字"工具、"倾斜"工具和"填充"工具添加产品名称，使用"文字"工具、"字符"面板、"矩形"工具和"直线段"工具添加营养成分表和包装其他信息。

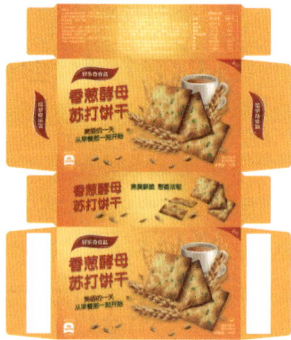

图 11-4

11.5 Banner 设计——制作洗衣机网页 Banner 广告

11.5.1 【项目背景及要求】

1. 客户名称

文森艾德。

2. 客户需求

文森艾德是一家综合性的家电企业，商品涵盖手机、电脑、热水器、冰箱等品类。该企业现推出新款静音滚筒洗衣机，要求进行 Banner 广告设计，用于平台宣传及推广，设计要符合现代设计风格，给人沉稳、干净的印象。

3. 设计要求

（1）画面设计要求以产品图片为主体。

（2）设计要求使用直观、醒目的文字来诠释广告内容，表现活动特色。

（3）画面色彩使用要给人清新、干净的印象。

（4）画面版式沉稳且富于变化。

（5）设计规格均为 1920 px（宽）×800 px（高），分辨率为 72 dpi。

11.5.2 【项目创意及制作】

1. 素材资源

图片素材所在位置：云盘中的"Ch11\素材\制作洗衣机网页 Banner 广告\01~04"。

文字素材所在位置：云盘中的"Ch11\素材\制作洗衣机网页 Banner 广告\文字文档"。

2．作品参考

设计作品参考效果所在位置：云盘中的"Ch11\ 效果 \ 制作洗衣机网页 Banner 广告 .ai"。效果如图 11-5 所示。

图 11-5

3．制作要点

使用"矩形"工具和"填充"工具绘制背景；使用"置入"命令添加产品图片；使用"钢笔"工具、"高斯模糊"命令制作阴影效果；使用"文字"工具添加宣传性文字。

11.6　引导页设计——制作餐饮类 App 引导页 1

11.6.1　【项目背景及要求】

1．客户名称

美食佳。

2．客户需求

美食佳是一家餐饮连锁店，销售的商品覆盖水果蔬菜、海鲜肉禽、牛奶零食等全品类，现为更好地发展需要制作一款 App。本例要求进行平台引导页设计，用于产品的宣传和推广，设计要符合产品的主题，能体现出平台的特点。

3．设计要求

（1）引导页以插画的形式进行设计。

（2）界面要求内容丰富、图文搭配合理。

（3）画面色彩要充满时尚性和现代感。

（4）设计风格具有特色，版式布局合理有序。

（5）设计规格为 750 px（宽）×1624 px（高），分辨率为 72 dpi。

11.6.2　【项目创意及制作】

1．素材资源

图片素材所在位置：云盘中的"Ch11\ 素材 \ 制作餐饮类 App 引导页 1\01"。

文字素材所在位置：云盘中的"Ch11\ 素材 \ 制作餐饮类 App 引导页 1\ 文字文档"。

2．作品参考

设计作品参考效果所在位置：云盘中的"Ch11\ 效果 \ 制作餐饮类 App 引导页 1.ai"。效果如图 11-6 所示。

3．制作要点

使用"圆角矩形"工具、"椭圆"工具绘制餐盘；使用"椭圆"工具、"直接

图 11-6

选择"工具、"圆角矩形"工具和"路径查找器"命令绘制小鱼和筷子；选择"文字"工具、"字符"面板添加相关信息。

11.7 课堂练习1——设计家居画册封面

课堂练习 1	微课
设计家居画册封面	设计家居画册封面

11.8 课堂练习2——设计餐饮类 App 引导页 2

课堂练习 2	微课
设计餐饮类 App 引导页 2	设计餐饮类 App 引导页 2

11.9 课后习题1——设计食品宣传单

课后习题 1	微课	微课
设计食品宣传单	设计食品宣传单 1	设计食品宣传单 2

11.10 课后习题2——设计手机海报

课后习题 2	微课
设计手机海报	设计手机海报